中等职业教育国家规划教材

全国中等职业教育教材审定委员会审定

液压与气压传动

第 3 版

主　编　马振福

副主编　薛　梅

参　编　朱青松　李　勇

机 械 工 业 出 版 社

本书是中等职业教育国家规划教材,是在第 2 版的基础上修订而成的。全书分为液压传动、气压传动和阅读材料 3 大部分。项目一至项目四为液压传动,包括走进液压与气压传动世界,液压传动系统的工作原理及组成,液压传动系统实例,液压传动系统的安装调试和故障分析等内容。项目五至项目七为气压传动,包括气压传动系统的工作原理及组成,气压传动系统实例,气压传动系统安装调试和故障分析等内容。项目八为阅读及选学内容,主要介绍液压与气压传动技术相关的知识,可供学生阅读学习;另外还介绍了液压与气压传动一些其他控制元件及液压伺服系统,可供不同学校、不同专业、不同学时的教师选用。

本书可作为中等职业学校机电类、机械类等专业教材,也可作为有关专业师生、工程技术人员和工人参考用书。

本书配有电子教案、习题答案等助教资源,凡选用本书作为教材的学校可注册登录 www.cmpedu.com 免费下载,也可致电 010-88379195 索取。

图书在版编目(CIP)数据

液压与气压传动/马振福主编. —3 版. —北京:机械工业出版社,2015.7
(2025.6 重印)
中等职业教育国家规划教材　全国中等职业教育教材审定委员会审定
ISBN 978-7-111-50663-8

Ⅰ. ①液… Ⅱ. ①马… Ⅲ. ①液压传动—中等专业学校—教材②气压传动—中等专业学校—教材　Ⅳ. ①TH137②TH138

中国版本图书馆 CIP 数据核字(2015)第 142315 号

机械工业出版社(北京市百万庄大街 22 号　邮政编码 100037)
策划编辑:高　倩　责任编辑:赵红梅
版式设计:赵颖喆　责任校对:张玉琴
封面设计:马精明　责任印制:邮　敏
河北泓景印刷有限公司印刷
2025 年 6 月第 3 版第 23 次印刷
184mm×260mm · 14.5 印张 · 356 千字
标准书号:ISBN 978-7-111-50663-8
定价:38.00 元

出 版 说 明

　　为了贯彻《中共中央国务院关于深化教育改革全面推进素质教育的决定》精神，落实《面向 21 世纪教育振兴行动计划》中提出的职业教育课程改革和教材建设规划，根据《中等职业教育国家规划教材申报、立项及管理意见》（教职成〔2001〕1 号）的精神，教育部组织力量对实现中等职业教育培养目标和保证基本教学规格起保障作用的德育课程、文化基础课程、专业技术基础课程和80 个重点建设专业主干课程的教材进行了规划和编写，从 2001 年秋季开学起，国家规划教材将陆续提供给各类中等职业学校选用。

　　国家规划教材是根据教育部最新颁布的德育课程、文化基础课程、专业技术基础课程和80 个重点建设专业主干课程的教学大纲编写而成的，并经全国中等职业教育教材审定委员会审定通过。新教材全面贯彻素质教育思想，从社会发展对高素质劳动者和中、初级专门人才需要的实际出发，注重对学生的创新精神和实践能力的培养。新教材在理论体系、组织结构和阐述方法等方面均做了一些新的尝试。新教材实行一纲多本，努力为教材选用提供比较和选择，满足不同学制、不同专业和不同办学条件的教学需要。

　　希望各地、各部门积极推广和选用国家规划教材，并在使用过程中，注意总结经验，及时提出修改意见和建议，使之不断完善和提高。

教育部职业教育与成人教育司

第3版前言

本书是中等职业教育国家规划教材，是根据中等职业教育机电技术应用专业主干专业课程教学大纲编写的。本书第1版于2002年6月正式出版，在使用过程中受到了广泛好评，作为国家规划教材，为中等职业学校的教学方法改革起到了良好的推动作用。随着教育教学改革的不断深化，为了提高学生的职业能力，更好地满足中等职业学校对教材的需求，于2008年6月对第1版进行了修订。

本书在第2版修订中，以工程技术应用能力培养和就业岗位要求为指导思想，采用以"任务"为导向的编写模式，优化基本理论知识，增强实用性，促进"学练结合"的教学方法的实施，几年来取得了较好的教学效果。

为了适应社会对技能型人才的需要，贯彻执行最新国家标准 GB/T 786.1—2009，更新液压与气压传动元件图形符号和有关名词术语，特对教材第2版进行修订。

修订工程中，在保证教材应用稳定性和保持原书特点的基础上，为了更好地体现教材的实践性，学习元件的直观性，本书增加了液压和气压传动元件的实物照片图。此外，对书中的部分内容进行了删改，并充实了实训内容，以满足实践教学的需要。

本书第3版由马振福、薛梅、朱青松、李勇编写。其中，薛梅编写了项目二（单元二、三），项目八（单元一、二、三）；朱青松编写了项目五，项目八（单元四）；李勇编写了项目六及项目七；其余由马振福编写。全书由马振福任主编，薛梅任副主编。

由于编者水平有限，书中难免有错误或不妥之处，敬请读者批评指正。

编　者

第2版前言

《液压与气压传动》是中等职业教育"机电技术应用"专业国家规划教材。本书是根据中等职业教育机电技术应用主干专业课程教学大纲编写的。本书第1版于2002年6月正式出版，在使用过程中受到了广泛好评，作为国家规划教材，为推动中职教学方法的改革起到了良好的作用。近几年来，液压与气动技术得到了进一步的发展，特别是机、电、液、气复合控制技术在各个领域的应用日趋广泛。为了适应科技进步及中职教育的改革，为了更充分地反映我国液压与气动技术的发展，为了更好地为工程实际服务，根据教育部关于《2004—2007年职业教育开发编写计划》的通知文件精神，特对教材第1版进行修订。

本书在修订过程中，注意到当前中职学校正处于迅速发展和转型时期，正视当前中职生源的特点，从中等职业教育对人才的培养目标出发，以工程技术应用能力培养为主线，适应当前生源层次和就业岗位要求，改革教材的编写方式。本书采用以任务为导向的编写模式，加强了实践教学内容。为激发学生学习兴趣，启发学生的科学思维，增加了较多的课堂活动练习及实训课题，从而增强课堂教学互动性，有助于学生对基本概念的理解与基本方法的运用。

教学内容向"理论浅、内容新、应用多和学得活"的方向转变，并力求保持原书的风格，贯彻少而精和理论联系实际的原则。为此，本书打破了传统的教材体系，摒弃烦琐的理论公式推导，根据当前气动技术的广泛应用和发展，适当增加了气动技术的内容。为适应不同学制、不同专业、不同学时的需要，本书编写了阅读及选学内容，以便于学校和教师选用，同时也可满足学生对知识的需求。

本书第2版由马振福、马晓燕、朱青松、李勇、薛梅编写，其中，马晓燕编写了项目二（单元一、二、三）；朱青松编写了项目五（单元一、二、三、四）及项目八（单元四）；李勇编写了项目五（单元四）、项目六、七；薛梅编写了项目八（单元一、二、三）；其余由马振福编写。全书由马振福任主编，马晓燕任副主编。

本书在编写前进行了广泛的调研，广泛听取了有关教师和学生对修订的要求和建议，在编写过程中得到了相关学校和有关同志的大力支持和帮助，在此表示衷心的感谢。

由于编者水平有限，书中难免有错误或不妥之处，恳请广大读者批评指正。

编　者

第1版前言

随着电子技术和计算机技术的蓬勃发展，液压与气动技术已向更广阔的领域渗透，特别是与微电子、计算机技术相结合后，发展成为包括传动、控制和检测在内的一门完整的自动化技术。因此，液压与气压传动是实现工业自动化的一种重要手段，具有广阔的发展前景。

《液压与气压传动》是中等职业教育"机电技术应用"专业国家规划教材。本书是根据中职机电技术应用主干专业课程教学大纲编写的，内容包括机电专业学生必须具备的专业知识和技能。

本书主要讲述液压与气压传动的基本知识、液压与气动元件、液压与气动基本回路、气源装置以及典型液压与气压传动系统等内容。

本书在编写过程中，以中职人才职业岗位技能要求为出发点，强调以应用能力为主线，基础理论以"够用"为度，同时力求反映我国液压与气动技术发展的新成就。在内容的选取上，遵循"少而精"的原则，并尽力做到通俗易懂、便于自学；力求实现知识与技能的综合，理论与实践的综合，编写了液压与气压传动系统的安装调试和故障分析及使用维护等方面的内容，以适应机电专业及相关专业的需求。

本书由马振福、马晓燕、张克良共同编写，马晓燕编写了第一、二、三、五章，张克良编写了第九~十三章，其余由马振福编写。本书由马振福主编。

本书在编写过程中，得到了相关学校和有关同志的热情支持和帮助，在此表示衷心的感谢。

由于编者水平所限，且编写时间紧迫，书中难免存在错误和不当之处，敬请读者批评指正。

编　者

本书常用量及其符号、单位和换算关系

量 的 名 称	符 号	单 位 名 称	单 位 符 号	换 算 关 系
质量	m	千克（公斤） 吨	kg t	1t = 1000kg
长度	L	米	m	
面积	A	平方米	m^2	
体积 容积	V	立方米 升	m^3 L	$1m^3 = 1000L$ $1L = 1000cm^3$
时间、时间间隔	t	秒 分 时	s min h	1h = 60min 1min = 60s
力 重力	F $W(G)$	牛（顿）	N	1kgf ≈ 10N
力矩 转矩	M T	牛（顿）米	N·m	
功、能（量）	W	焦（耳）	J	1J = 1N·m
功率	P	瓦（特）	W	1W = 1N·m/s
压力	p	帕（斯卡）	Pa	$1bar = 10^5 Pa$
排量	V	升每转 毫升每转	L/r mL/r	1L/r = 1000mL/r
体积流量	q_v	立方米每秒 升每分	m^3/s L/min	$1L/min = 1.67 \times 10^{-5} m^3/s$

注：书中所用体积流量 q_v 均简化为流量 q。

目　录

出版说明
第 3 版前言
第 2 版前言
第 1 版前言
本书常用量及其符号、单位和换算关系
项目一　走进液压与气压传动世界 ········ 1
　　思考题和习题 ·········· 5
项目二　液压传动系统的工作原理
　　　　及组成 ········ 6
　单元一　液压传动的工作介质 ········ 6
　任务一　选用液压油 ········ 6
　任务二　了解液压系统中的压力和流量 ········ 9
　任务三　了解液压冲击和空穴现象 ········ 13
　　思考题和习题 ········ 14
　单元二　液压动力装置 ········ 16
　任务一　液压泵概述 ········ 16
　任务二　齿轮泵 ········ 18
　任务三　叶片泵 ········ 21
　任务四　柱塞泵 ········ 25
　任务五　液压泵的选用 ········ 27
　活动 1　液压泵拆装实训 ········ 27
　　思考题和习题 ········ 28
　单元三　液压执行元件 ········ 29
　任务一　液压缸工作原理及选用 ········ 29
　任务二　液压马达工作原理及选用 ········ 39
　活动 2　液压缸和液压马达拆装实训 ········ 42
　　思考题和习题 ········ 43
　单元四　液压控制元件及基本回路 ········ 44
　任务一　方向控制阀工作原理及选用 ········ 45
　活动 3　方向控制阀拆装实训 ········ 54
　任务二　方向控制回路组成原理及
　　　　　油路连接 ········ 55
　任务三　压力控制阀工作原理及选用 ········ 57
　活动 4　压力控制阀拆装实训 ········ 67

　任务四　压力控制回路组成原理及
　　　　　油路连接 ········ 68
　活动 5　调压回路和卸荷回路实训 ········ 73
　任务五　流量控制阀工作原理及选用 ········ 74
　活动 6　流量控制阀拆装实训 ········ 78
　　思考题和习题 ········ 79
　单元五　速度控制回路 ········ 82
　任务一　调速回路组成原理及油路连接 ········ 82
　活动 7　节流调速回路实训 ········ 92
　任务二　快速运动回路组成原理
　　　　　及油路连接 ········ 93
　任务三　速度换接回路组成原理
　　　　　及油路连接 ········ 95
　　思考题和习题 ········ 96
　单元六　多执行元件控制回路 ········ 97
　任务一　顺序动作回路组成原理及
　　　　　油路连接 ········ 98
　任务二　同步回路组成原理及油路连接 ········ 99
　活动 8　顺序动作回路安装试运行实训 ········ 100
　　思考题和习题 ········ 101
项目三　液压传动系统实例 ········ 103
　任务一　组合机床动力滑台液压系统 ········ 103
　任务二　数控机床液压系统 ········ 106
　任务三　KT1300V 立式加工中心液压
　　　　　系统 ········ 108
　　思考题和习题 ········ 109
项目四　液压传动系统的安装调试和
　　　　故障分析 ········ 112
　任务一　液压传动系统安装与调试 ········ 112
　任务二　液压系统故障分析与排除 ········ 116
　　思考题和习题 ········ 120
项目五　气压传动系统的工作原理
　　　　及组成 ········ 121
　单元一　气压传动的工作介质 ········ 121
　单元二　气源装置 ········ 122

任务一　气源装置的作用和工作原理 ········ 122

任务二　其他辅助元件的工作原理
　　　　及选用 ······························· 128

活动 1　气源装置和辅助元件认识
　　　　及拆装实训 ····················· 131

思考题和习题 ································· 132

单元三　气压传动执行元件 ················· 133

任务一　气缸组成原理及选用 ············· 133

任务二　气马达组成原理及选用 ··········· 137

活动 2　气缸和气马达拆装实训 ··········· 139

思考题和习题 ································· 139

单元四　气压传动控制元件及基本回路 ····· 140

任务一　气压传动控制元件工作原理
　　　　及选用 ························· 140

活动 3　气动控制阀拆装实训 ············· 149

任务二　气压传动基本回路组成原理及
　　　　气路连接 ····················· 150

任务三　其他常用基本回路及
　　　　气路连接 ····················· 156

思考题和习题 ································· 161

项目六　气压传动系统实例 ··············· 162

任务一　气动机械手气压传动系统 ········· 162

任务二　门户自动开闭系统 ··············· 164

任务三　数控加工中心气动换刀系统 ······· 165

任务四　自动生产线气压传动系统 ········· 166

活动　　气压传动系统安装实训 ··········· 169

思考题和习题 ································· 172

**项目七　气压传动系统安装调试和
　　　　故障分析** ··············· 173

任务一　气压传动系统安装与调试 ········· 173

活动 1　气压传动系统的安装、调试
　　　　和性能测试综合实训 ··········· 175

任务二　气压传动系统故障分析
　　　　与排除 ····················· 177

活动 2　气压传动系统的故障分析
　　　　与排除实训 ··················· 180

思考题和习题 ································· 181

项目八　阅读及选学内容 ················· 182

单元一　其他液压控制阀及其应用 ········· 182

任务一　电液比例控制阀 ················· 182

任务二　电液数字阀 ····················· 183

单元二　液压辅助装置 ····················· 184

任务一　管件 ···························· 184

任务二　密封装置 ······················· 186

任务三　过滤器 ·························· 188

任务四　蓄能器 ·························· 191

任务五　油箱、热交换器及压力表附件 ······ 192

活动　　液压辅助装置认识实训 ··········· 196

单元三　液压伺服系统及液压 CAD
　　　　技术简介 ····················· 196

任务一　液压仿形刀架工作原理 ··········· 197

任务二　液压伺服系统基本类型 ··········· 199

任务三　液压 CAD 技术简介 ·············· 202

思考题和习题 ································· 203

单元四　气压传动逻辑元件简介 ············· 204

任务一　高压截止式逻辑元件 ············· 204

任务二　逻辑元件选用 ··················· 206

思考题和习题 ································· 206

附录 ···································· 207

附录 A　常用液压与气动元件
　　　　图形符号 ····················· 207

附录 B　常用工作介质的密度 ············· 211

附录 C　常用石油型液压油的种类及
　　　　使用范围 ····················· 212

附录 D　各类液压泵的性能比较
　　　　及应用 ····················· 212

附录 E　常用换向阀的结构原理
　　　　及图形符号 ··················· 212

附录 F　三位换向阀的中位机能 ··········· 213

附录 G　液压系统常见故障及排除方法 ······ 214

附录 H　常用气马达的特点及应用 ········· 217

附录 I　常见故障及排除方法 ··········· 218

参考文献 ································· 221

项 目 一

走进液压与气压传动世界

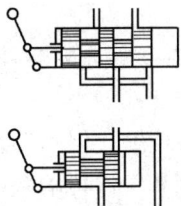

液压与气压传动技术是机电设备中发展速度最快的技术之一，特别是近些年来，随着机电一体化技术的发展，液压与气压传动技术正向着更广阔的领域渗透、发展。该技术是实现工业自动化的一种重要手段，具有广阔的发展前景。

液压与气压传动是以流体（液压油或压缩空气）为工作介质进行能量传递和控制的一种传动形式。 利用各种液压与气压传动元件组成不同功能的基本回路，再由若干个基本回路有机地组合成能完成一定控制功能的传动系统，以满足机电设备对各种运动和动力的要求。

看一看

到工程现场或实训室参观，观看和了解液压传动和气压传动系统的组成原理及动作。

要求注意观察液压与气压传动设备或装置的总体结构和运动部件的动作，并做好参观记录。

一、认识液压传动

图 1-1a 所示为机床工作台液压传动系统结构原理。该传动系统由油箱、过滤器、液压泵、溢流阀、换向阀、节流阀、液压缸、工作台以及连接这些元件的油管、接头等构成。

该系统的工作原理是：电动机驱动液压泵旋转，从油箱 1 经过滤器 2 吸油，泵输出的压力油→换向阀 5→节流阀 6→换向阀 7→液压缸 8 左腔，推动活塞而使工作台 9 向右运动。这时液压缸 8 右腔的油液→换向阀 7→回油管①→油箱。如果将换向阀 7 的手柄转换成图 1-1b 所示状态，则压力油→换向阀 7→液压缸 8 右腔，推动活塞而使工作台 9 向左运动，同时，液压缸 8 左腔油液→换向阀 7→回油管①→油箱。

工作台的运动速度是由节流阀来调节的。改变节流阀的开口大小，可以改变进入液压缸的流量，从而控制液压缸活塞的运动速度。

为了克服推动工作台时受到的各种阻力，液压缸必须产生一个足够大的推力，而这个推力是由液压缸中的油液压力所产生的。要克服的阻力越大，缸中的油液压力就越高；阻力小，压力就低。这就说明了液压传动的一个基本原理，即压力取决于负载。

溢流阀的作用是调节和稳定系统的最大工作压力，并溢出定量泵多余的油液。当工作台工作进给时，液压缸活塞需要克服大的负载并作慢速运动。因此，进入液压缸的压力油必须有足够的稳定压力才能推动活塞带工作台运动。调节溢流阀的弹簧力，使之与液压缸最大负载力相平衡，当系统压力升高到稍大于溢流阀的弹簧力时，溢流阀便打开，将定量泵输出的部分油液经回油管②溢回油箱。这时系统压力不再升高，工作台保持稳定的低速运动。当工作台快速退回时，因负载小，所需压力低，溢流阀关闭，泵输出的油液全部进入液压缸，工作台则实现快速运动。

如果将换向阀 5 的手柄转换成图 1-1c 所示状态，则液压泵输出的压力油→换向阀 5→回油管③→油箱。这时工作台停止运动，系统处于卸荷状态。

图 1-2 所示为该液压传动系统的图形符号。结构原理图直观性好，容易理解，但图形复杂，绘制困难。为了简化系统图，目前各国均用元件的图形符号来绘制液压和气压传动系统图。这些图形符号只表示元件的职能及连接通路，而不表示其结构和性能参数。目前我国的液压与气压传动系统图采用 GB/T 786.1—2009 所规定的图形符号绘制。

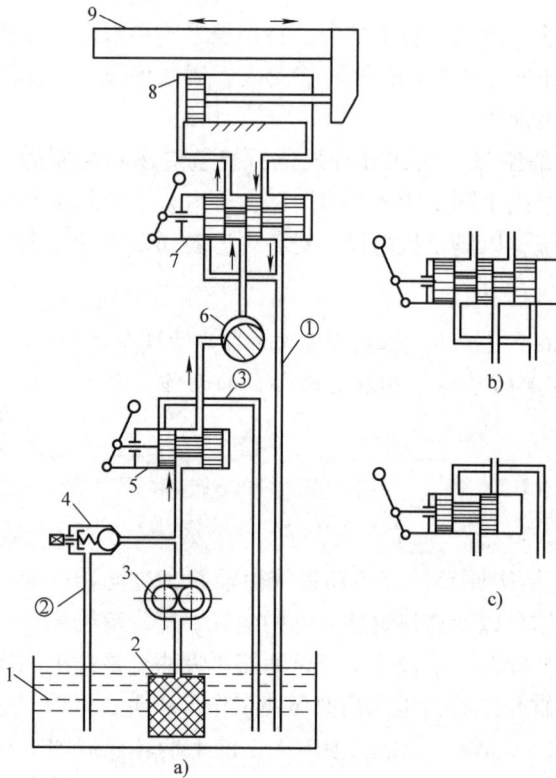

图 1-1　机床工作台液压传动系统结构原理
1—油箱　2—过滤器　3—液压泵　4—溢流阀
5、7—换向阀　6—节流阀　8—液压缸　9—工作台
①、②、③—回油管

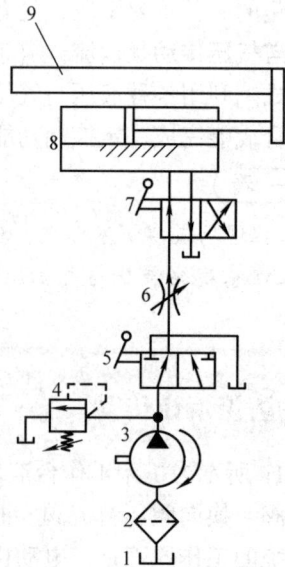

图 1-2　机床工作台液压传动系统图形符号
1—油箱　2—过滤器　3—液压泵　4—溢流阀
5、7—换向阀　6—节流阀　8—液压缸　9—工作台

二、认识气压传动

图 1-3 所示为气动剪切机的工作原理。图示位置为剪切前的预备状态，空气压缩机 1 输出的压缩空气→冷却器 2→油水分离器 3（降温及初步净化）→气罐 4（备用）→分水过滤器 5（再次净化）→减压阀 6→油雾器 7→行程阀 8→气控换向阀 9→气缸 10。此时气控换向阀 9 中 A 腔的压缩空气将阀芯推到上位，使气缸上腔充压，活塞处于下位，剪切机的剪口张开，处于预备工作状态。

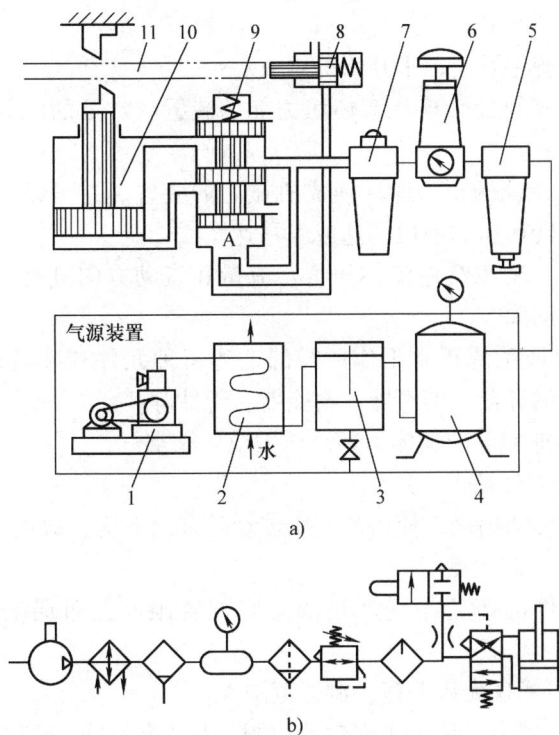

图 1-3 气动剪切机的工作原理
a）结构原理 b）图形符号
1—空气压缩机 2—冷却器 3—油水分离器 4—气罐 5—分水过滤器
6—减压阀 7—油雾器 8—行程阀 9—气控换向阀 10—气缸 11—工料

当送料机构将工料 11 送入剪切机并到达规定位置时，工料将行程阀 8 的阀芯向右推动，气控换向阀 9 的 A 腔经行程阀 8 与大气相通，气控换向阀 9 的阀芯在弹簧的作用下移到下位，使气缸上腔与大气连通，下腔与压缩空气连通。此时活塞带动剪刀快速向上运动将工料切下。工料被切下后，即与行程阀脱开，行程阀阀芯在弹簧作用下复位，将排气口封死，气控换向阀 9 的 A 腔压力上升，阀芯上移，使气路换向。气缸上腔进压缩空气，下腔排气，活塞带动剪刀向下运动，系统又恢复到图示预备状态，等待第二次进料剪切。

⬦ 想一想

你在日常生活中见到过哪些机械设备应用了液压或气压传动技术？试举出几个实例并加以说明。

三、液压与气压传动系统组成及优缺点

液压泵（空气压缩机）将电动机的机械能转换为流体的压力能，然后通过液压缸或液压马达（气缸或气马达）将流体的压力能再转换为机械能以推动负载运动。液压与气压传动的过程即是：

机械能 ⟶ 流体压力能 ⟶ 机械能
（电动机）　　（液压泵,空气压缩机）　　〔液压(气)缸,液压(气)马达〕

1. 液压与气压传动系统的组成

液压与气压传动系统主要由以下几部分组成。

（1）能源装置　把机械能转换成流体压力能的装置。常见的能源装置是液压泵或空气压缩机。

（2）执行元件　把流体的压力能转换成机械能的装置。它可以是作直线运动的液压缸或气缸，也可以是作回转运动的液压马达或气马达。

（3）控制调节元件　对系统中流体压力、流量和流动方向进行控制和调节的装置，例如溢流阀、流量阀、换向阀等。

（4）辅助元件　保证系统正常工作所需的上述三种元件和装置以外的装置，如油箱、过滤器、分水排水器、油雾器、消声器、蓄能器、管件等。

（5）传动介质　传递能量的流体，即液压油或压缩空气。

2. 液压与气压传动的优缺点

与机械传动和电力传动相比，液压与气压传动具有以下优、缺点。

（1）液压与气压传动的优点

1）液压与气动元件的布置不受严格的空间位置限制，布局安装灵活，可构成复杂系统。

2）在运行过程中可实现无级调速，调速范围大。

3）操作控制方便、省力、易于实现自动控制，与电气、电子控制结合，易于实现自动工作循环和自动过载保护。

4）液压与气动元件已标准化、系列化和通用化，便于系统的设计、制造和推广使用。

5）在同等输出功率的情况下，液压传动装置体积小，重量轻，惯性小，动态性能好。

6）气压传动的工作介质是空气，取之不尽，用之不竭，成本低，用后排入大气不污染环境。

（2）液压与气压传动的缺点

1）在传动过程中，能量需经两次转换，故传动效率低。

2）由于传动介质的可压缩性和泄漏等因素的影响，其传动不能保证严格的传动比。

3）液压传动对油温的变化较敏感，不宜在低温、高温和温度变化很大的环境中工作。

4）液压传动不宜作远距离输送。

5）由于空气可压缩性大，气压传动稳定性差。

6）液压与气动元件制造精度高，系统出现故障不易查找。

总的来说，液压与气压传动的优点是主要的，其缺点将随着科学技术的发展不断得到克服。例如，将液压传动、气压传动、电力传动、机械传动合理地搭配使用，构成气-液，电-液（气），机-液（气）等联合传动，以进一步发挥各自的优点，弥补某些不足，在工程实际中得到了更加广泛的应用。

四、了解液压与气动技术的应用和发展

液压传动因具有结构简单、体积小、重量轻、反应速度快、输出力大、可方便地实现无级调速、易实现频繁换向、易实现自动化等优点，所以在机床、工程机械、矿山机械、压力机械和航空工业等领域应用广泛。

气压传动因具有操作方便、无油、无污染、防火、防电磁干扰、抗振动、抗冲击等优点，所以在电子工业、包装机械、印染机械、食品机械等领域应用广泛。

随着液压机械自动化程度的不断提高，液压元件数量急剧增加，元件小型化、系统集成化是必然的发展趋势。特别是近年来，机电技术的迅速发展，液压技术与传感技术、微电子技术密切结合，出现了许多新型元件，如电液比例阀、数字阀、电液伺服液压缸等，这些机（液）电一体化元器件使液压技术正向高压、高速、大功率、节能、高效、低噪声、长寿命、高集成化等方向发展。同时，液压元件和液压系统的计算机辅助设计（CAD）、计算机辅助测试（CAT）、计算机实时控制也是当前液压技术的发展方向。

当今气压传动技术已发展成包括传动、控制与检测在内的自动化技术。它在包装设备、自动生产线和机器人等方面已成为不可缺少的重要手段。由于工业自动化技术的发展，气动控制技术以提高系统的可靠性、降低总成本为目标，研究和开发系统控制技术和机、电、液、气综合技术。显然，气压传动元件的微型化、节能化、无油化、位置控制高精度化以及与电子相结合的应用元件是当前的发展特点和研究方向。

思考题和习题

1-1 什么是液压传动？什么是气压传动？

1-2 液压与气压传动系统有哪些基本组成部分？试说明各组成部分的作用。

1-3 液压传动与机械传动、电气传动比较有哪些主要的优缺点？

1-4 液压传动与气压传动有何异同？

1-5 一个工厂能否采用一个液压泵站集中供给压力油？说明理由。

项目二

液压传动系统的工作原理及组成

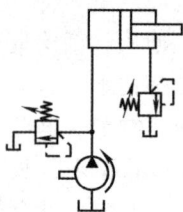

单元一　液压传动的工作介质

液压传动的工作介质是液体，最常用的是液压油，此外还有乳化型传动液和合成型传动液等。

本单元主要学习液压油的物理性质，液压系统对液压油的要求和选用，液体静力学的基本特性，液体流动时的运动特性等液压传动的基础知识。

任务一　选用液压油

学习目标

　　1. 了解液压油的主要物理性质。

　　2. 掌握液压油的选用方法。

一、了解液压油的主要物理性质

1. 液体的密度

液体的密度 ρ 是单位体积液体的质量，即

$$\rho = \frac{m}{V} \tag{2-1}$$

式中　m——液体的质量，单位为 kg；

　　　V——液体的体积，单位为 m^3。

矿物油型液压油的密度随温度的上升而有所减小，随压力的提高而稍有增加，但变动值很小，可认为是常数。我国采用 20℃ 时的密度作为油液的标准密度，以 ρ_{20} 表示。常用液压油和传动液的密度见附录 B。

2. 液体的黏性

（1）黏性的意义　液体在外力作用下流动（或有流动趋势）时，**分子间的内聚力要阻止**

分子相对运动而产生一种内摩擦力，这种现象称为**液体的黏性。液体只有在流动（或有流动趋势）时才会呈现出黏性，**黏性使流动液体内部各处的速度不相等，**静止液体不呈现黏性。**

（2）液体的黏度　液体黏性的大小用黏度来表示，常用的黏度有三种：动力黏度、运动黏度和相对黏度。

1）动力黏度 μ 又称绝对黏度，它是表征液体黏性的内摩擦系数，单位为 Pa·s（帕·秒）。

2）运动黏度 ν 是动力黏度与其密度的比值，即 $\nu = \mu/\rho$，单位为 m^2/s。运动黏度 ν 无明确的物理意义，但 ISO 规定统一采用运动黏度来标志液体黏度，液压油的牌号就是采用它在 40℃ 时运动黏度（以 mm^2/s 计）的平均值来标号的。例如 L-HL32 普通液压油在 40℃ 时的运动黏度的平均值为 $32mm^2/s$。

3）相对黏度又称条件黏度，由于测量仪器和条件不同，各国相对黏度的含义也不同，如美国采用赛氏黏度（SSU）；英国采用雷氏黏度（R）；而我国和一些欧洲国家采用恩氏黏度 °E。恩氏黏度 °E 用恩氏黏度计测定。

恩氏黏度与运动黏度（m^2/s）的换算关系为

当 $1.35 \leqslant °E \leqslant 3.2$ 时

$$\nu = \left(8°E - \frac{8.64}{°E} \right) \times 10^{-6} \tag{2-2}$$

当 $°E > 3.2$ 时

$$\nu = \left(7.6°E - \frac{4}{°E} \right) \times 10^{-6} \tag{2-3}$$

4）当油液产品的黏度不符合要求时，可将同一型号两种黏度不同的油按适当的比例混合起来使用，称为调和油。调和油的黏度可用下面经验公式计算

$$°E = \frac{a_1°E_1 + a_2°E_2 - c(°E_1 - °E_2)}{100} \tag{2-4}$$

式中　$°E_1$、$°E_2$——混合前两种油液的恩氏黏度，取 $°E_1 > °E_2$；

　　　　$°E$——混合后的调和油的恩氏黏度；

　　　　a_1、a_2——两种油液各占的体积百分比（$a_1 + a_2 = 100\%$）；

　　　　c——实验系数，见表 2-1。

表 2-1　实验系数 c 的值

a_1（%）	10	20	30	40	50	60	70	80	90
a_2（%）	90	80	70	60	50	40	30	20	10
c	6.7	13.1	17.9	22.1	25.5	27.9	28.2	25	17

3. 黏度与温度的关系

液压油黏度对温度的变化十分敏感，如图 2-1 所示，温度升高，黏度下降。这种油液黏度随温度变化的性质称为黏温特性。由图 2-1 可见，温度对液压油黏度影响较大，必须引起重视。

4. 液体的可压缩性

液体受压力作用而发生体积变化的性质，称为液体的可压缩性。对于一般液压系统，压

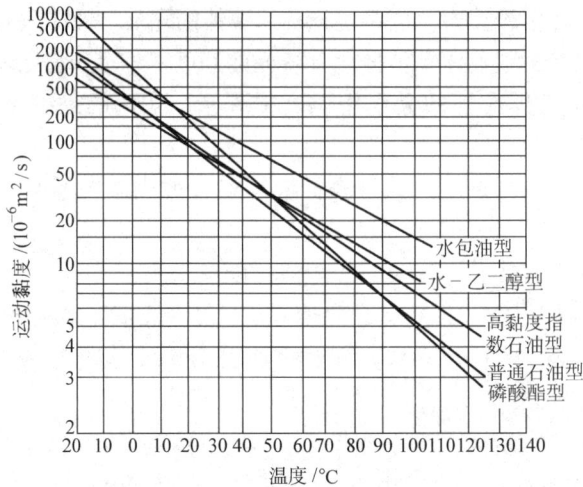

图 2-1　黏度与温度的关系

力不高时液体的可压缩性很小，因此可认为液体是不可压缩的；而在压力变化很大的高压系统中，就必须考虑液体可压缩性的影响。当液体混入空气时，其可压缩性将显著增加，并将严重影响液压系统的工作性能。因此，应将液压系统油液中的空气含量减少到最低限度。

想 一 想

（1）把分别盛有水和某种油液的两个容器放在桌面上，试问这两种液体哪种黏度大？为什么？

（2）液压油的黏度是否受温度的影响？如何影响？举例说明。

二、选用液压油

1. 液压系统对液压油的要求

在液压系统中，液压油除传递运动和动力外，还要起到润滑和散热的作用，为此，应具备以下性能：

1）适当的黏度，较好的黏温特性。

2）润滑性能好，在工作压力和温度发生变化时，应具有较高的油膜强度。

3）成分纯度高，杂质少。

4）对金属和密封件有良好的相容性，即不发生化学反应，如密封件不会变质损坏等。

5）具有良好的化学稳定性和热安定性，油液不易氧化、不易变质。

6）抗泡沫性好，抗乳化性好，腐蚀性小，防锈性好。

7）流动点和凝固点低，闪点（明火能使油面上油蒸气闪燃，但油本身不燃烧时的温度）和燃点高。

8）对人体无害，成本低。

2. 液压油的种类

液压油的种类很多，主要有石油型、合成型和乳化型三类。

石油型液压油是以机械油为原料，精炼后按需要加入适当添加剂而成的。这类液压油润滑性能和防锈性能好，黏度等级范围宽，目前有90%以上的液压系统采用石油型液压油作为工作介质。但它抗燃性较差，常用的石油型液压油的种类和使用范围见附录 C。

在一些高温、易燃、易爆的工作场合，为了安全起见，应该在系统中使用合成型或乳化型液压油。其中合成型液压油主要有水-乙二醇液、磷酸酯液和硅油等；乳化型液压油分为水包油乳化液（L-HFAE）和油包水乳化液（L-HFB）两大类。

3. 液压油的选用

（1）液压油的类型　应根据其工作性质和工作环境的要求来选择。

（2）液压油的牌号　主要是根据工作条件选用适宜的黏度，选择时应考虑液压系统在以下几方面的情况。

1）工作压力：工作压力较高的系统适宜选用黏度较大的液压油，以减少泄漏。

2）运动速度：当液压系统的工作部件运动速度较高时，适宜选用黏度较小的液压油，以减轻液流的摩擦损失。

3）环境温度：环境温度较高时，适宜选用黏度较大的液压油。

另外，也可根据液压泵的类型及工作情况选择液压油的黏度。各类型液压泵适用的黏度范围可查阅相关液压手册。

任务二　了解液压系统中的压力和流量

学习目标

1. 掌握液压传动的基本原理，即连续性原理、静压传递原理等。
2. 理解液体流动时的压力损失。

对于一台液压设备来说，要使工作部件能够克服负载，液压泵输出的油液就必须具有一定的压力，并且应能根据负载大小进行调节；另外，为满足不同的加工工艺要求，运动部件的速度也应该是可以调整的，即油液的流量是可调的。

压力和流量是流体传动及其控制技术中最基本、最重要的两个技术参数。

一、压力

1. 液体静压力及其特性

（1）液体静压力 p　当液体相对静止时，液体单位面积上所受的法向力称为液体的静压力，相当于物理学中的压强，即

$$p = \frac{F}{A} \tag{2-5}$$

式中　p——液体静压力，单位为 N/m^2 或 Pa（帕斯卡）。

工程中也常采用 kPa（千帕）或 MPa（兆帕）作为液体静压力单位。换算关系为 $1MPa = 10^3 kPa = 10^6 Pa$。

当液体受到外力的作用时，就形成液体的压力，如图2-2所示。

（2）液体静压力的特性

1）液体静压力的方向总是沿作用面的内法线方向。

2）静止液体内任一点处的静压力在各个方向上都相等。

2. 液体静力学基本方程

如图 2-3 所示，密度为 ρ 的液体在容器内处于静止状态，作用在液面上的压力为 p_0，距液面深度 h 处某点的压力为 p，则

$$p = p_0 + \rho gh \qquad (2\text{-}6)$$

式（2-6）称为液体静力学基本方程。由公式可知：

1）静止液体内任一点处的压力由两部分组成，一部分是液面上的压力 p_0，另一部分是由液柱的重力所产生的压力 ρgh。当液面上只受大气压力 p_a 时

$$p = p_a + \rho gh \qquad (2\text{-}7)$$

2）静压力随液体深度呈线性规律递增。

3）离液面深度相同处各点的压力均相等，由压力相等的点组成的面称为等压面，等压面为一水平面。

3. 压力的测量与表示方法

压力的表示方法有两种，即绝对压力和相对压力。绝对压力是以绝对真空作为基准所表示的压力，而相对压力是以大气压力作为基准所表示的压力。由于大多数测压仪表所测得的压力都是相对压力，所以相对压力也称为表压力。绝对压力和相对压力的关系如下

绝对压力 = 相对压力 + 大气压力

当绝对压力小于大气压力时，比大气压力小的那部分数值称为真空度，即

真空度 = 大气压力 − 绝对压力

绝对压力、相对压力和真空度的相对关系如图 2-4 所示。

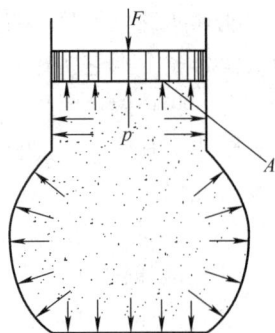

图 2-2 外力作用形成的压力

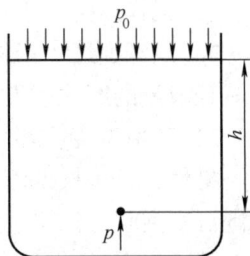

图 2-3 静止液体内的压力分布规律

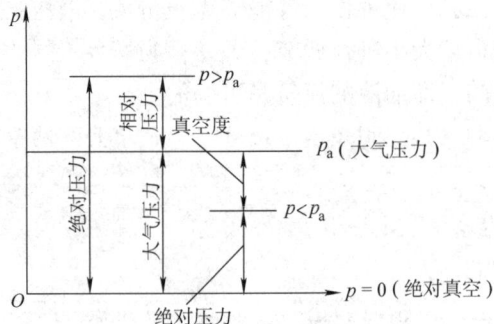

图 2-4 绝对压力、相对压力和真空度

4. 压力的形成与传递

由静力学基本方程可知，液体的压力是靠外力作用而形成的。**在密闭容器中的静止液体，当一处受到外力作用而产生压力时，这个压力将通过液体等值传递到液体内部的所有各点，这就是静压传递原理，又称帕斯卡原理。** 从图 2-5 所示密闭连通器中可以看到，各容器上压力表指示的数值都相同。

例 2-1   图 2-6 所示为相互连通的两个液压缸，已知大缸内径 $D = 100$ mm，小缸内径 $d = 30$ mm，大活塞上放一重物 $G = 20$ kN。问在小活塞上应加多大的力 F_1，才能使大活塞顶起重物？

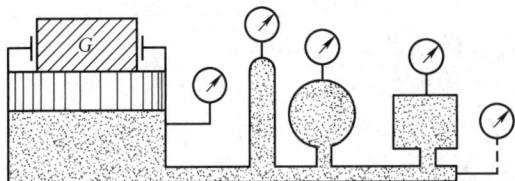

图 2-5   密闭连通器内压力处处相等

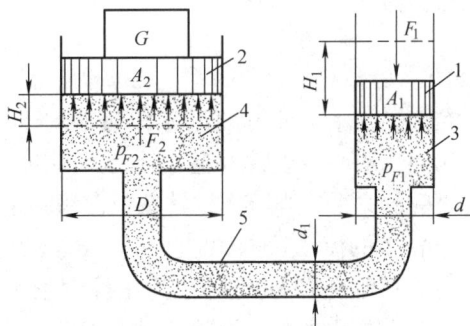

图 2-6   液压千斤顶

1、2—活塞 3、4—液压缸 5—管路

解：根据帕斯卡原理，由外力产生的压力在两缸中相等，即

$$\frac{4F_1}{\pi d^2} = \frac{4G}{\pi D^2}$$

故顶起重物时在小活塞上应加的力为

$$F_1 = \frac{d^2}{D^2}G = \frac{30^2}{100^2} \times 20000\text{N} = 1800\text{N}$$

由例 2-1 可知液压装置具有力的放大作用。压力机和液压千斤顶就是利用这个原理进行工作的。

如果 $G = 0$，则不论怎样推动小活塞，也不能在液体中形成压力，即 $p = 0$；反之，G 越大，液压缸中压力也越大，推力也就越大，这说明了**液压系统的工作压力决定于外负载**。

综上所述，**液压传动是依靠液体内部的压力来传递动力的，在密闭容器中压力是以等值传递的**。所以，静压传递原理是液压传动基本原理之一。

此外，液体流动时还有动压力，但在液压传动中动压力一般很小，可以不计，所以在液体流动时，主要是考虑静压力。

二、流量

液压传动是依靠密封容积的变化来传递运动的，而密封容积的变化必然引起液体的流动。为此，需要了解有关液体流动的一些基本概念和规律。

1. 流量和平均流速

（1）通流截面   垂直于液体流动方向的截面称为通流截面。

（2）流量 q 单位时间内流过某一通流截面的液体体积称为流量，即

$$q = \frac{V}{t} \tag{2-8}$$

式（2-8）中 q 的单位为 m^3/s 或 L/min，换算关系为 $1\text{m}^3/\text{s} = 6 \times 10^4 \text{L/min}$。

（3）平均流速 v 液体流动时，由于黏性的作用，在同一截面上各点的流速不同，分布

规律较为复杂，如图 2-7 所示，计算很不方便。现假设通流截面
上各点的流速均匀分布，液体以此平均流速 v 流过通流截面的流
量与以实际流速 u 流过通流截面的流量相等，这时流速 v 称为平
均流速，即

$$v = \frac{q}{A} \qquad (2\text{-}9)$$

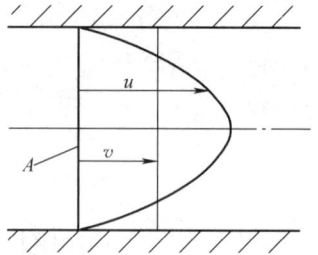

在液压缸中，液体的流速即为平均流速，它与活塞的运动
速度相同，从而可以建立起活塞运动速度与液压缸有效面积和
流量之间的关系。当液压缸的有效面积一定时，活塞运动速度取决于输入液压缸的流量。

图 2-7   实际流速和平均流速

2. 液体的流动状态

（1）层流   液体的各质点间互不干扰，平
行于管道轴线呈线性或层状流动，如图 2-8a
所示。

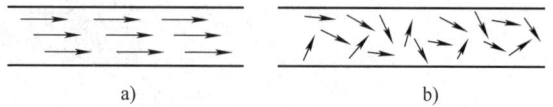

图 2-8   液体的流动状态
a）层流 b）湍流

（2）湍流   液体各质点的运动杂乱无
章，除了平行于管道轴线的运动外，还存在着剧烈的横向运动，如图 2-8b 所示。

三、液流连续性原理

根据质量守恒定律，液体流动时质量既不能增加，也
不会减少，而且液体流动时又被认为是几乎不可压缩的。
这样，**液体流经无分支管道时，每一通流截面上通过的流
量一定是相等的，这就是液流连续性原理。** 如图 2-9 所示
管道中，流过截面 1 和截面 2 的流量分别为 q_1 和 q_2，则

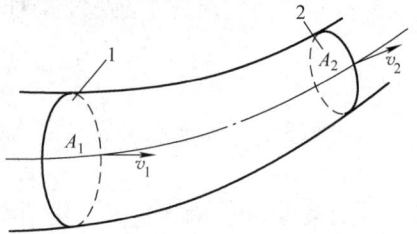

$$q_1 = q_2$$
$$v_1 A_1 = v_2 A_2 = 常量 \qquad (2\text{-}10)$$

图 2-9   液流连续性原理

式（2-10）表明，液体流动时，通过管道不同截面
的平均流速与其截面积大小成反比，即管径粗的地方流速慢，管径细的地方流速快。

例 2-2   如图 2-6 所示液压千斤顶在压油过程中，已知活塞 1 的直径 $d = 30mm$，活塞 2
的直径 $D = 100mm$，管路 5 的直径 $d_1 = 15mm$。假定活塞 1 的下压速度为 200mm/s，试求活
塞 2 的上升速度和管路 5 内液体的平均流速。

解：1）活塞 1 排出的流量

$$q_1 = A_1 v_1 = \frac{\pi d^2}{4} v_1 = \frac{3.14 \times 0.03^2}{4} \times 0.2 \, m^3/s = 14.13 \times 10^{-5} m^3/s$$

2）根据连续性原理，推动活塞 2 上升的流量 $q_2 = q_1$，由式（2-9）可得活塞 2 上升速度

$$v_2 = \frac{q_2}{A_2} = \frac{4 q_2}{\pi D^2} = \frac{4 \times 14.13 \times 10^{-5}}{3.14 \times 0.1^2} m/s = 1.8 \times 10^{-2} m/s$$

3）同理，在管路 5 内流量 $q_5 = q_1 = q_2$，所以

$$v_5 = \frac{q_5}{A_5} = \frac{4 q_5}{\pi d_1^2} = \frac{4 \times 14.13 \times 10^{-5}}{3.14 \times 0.015^2} m/s = 0.8 \, m/s$$

综上所述，液压传动是依靠密封容积的变化传递运动的，而密封容积的变化所引起流量

变化要符合等量原则，所以液流连续性原理也是液压传动的基本原理之一。

想 一 想

液压缸有效面积一定时，其活塞运动的速度由什么来决定？

四、液体流动时的压力损失

实际液体具有黏性，因而流动时存在阻力，而克服阻力时会造成一部分能量的损失，具体表现为液体的压力损失。液体的压力损失可分为两种，即沿程压力损失和局部压力损失。

1. 沿程压力损失 Δp_λ

液体在等径直管中流动时因内外摩擦而产生的压力损失为沿程压力损失。它主要取决于液体的流速、黏性、管路的长度以及油管的内径等。

2. 局部压力损失 Δp_ξ

液体流经管道的弯头、接头、突变截面以及阀口时，流速的方向和大小发生剧烈变化，形成旋涡、脱流，因而使液体质点相互撞击，这种情况造成的能量损失为局部压力损失。

因阀内的通道结构复杂，计算比较困难，故液体流过各种阀类的局部压力损失 Δp_v 常用下列经验公式计算

$$\Delta p_v = \Delta p_n \left(\frac{q}{q_n}\right)^2 \tag{2-11}$$

式中　q_n——阀的额定流量，单位为 m^3/s；

　　Δp_n——阀在额定流量下的压力损失（可查阅阀的样本手册），单位为 Pa；

　　q——通过阀的实际流量，单位为 m^3/s。

3. 管路系统的总压力损失 $\sum \Delta p$

所有沿程压力损失和所有局部压力损失之和为管路系统的总压力损失，即

$$\sum \Delta p = \sum \Delta p_\lambda + \sum \Delta p_\xi + \sum \Delta p_v \tag{2-12}$$

液压传动中的压力损失，会造成功率损耗、油液发热、泄漏增加，使液压元件因受热膨胀而"卡死"。因此，应尽量减少压力损失。只要油液黏度适当，管道内壁光滑，尽量缩短管道长度，减少管道截面的变化及弯曲，就能将压力损失控制在较小的范围内。

任务三　了解液压冲击和空穴现象

学习目标
1. 了解产生液压冲击和空穴现象的原因。
2. 掌握预防和减轻液压冲击和空穴现象的措施。

一、液压冲击

在液压系统中，由于某种原因而引起油液压力在瞬间急剧升高，这种现象称为液压冲击。

液压系统中产生液压冲击的原因很多，如液流速度突变（关闭阀门）或液流方向突变（换向）等因素，都将引起系统中油液压力的突然升高而产生液压冲击。液压冲击会引起振动和噪声，导致密封装置、管路等液压元件的损坏，有时还会使某些元件，如压力继电器、顺序阀等产生误动作，影响系统的正常工作。因此，必须采取有效措施来防止或减轻液压冲击。

防止或减轻液压冲击的基本措施是尽量避免液流速度发生急剧变化或延长速度变化的时间，其具体办法如下：

1）缓慢开关阀门。

2）限制管路中液流的速度。

3）系统中设置蓄能器和溢流阀。

4）在液压元件中设置缓冲装置（如节流孔）。

二、空穴现象

在液压系统中，由于流速突然变大、供油不足等原因，压力会迅速下降至低于空气分离压，使原先溶解于油液中的空气游离出来形成气泡，这些气泡夹杂在油液中形成气穴，这种现象称为空穴现象。

当液压系统中产生空穴现象时，大量的气泡破坏了油液的连续性，造成流量和压力脉动；当气泡随油液流进高压区时急剧破灭，引起局部液压冲击，使系统产生强烈的噪声和振动。当附着在金属表面上的气泡破灭时，它所产生的局部高温和高压作用，以及油液中逸出的气体的氧化作用，会使金属表面剥蚀或出现海绵状的小洞穴。这种空穴现象造成的腐蚀作用称为气蚀，会导致元件寿命的缩短。

气穴多发生在阀口和液压泵的进口处。由于阀口的通道狭窄，流速增大，压力大幅度下降，以致产生气穴。当泵的安装高度过大或油面不足，吸油管直径太小，吸油阻力大，过滤器阻塞，造成进口处真空度过大，亦会产生空穴。为减少空穴和气蚀的危害，一般可采取下列措施：

1）减小液流在间隙处的压力降，一般希望间隙前后的压力比为 $p_1/p_2 < 3.5$。

2）降低泵的吸油高度，适当加大吸油管内径，限制吸油管的流速，及时清洗过滤器，对高压泵可采用辅助泵供油。

3）管路要有良好的密封性，防止空气进入。

> **想一想**
>
> （1）为什么说液压系统的工作压力决定于外负载？
>
> （2）在液压系统中油液流经直管和流经局部障碍时哪种情况下压力损失大？

思考题和习题

2-1 填空

（1）液体的黏性是_____，常用的黏度有_____、_____和_____。

（2）液体静力学的基本方程式是_____。

（3）压力的表示方法

　　绝对压力 _____。

　　相对压力 _____。

　　真空度 _____。

（4）液体的流动状态可分为 _____ 和 _____。

（5）液体在管路中流动时的压力损失可分为 _____ 和 _____。

2-2　选择

（1）在静止的液体内部某一深度的一点，它所受到的压力是 _____。

A　向上的压力大于向下的压力　　　　B　向下的压力大于向上的压力

C　左右两侧的压力小于向下的压力　　D　各个方向的压力都相等

（2）理想液体在同一管路中稳定流动时，任意两截面的流量 _____。

A　都不相等　　　　　　B　都相等　　　　　C　都等于零

（3）已知通过某阀的额定流量为 25L/min，额定压力损失为 0.5MPa，当该阀实际流过 10L/min 时，其压力损失为 _____。

A　0.08MPa　　　　　B　0.5MPa　　　　　C　0.2MPa

2-3　液压油的体积为 $18 \times 10^{-3} \mathrm{m}^3$，质量为 16.1kg，求此液压油的密度。

2-4　有两种液压油，在相同温度下，甲液压油体积为 21L，$°E_1 = 5$；乙液压油体积为 9L，$°E_2 = 7$。将两种油混合，试求混合油的黏度。

2-5　液压油有哪些主要品种？液压油的牌号与黏度有什么关系？如何选用液压油？

2-6　液压传动对液压油提出哪些主要要求？液压油为什么要定期更换？

2-7　解释通流截面、流量、平均流速。

2-8　什么叫液体的静压力？液体的静压力有哪些特性？压力是如何传递的？

2-9　图 2-10 所示连通器中存在两种液体，已知水的密度 $\rho_1 = 1000 \mathrm{kg/m}^3$，$h_1 = 60 \mathrm{cm}$，$h_2 = 75 \mathrm{cm}$，求另一种液体的密度 ρ_2。

2-10　液压千斤顶柱塞的直径 $D = 34 \mathrm{mm}$，活塞的直径 $d = 13 \mathrm{mm}$，杠杆长度如图 2-11 所示。问杠杆端点应加多大的 F 力才能将重力 W 为 $5 \times 10^4 \mathrm{N}$ 的重物顶起？

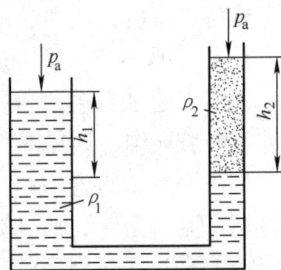

图 2-10　题 2-9 图

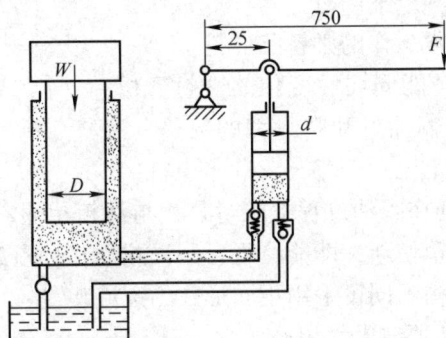

图 2-11　题 2-10 图

2-11　液压冲击和空穴现象是如何产生的？有何危害？如何防止？

单元二　液压动力装置

在液压传动系统中，液压动力装置的作用是将电动机（或其他原动机）输出的机械能转换为液体的压力能，从而为系统提供动力。液压泵是液压系统的主要动力装置，本单元学习几种典型的（齿轮式、叶片式和柱塞式）液压泵。

任务一　液压泵概述

学习目标
1. 掌握各种液压泵的工作原理（如何吸油、压油和配流）、主要性能参数及特点。
2. 掌握液压泵的选用方法。

一、液压泵的工作原理及种类

1. 液压泵的工作原理及必备条件

图 2-12 所示是液压泵的工作原理，柱塞 2 靠弹簧 4 紧压在偏心轮 1 上，偏心轮 1 的转动使柱塞 2 作往复运动。柱塞 2 向右移动时，油腔 a（它是一个密封的工作腔）的容积由小变大，形成局部真空，大气压力迫使油箱中的油液通过吸油管顶开单向阀 6，进入油腔 a 中，这就是泵的吸油过程。当柱塞 2 向左移动时，油腔 a 的容积由大变小，迫使其中的油液顶开单向阀 5 流入系统，这就是泵的压油过程。偏心轮不断地旋转，泵就不断地吸油和压油。可见，液压泵是靠密封容积的变化来实现吸油和压油的，因此称为容积式液压泵。它的工作过程就是吸油和压油的过程。

由上述可知，液压泵正常工作的必备条件是：

1）应具有一个或若干个能周期性变化的密封容积，如图 2-12 中的油腔 a。泵的输油量和密封腔的数目、密封容积变化的大小及速率成正比。

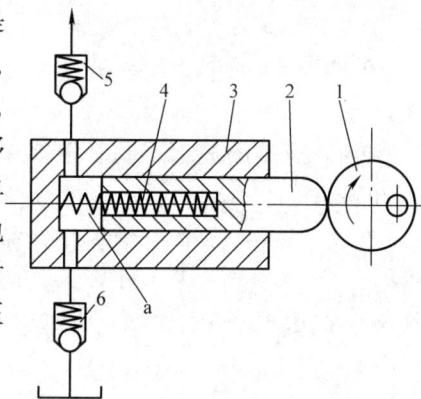

图 2-12　液压泵的工作原理
1—偏心轮　2—柱塞　3—缸体
4—弹簧　5、6—单向阀

2）应有配流装置，保证在吸油过程中密封容积与油箱相通，同时关闭供油通路；压油时，与供油管路相通而与油箱切断，即能将吸、压油腔隔开。图 2-12 中单向阀 5 和单向阀 6 就是配流装置，根据泵的结构不同可采用不同形式的配流装置。

3）吸油过程中，油箱必须与大气相通。

2. 液压泵的常用种类和图形符号

液压泵的种类很多，目前最常见的有齿轮泵、叶片泵及柱塞泵等。按泵的输油方向能否改变，可分为单向泵和双向泵；按其输出的流量能否调节，可分为定量泵和变量泵；按额定压力的高低，又可分为低压泵、中压泵和高压泵三类。液压泵的图形符号见附录 A。

二、液压泵的主要性能参数

1. 液压泵的压力

（1）工作压力 p　是指液压泵工作时输出油液的实际压力，其大小由工作负载决定。

（2）额定压力 p_n　是指液压泵在使用中允许达到的最高工作压力，超过此值就是过载，它受液压泵本身的泄漏和结构强度的限制。为满足各种液压系统所需的不同压力，液压泵的压力分为几个等级，见表 2-2。

表 2-2　液压泵的压力等级

压 力 等 级	低　　压	中　　压	中　高　压	高　　压	超 高 压
压力/MPa	≤2.5	>2.5～8	>8～16	>16～32	>32

2. 液压泵的排量和流量

（1）排量 V　是指液压泵每转一转理论上应排出油液的体积，常用单位为 cm^3/r 或 mL/r。排量的大小取决于液压泵的密封腔的几何尺寸。

（2）流量　是指液压泵在单位时间内排出油液的体积。

1）理论流量 q_t，是指液压泵在不计泄漏的情况下，单位时间内排出油液的体积。它等于排量 V 和转速 n 的乘积，即

$$q_t = Vn \tag{2-13}$$

2）实际流量 q，是指液压泵在实际工作压力下排出的流量。由于液压泵存在泄漏，所以液压泵的实际流量小于理论流量。

3）额定流量 q_n，是指液压泵在额定转速和额定压力下输出的流量。

3. 液压泵的功率和效率

（1）输入功率 P_i　即驱动液压泵的电动机所需的功率。

（2）输出功率 P_o　是液压泵的工作压力和实际输出流量的乘积，即

$$P_o = pq \tag{2-14}$$

式中　P_o——液压泵的输出功率，单位为 W；

　　　p——液压泵的工作压力，单位为 Pa；

　　　q——液压泵的实际输出流量，单位为 m^3/s。

（3）容积效率 η_V　由于液压泵在工作中因泄漏造成了流量损失 Δq，使它输出的实际流量 q 总小于理论流量 q_t，即 $q = q_t - \Delta q$。液压泵的容积效率为实际输出流量与理论流量的比值，则

$$\eta_V = \frac{q}{q_t} = \frac{q}{Vn} \tag{2-15}$$

（4）机械效率 η_m　由于液压泵在工作中存在机械损耗和液体黏性引起的摩擦损失，因此，液压泵的实际输入转矩 T_i 必然大于泵所需理论转矩 T_t。则

$$\eta_m = \frac{T_t}{T_i} \tag{2-16}$$

（5）总效率 η　液压泵的总效率为其输出功率 P_o 与输入功率 P_i 之比，它也等于液压泵

的容积效率 η_V 与机械效率 η_m 的乘积，即

$$\eta = \frac{P_o}{P_i} = \eta_V \eta_m \tag{2-17}$$

例 2-3　某液压泵铭牌上标有转速 $n = 1450 \text{r/min}$，额定流量 $q_n = 60 \text{L/min}$，额定压力 $p_n = 80 \times 10^5 \text{Pa}$，该泵的总效率 $\eta = 0.8$，试求：

（1）该泵应选配的电动机功率；

（2）若该泵使用在特定的液压系统中，系统要求泵的工作压力 $p = 40 \times 10^5 \text{Pa}$，该泵应选配的电动机功率。

解： 驱动液压泵的电动机功率的确定，应按照液压泵的使用场合进行计算。当不明确液压泵在什么场合下使用时，可按铭牌上的额定压力、额定流量值进行功率计算；当液压泵的使用压力已经确定，则应按其实际使用压力进行功率计算。

（1）因为不知道泵的实际使用压力，故选取额定压力进行功率计算

$$P = \frac{p_n q_n}{\eta} = \frac{80 \times 10^5 \times 60 \times 10^{-3}}{0.8 \times 60} \text{W} = 10 \times 10^3 \text{W} = 10 \text{kW}$$

（2）因为泵的实际工作压力已经确定，故选取实际使用压力进行功率计算

$$P = \frac{p q_n}{\eta} = \frac{40 \times 10^5 \times 60 \times 10^{-3}}{0.8 \times 60} \text{W} = 5 \times 10^3 \text{W} = 5 \text{kW}$$

任务二　齿轮泵

学习目标

1. 了解齿轮泵的结构特点。
2. 掌握齿轮泵的工作原理及应用。

齿轮泵是液压系统中常用的液压泵，按其结构不同分外啮合齿轮泵和内啮合齿轮泵两大类，其中外啮合齿轮泵应用较为广泛，下面重点介绍。

一、外啮合齿轮泵的工作原理

图 2-13a 所示为外啮合齿轮泵的工作原理。泵体内装有一对相同模数、齿数的齿轮，齿轮的两端面靠泵端盖（图中未画出）密封。泵体、端盖和齿轮的各齿槽组成了密封容积。这种泵无专门的配流装置，而是靠两齿轮沿齿宽方向的啮合线把密封容积分成吸油腔和压油腔两部分，并在吸油与压油过程中互不相通。当齿轮按图示箭头方向旋转时，右侧油腔由于轮齿逐渐脱开啮合，密封容积逐渐增大而形成局部真空，油液在大气压作用下，从油箱经油管进入油腔，充满齿槽，并随着齿轮的旋转被带到左腔。而左边的油腔，由于轮齿逐渐进入啮合，密封容积逐渐减小，齿槽中的油液受到挤压，从排油口排出。当齿轮不断旋转时，吸油腔不断吸油，压油腔不断排油。外啮合齿轮泵实物如图 2-13b 所示。

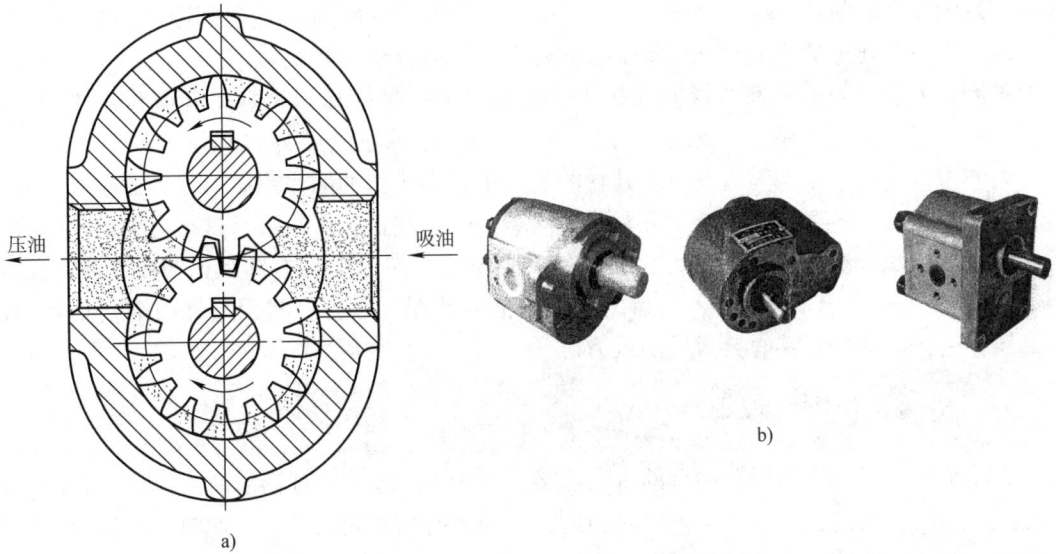

图 2-13　外啮合齿轮泵
a）工作原理　b）实物

二、齿轮泵的结构

CB-B 型齿轮泵的结构如图 2-14 所示，它是分离三片式结构，三片是指泵前端盖 6、后端盖 2 和泵体 5，它们由两个圆柱销 11 定位，用六个螺钉 7 固定。主动齿轮 4 用键 3 固定在传动轴 8 上，并由电动机带动旋转。为了使齿轮能灵活地转动，同时又要使泄漏最少，在齿轮端面和泵盖之间应留有适当的间隙（轴向间隙），小流量泵轴向间隙为 0.025 ~ 0.04mm，

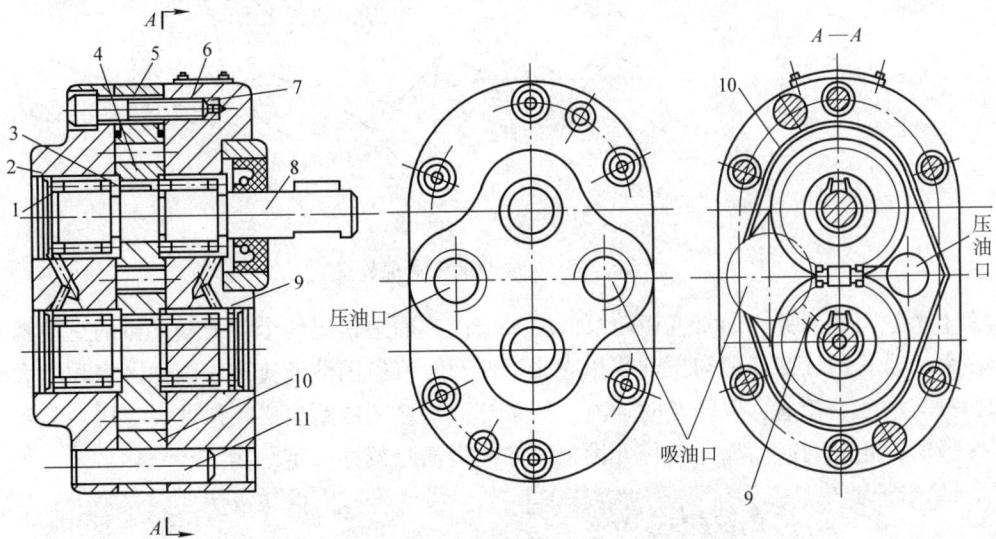

图 2-14　CB-B 型齿轮泵的结构
1—滚针轴承　2—后端盖　3—键　4—主动齿轮　5—泵体　6—前端盖
7—螺钉　8—传动轴　9—泄油道　10—卸荷槽　11—圆柱销

大流量泵轴向间隙为 0.04~0.06mm。齿顶和泵体内表面的间隙（径向间隙），由于密封带长，同时齿顶线速度的方向和油液泄漏方向相反，故对此泄漏影响较小。但因吸、压油腔的压力不同，齿轮受到不平衡的径向力作用，传动轴会产生变形，为避免齿顶和泵体内壁相碰，故径向间隙应稍大些，一般取 0.13~0.16mm。齿轮泵的吸油口和压油口开在后端盖上，大的为吸油口，小的为压油口，其目的是为了减小压力油的作用面积，从而减小齿轮泵的径向不平衡力。四个滚针轴承 1 分别装在前端盖和后端盖上，油液通过泵的轴向间隙润滑滚针轴承，然后经泄油道 9 流回吸油口。在泵体 5 的两端面上铣有卸荷槽 10，即与吸油口相通的沟槽（图 A—A 剖视图），其目的是防止油液泄漏到泵外，减少泵体与端盖接触面间的油压作用，以减少联接螺钉承受的拉力。

三、齿轮泵的困油现象

齿轮泵要平稳工作，齿轮啮合的重合度必须大于1，即前一对轮齿尚未脱离啮合时，后一对轮齿已经进入啮合，故在某一段时间内，应同时有两对轮齿啮合。此时，在这两对啮合的轮齿之间便形成了一个密闭的容积，称为困油区。如图 2-15a 所示，随着齿轮的旋转，困油区的容积将逐渐减小，达到两个啮合点 A、B 处于节点 C 两侧的对称位置时，如图 2-15b 所示，这时密封容积减至最小。被困的油液受挤压，压力急剧升高，油液从一切可泄漏的缝隙强行挤出，使齿轮和轴承负荷增大、功率消耗增加、油温升高；当齿轮继续旋转，这个密封容积又逐渐增大到图 2-15c 所示的最大位置，容积增大时又会造成局部真空，使油液汽化，气体析出，产生气穴。以上这些现象将会引起齿轮泵的振动和噪声，这就是齿轮泵的困油现象。

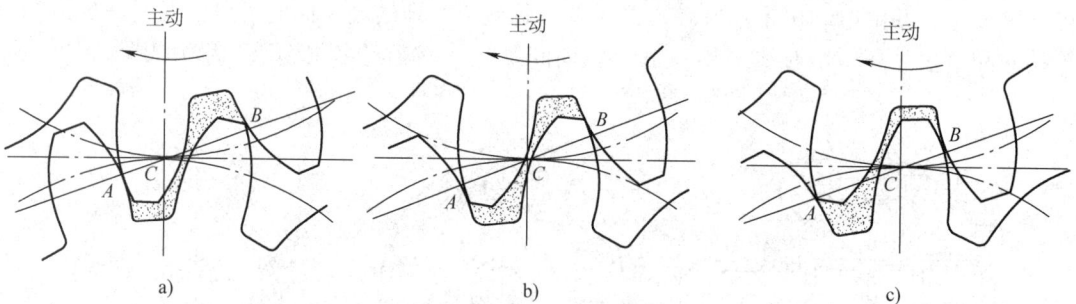

图 2-15　齿轮泵的困油现象

为了消除困油现象，通常在齿轮泵两端泵盖内侧面上铣出两个卸荷槽。目的是使困油区在容积缩小时，通过卸荷槽与压油腔相通，以便及时将被困油液排出；困油区容积增大时通过卸荷槽与吸油腔相通，以便及时补油。两个卸荷槽之间的距离必须保证吸、压油腔互不相通，一般的齿轮泵两卸荷槽非对称开设，而是向吸油腔偏移一定距离。

四、齿轮泵的特点及用途

外啮合齿轮泵结构简单，尺寸小，重量轻，制造方便，价格低廉，工作可靠，自吸能力强（允许的吸油真空度大），对油液污染不敏感，维护容易。但泵的一些机件要承受不平衡径向力，磨损严重，泄漏大，使得工作压力的提高受到限制；此外，它的流量脉动大，因而压力脉动和噪声都较大。因此，外啮合齿轮泵主要用于低压或对噪声污染要求不高的场合。

想一想

（1）如果油箱完全封闭而不与大气相通，液压泵是否还能工作？为什么？

（2）已知图2-16中的负载F及阻尼孔尺寸不变，当液压泵的转速增高时，液压泵出口压力将如何变化？为什么？

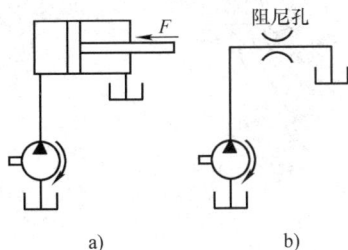

图2-16　想一想（2）图

任务三　叶片泵

学习目标

1. 了解各种叶片泵的结构特点。

2. 掌握各种叶片泵的工作原理及应用。

3. 搞清限压式变量叶片泵特性曲线的物理意义。

叶片泵分双作用叶片泵和单作用叶片泵两大类，前者是定量泵，后者是变量泵。

一、定量叶片泵的工作原理

1. 双作用叶片泵

图2-17a所示为双作用叶片泵的工作原理，它主要由定子1、转子2、叶片3、配流盘4、轴5和泵体6等构成。转子和定子同心安装。定子内表面由两段长径R圆弧、两段短径r圆弧和四段过渡曲线组成。转子旋转时，由于离心力和叶片根部油压的作用，叶片顶部紧靠在定子内表面上，这样，在每两个叶片之间和定子的内表面、转子的外表面及前后配流盘形成了一个个密封工作腔。如图2-17a中转子顺时针方向旋转时，密封工作腔的容积在左上角和右下角处逐渐增大，形成局部真空而吸油，为吸油区；密封工作腔的容积在右上角和左下角处逐渐减小而压油，为压油区。吸油区和压油区之间有一段封油区把它们隔开。这种泵的转子每转一周，每个密封工作腔完成吸油、压油各两次，故称为双作用叶片泵。又因为泵的两个吸油区和压油区是径向对称的，使作用在转子上的径向液压力平衡，所以又称为卸荷式叶片泵。

从图2-17a中可以看出，叶片在转子槽内没有采用径向安装，而是按转子转动方向向前倾斜一个角度（通常为13°）。其目的是减小在压油区叶片与定子内表面接触时的压力角，从而减小摩擦力，有利于叶片在槽内的滑动。图2-17b所示为双作用叶片泵实物。

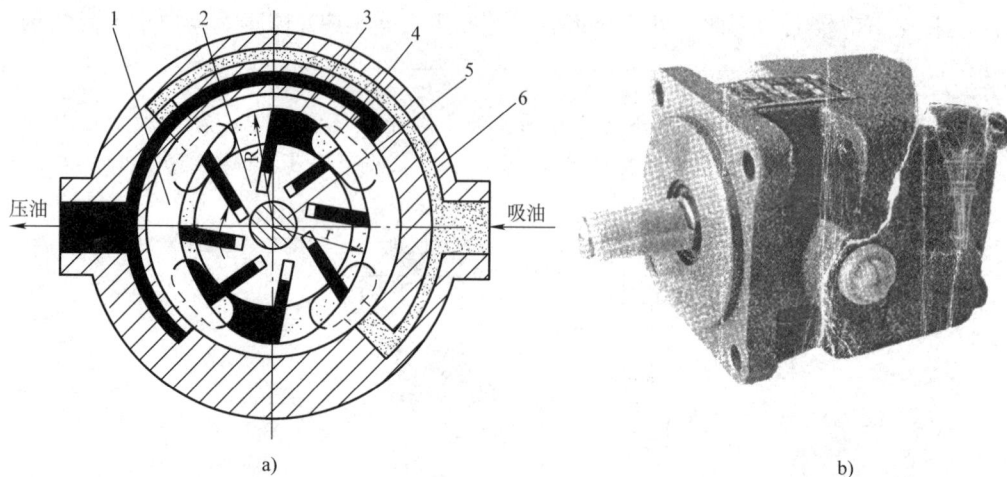

图 2-17　双作用叶片泵

a）工作原理　b）实物

1—定子　2—转子　3—叶片　4—配流盘　5—轴　6—泵体

2. 双联叶片泵

双联叶片泵相当于由一大一小两个双作用叶片泵组合而成，其工作原理如图 2-18a 所示，

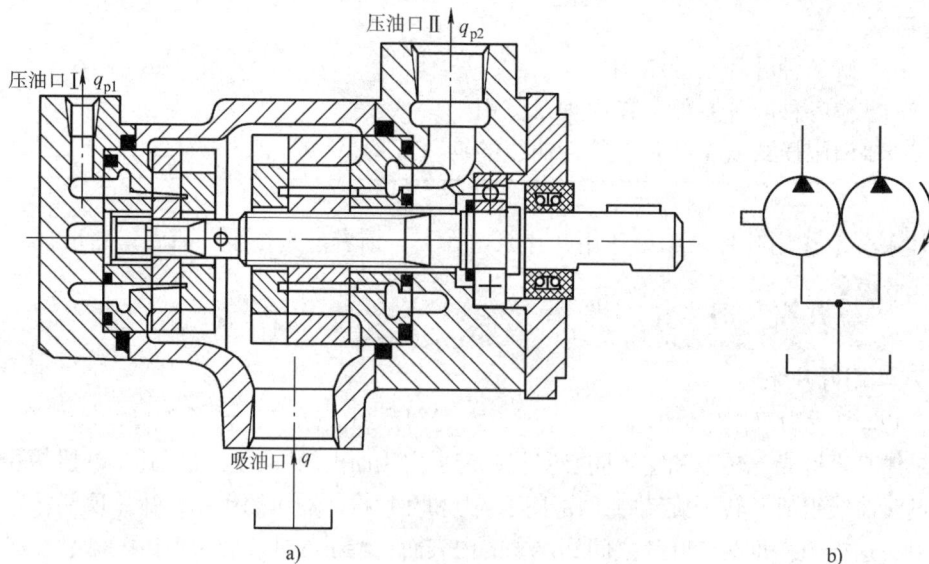

图 2-18　双联叶片泵

a）工作原理　b）图形符号　c）实物

它由两套尺寸不同的定子、转子和配流盘等安装在一个泵体内，泵体有一个公共的吸油口和两个独立的压油口，两个转子由同一根轴传动工作。双联叶片泵的图形符号如图 2-18b 所示，其实物如图 2-18c 所示。

双联叶片泵的输出流量可以分开使用，也可以合并使用。例如，有快速行程和工作进给要求的机床液压系统中，在快速轻载时，由大、小两泵同时供给低压油；在重载低速时，高压小流量泵单独供油，大泵卸荷。这样可减少油液发热，降低功率损耗。双联泵也可用于为两个独立油路供油的液压系统中。

二、变量叶片泵的工作原理

1. 单作用叶片泵

如图 2-19 所示，它主要由转子 1、定子 2、叶片 3、配流盘 4 和泵体 5 等构成。该泵与定量泵的区别是，定子的内孔是一个与转子偏心安装的圆环，两侧的配流盘上开有两个油窗，一个吸油窗，一个压油窗。这样，转子每转一转，转子、定子、叶片和配流盘之间形成的密封容积只变化一次，完成一次吸油和压油，因此称为单作用叶片泵。由于转子单向承受压油腔油压的作用，径向力不平衡，所以又称为非卸荷式叶片泵。这种泵的工作压力不宜过高，其最大特点是只要改变转子和定子的偏心距 e 和偏心方向，就可以改变输油量和输油方向，成为变量叶片泵。

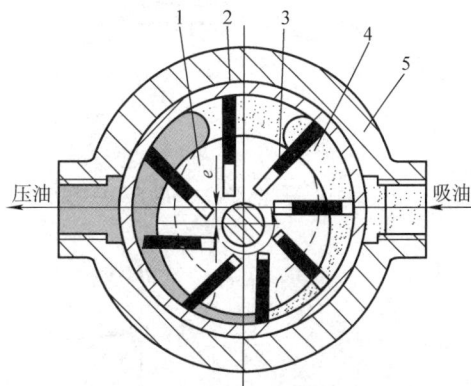

图 2-19   单作用叶片泵工作原理
1—转子 2—定子 3—叶片 4—配流盘 5—泵体

2. 限压式变量叶片泵

限压式变量叶片泵的流量改变是利用压力的反馈作用实现的，它有外反馈和内反馈两种形式。下面主要介绍外反馈限压式变量叶片泵。

图 2-20a 所示为外反馈限压式变量叶片泵的工作原理，图 2-20b 所示为其实物。图 2-21 所示为外反馈限压式变量叶片泵的流量-压力特性曲线。泵输出的工作压力 p 作用在定子左侧的反馈缸柱塞 6 上，而定子右侧有一限压弹簧 3。当压力作用在柱塞上的力 pA（A 为柱塞的面积）不超过限压弹簧 3 的预紧力 F_s（$pA \leqslant F_s$）时，定子在限压弹簧 3 的作用下被推向左端，定子中心 O_2 和转子中心 O_1 之间有一初始偏心量 e_0。这时，泵的输出流量为最大，且基本上不变（图 2-21 中曲线 AB 段稍有下降是泵的泄漏所引起的）。当泵的工作压力升高，作用于柱塞上的力超过限压弹簧 3 的预紧力（$pA > F_s$）时，限压弹簧被压缩，定子右移，偏心量减小，泵输出的流量也随之减小（图 2-21 所示曲线 BC 段）。**当泵的压力达到某一数值时，偏心量接近零**（微小偏心量所排出的流量只够补偿内泄漏），**泵的输出流量为零。此时，泵的压力 p_C 称为泵的极限工作压力。当反馈力等于弹簧力（$pA = F_s$）时的压力，称为泵的限定工作压力，用 p_B 表示**（$p_B = F_s/A$）。

如图 2-20a 所示，调节螺钉 7，可改变定子与转子的初始偏心量 e_0，从而改变泵的最大输出流量，使 AB 曲线上下平移，如图 2-21 所示。通过调节螺钉 4 可调节限压弹簧 3 的预紧力 F_s，从而改变泵的限定工作压力 p_B，使 BC 曲线左右平移。改变限压弹簧的刚度系数 k，可改变泵的极限工作压力 p_C，使 BC 曲线的斜率改变。

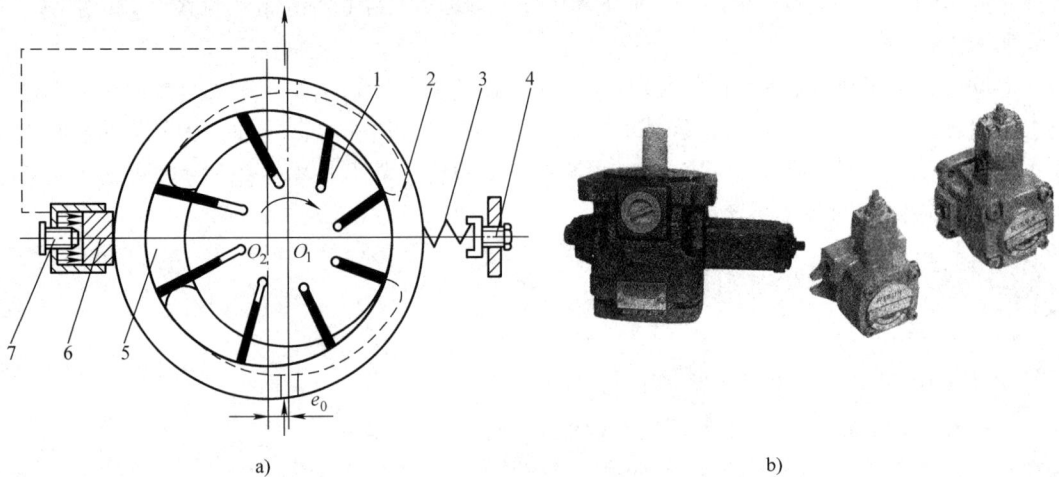

图 2-20　外反馈限压式变量叶片泵

a）工作原理　b）实物

1—转子　2—定子　3—限压弹簧　4、7—调节螺钉　5—配流盘　6—反馈缸柱塞

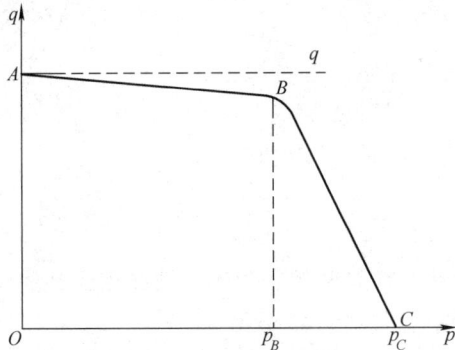

图 2-21　限压式变量叶片泵特性曲线

　　限压式变量叶片泵适用于液压设备有快进、工作进给以及保压系统的场合。快进时，负载小、压力低、流量大，泵处于特性曲线 AB 段。工作进给时，负载大、压力高、速度慢、流量小，泵自动转换到特性曲线 BC 段某点工作。保压时，在近 p_C 点工作，提供小流量以补偿系统泄漏。

三、叶片泵的特点及用途

　　与其他泵相比，叶片泵具有流量均匀、运转平稳、噪声小等优点，但结构比较复杂、自吸能力差、对油液污染比较敏感。叶片泵广泛应用于机床的液压系统中和部分工程机械中。

　　例 2-4　某限压泵原特性曲线如图 2-22 所示曲线 I。若设备快进时所需泵的工作压力为 1MPa，流量为 30L/min；工进时泵的工作压力为 4MPa，所需的流量为 5L/min，试调整泵的 q-p 特性曲线，以满足工作需要。

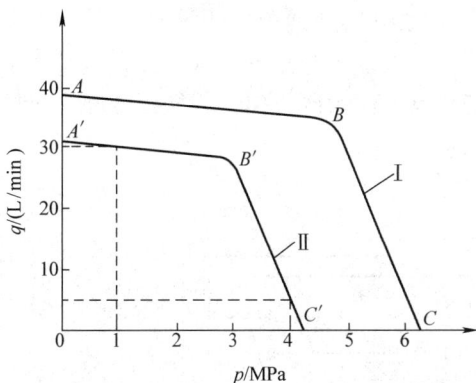

图 2-22　限压式变量叶片泵 $q\text{-}p$ 特性曲线调整

解：根据题意，若按泵的原始 $q\text{-}p$ 特性曲线工作，快进时流量太大，工进时泵的出口工作压力太高，与设备工作要求不相适应，所以必须进行调整，方法如下。

（1）调节流量螺钉 7，移动定子，以减小偏心量 e_0，使 AB 线向下移至流量为 30L/min 处。

（2）调节限定螺钉 4，减少弹簧预压缩量，使 BC 段左移到曲线 Ⅱ 上工作，以满足设备工作需要。曲线 Ⅱ 为调整后泵的工作特性曲线。

任务四　柱塞泵

学习目标

　　1. 了解柱塞泵的结构特点。

　　2. 掌握柱塞泵的工作原理及应用。

　　柱塞泵按柱塞排列方向不同，分为径向柱塞泵和轴向柱塞泵两大类。由于径向柱塞泵径向尺寸大，结构复杂，自吸能力差，且受较大的径向不平衡力，易磨损，因而限制了压力和转速的提高，目前应用较少。这里着重介绍轴向柱塞泵。

一、轴向柱塞泵的工作原理

　　轴向柱塞泵的柱塞平行于缸体轴线，其工作原理如图 2-23 所示。它主要由缸体 7、配流盘 10、柱塞 5 和斜盘 1 等构成。斜盘 1 和配流盘 10 固定不动，斜盘法线与缸体轴线有交角 γ。缸体 7 由轴 9 带动旋转，缸体上均布若干个轴向柱塞孔，孔内装有柱塞 5，内套筒 4 在弹簧 6 的作用下，通过压板 3 而使柱塞头部的滑履 2 紧靠在斜盘 1 上，同时外套筒 8 在弹簧 6 的作用下，使缸体 7 与配流盘 10 紧密接触，起到密封作用。在配流盘 10 上开有两个腰形通孔，为吸、压油口。当传动轴带动缸体 7 按图示方向旋转时，在右半周内，柱塞 5 逐渐向外伸出，柱塞 5 与缸体 7 孔内的密封容积逐渐增大，形成局部真空，通过配流盘 10 的吸油窗口吸油；缸体 7 在左半周旋转时，柱塞 5 在斜盘 1 斜面作用下，逐渐被压入柱塞孔内，密封容积逐渐减小，通过配流盘 10 的压油窗口压油；缸体 7 每转一转，每个柱塞往复运动一次，吸、压油各一次。若改变斜盘 1 倾角 γ 的大小，就能改变柱塞 5 的行程长度 s，也就改变了泵的排量。如果改变斜盘 1 倾角的方向，就能改变吸、压油的方向，所以这样的柱塞泵又称为双向变量轴向柱塞泵。

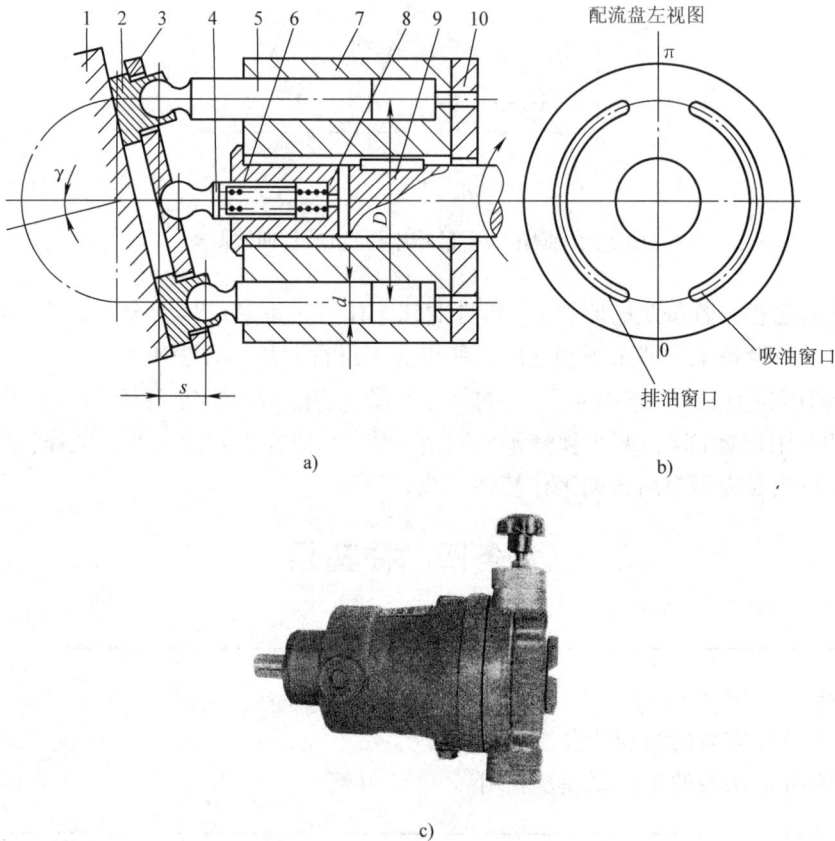

图 2-23　轴向柱塞泵
a) 工作原理　b) 配流盘　c) 实物
1—斜盘　2—滑履　3—压板　4、8—套筒　5—柱塞
6—弹簧　7—缸体　9—轴　10—配流盘

二、柱塞泵的特点及用途

　　柱塞泵是靠柱塞在缸体内作往复运动，使密封容积发生变化而吸油和压油的。由于构成密封容积的柱塞和缸体均为圆柱表面，加工方便，可得到较高的配合精度，故密封性能好，容积效率高；同时，柱塞在工作时处于受压状态，能充分发挥材料的强度性能；另外，只要改变柱塞的工作行程就能改变流量。因此，与齿轮泵和叶片泵相比，柱塞泵具有压力高、结构紧凑、效率高、流量调节方便等优点，故广泛应用于需要高压、大流量、大功率的系统中和流量需要调节的场合，如龙门刨床、拉床、液压机、工程机械、矿山冶金机械及船舶等。

任务五 液压泵的选用

学习目标

学会根据工程实际合理选用液压泵的类型和规格。

在液压系统中，应根据液压设备的工作压力、流量、工作性能、工作环境等合理选用泵的类型和规格。同时，应考虑功率的合理利用、系统的发热及经济性等问题。

液压泵的选用可参考以下原则：

1）轻载小功率的液压设备，可选用齿轮泵、双作用叶片泵。

2）精度较高的机械设备（磨床），可选用双作用叶片泵、螺杆泵。

3）负载较大，并有快、慢速进给的机械设备（组合机床），可选用限压式变量叶片泵、双联叶片泵。

4）负载大、功率大的设备（刨床、拉床、压力机），可选用柱塞泵。

5）机械设备的辅助装置，如送料、夹紧等不重要场合，可选用价格低廉的齿轮泵。

各种泵的性能及应用参见附录 D。

想 一 想

（1）限压式变量叶片泵能当定量泵使用吗？若行，应如何调整？

（2）双作用式叶片泵的叶片为什么不是径向安装的，而要倾斜一个角度？

活动1 液压泵拆装实训

【实训目的】

1）通过对液压泵的拆装，分析、了解其结构、组成和特点，以培养学生分析问题和解决问题的能力。

2）加深对液压泵的原理和特性的理解。

【实训要求】

1）实训前要认真复习有关液压泵的工作原理及特性。

2）对照书本中已有的结构图，预习结构知识。

3）拆装时注意不要散失小的零件，实训完要把每个液压泵装好。

4）每次实训后，由指导老师指定思考题作为本次实训的实训报告内容。

【实训内容】

1）拆装齿轮泵。

2）拆装定量叶片泵。

3）拆装限压式变量叶片泵。

4）拆装柱塞泵。

【实训方法】

本实训采用教师重点讲解，学生自己动手拆装为主的方法。学生以小组为单位边拆装，边讨论并分析泵的结构原理及特点。为了便于思考，针对各液压泵的结构提出以下思考题。

（1）齿轮泵

1）CB-B 泵可以反转吗？为什么？

2）进、出油口孔径是否相等？为什么？

3）在齿轮泵体两侧的端面上开有卸荷槽，其作用是什么？

4）外啮合齿轮泵可能产生内泄漏的部位是哪些？

5）齿轮泵的理论流量取决于什么？它与铭牌上的流量有什么关系？

（2）叶片泵

1）为什么各叶片根部要通压力油？压力油是如何通入的？

2）为什么在前、后配流盘上都要开配流窗口？

3）叶片泵为什么要向转动方向前倾一个角度安装？

4）定子曲线上的易磨损区在吸油区，还是在压油区？

（3）限压式变量叶片泵

1）与双作用叶片泵在结构上的主要差别是什么？

2）滑块上部的滚针轴承起什么作用？

3）叶片为什么要卸荷？叶片为什么后倾安装？

4）限定压力和最大流量怎样调节？

（4）柱塞泵

1）此泵为什么具有自吸能力？

2）柱塞数为什么是奇数？

3）配流盘上各通孔和不通孔的作用分别是什么？

4）定心弹簧的作用是什么？

5）CY14-1B 型泵可以反转供油吗？

思考题和习题

2-12　填空

（1）液压泵正常工作的条件是 _____，

_____，_____。

（2）液压泵的容积效率以公式 $\eta_V = $ _____ 表示。

（3）限压式变量叶片泵的流量改变是靠_____实现的。

2-13　选择

（1）液压系统中的压力大小决定于_____。

A　液压泵额定压力　　　　　　B　负载　　　　　　C　液压泵的流量

（2）液压系统的功率大小与系统的_____大小有关。

A　压力和面积　　B　压力和流量

（3）变量叶片泵的限定压力是指_____。

A　泵在流量不变时达到的工作压力

    B   泵在最大流量保持不变时达到的最高工作压力

    C   泵在输出流量近似为零时的工作压力

2-14 什么是液压泵的工作压力、最高压力和额定压力？三者有何关系？

2-15 液压泵装于系统中之后，它的工作压力是否就是铭牌上的压力？为什么？

2-16 为什么说液压泵的工作压力取决于负载？

2-17 液压泵的排量和流量各取决于什么参数？流量的理论值与实际值有何区别？

2-18 液压传动中常见的液压泵分为哪几种类型？

2-19 叙述齿轮泵的工作原理。

2-20 叙述单作用叶片泵和双作用叶片泵的工作原理。

2-21 说明限压式变量叶片泵的流量-压力特性曲线的物理意义。限定压力和最大流量如何调节，泵的流量-压力特性曲线将如何变化？

2-22 柱塞式液压泵有哪些特点？适用于什么场合？

2-23 某液压系统中液压泵的输出工作压力 $p=20\mathrm{MPa}$，实际输出流量 $q=60\mathrm{L/min}$，容积效率 $\eta_\mathrm{V}=0.9$，机械效率 $\eta_\mathrm{m}=0.9$。试求驱动液压泵的电动机功率。

2-24 某液压系统中液压泵的输出工作压力 $p=10\mathrm{MPa}$，转速 $n=1450\mathrm{r/min}$，排量 $V=200\mathrm{mL/r}$，容积效率 $\eta_\mathrm{V}=0.95$，总效率 $\eta=0.9$。试求驱动液压泵的电动机功率及泵的输出功率。

单元三　液压执行元件

液压执行元件的作用是将液压系统中的压力能转化为机械能，以驱动外部工作部件。常用的液压执行元件有液压缸和液压马达。它们的区别是：液压缸将液压能转换成直线运动（或往复摆动）的机械能，而液压马达则是将液压能转换成旋转运动的机械能。

任务一　液压缸工作原理及选用

学习目标

1. 了解液压缸的主要类型、工作原理、特点及典型结构。
2. 掌握液压缸基本参数的计算方法。

一、液压缸的类型及特点

液压缸按结构特点可分为活塞式液压缸、柱塞式液压缸和摆动式液压缸三类；按其作用方式的不同，可分为单作用式液压缸和双作用式液压缸两种。单作用式液压缸液压力只能使活塞（或柱塞）单方向运动，反方向运动必须靠外力（如弹簧力或自重等）实现；双作用式液压缸可由液压力实现两个方向的运动。

1. 活塞式液压缸

（1）双杆活塞式液压缸　图 2-24 所示为双杆活塞式液压缸，被活塞隔开的液压缸两腔中都有活塞杆伸出，且两活塞杆直径相等。当输入两腔的液压油流量相等时，活塞的往复运动速度和推力相等。因此，这种缸常用于要求往复运动速度和负载相同的场合，如各种磨床等。

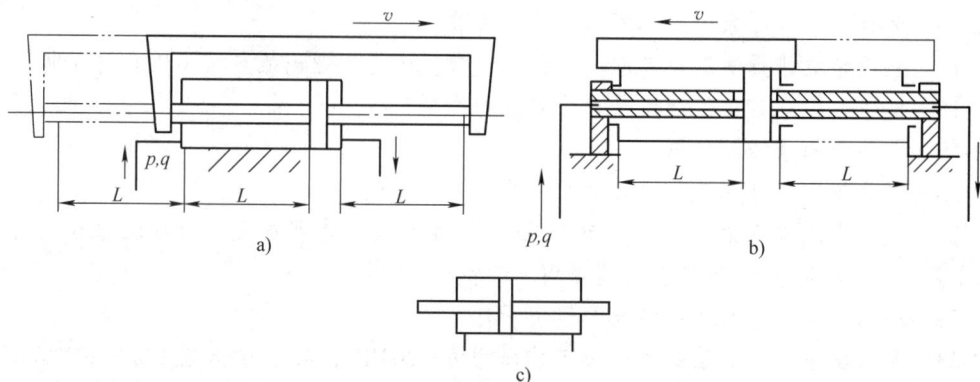

图 2-24　双杆活塞式液压缸

a）缸体固定式液压缸　b）活塞杆固定式液压缸　c）图形符号

图 2-24a 所示为缸体固定式液压缸。当缸的左腔进油，右腔回油时，活塞带动工作台向右移动；反之，右腔进油，左腔回油时，活塞带动工作台向左移动。由图可见，工作台的运动范围约为活塞有效行程 L 的 3 倍，占地面积较大，常用于小型设备的液压系统。

图 2-24b 所示为活塞杆固定式液压缸。当压力油经空心活塞杆的中心孔及活塞处的径向孔进入缸的左腔，右腔回油时，则推动缸体带动工作台向左移动；反之，右腔进压力油，左腔回油时，缸体带动工作台向右移动。由图 2-24b 可见，工作台的运动范围约为缸筒有效行程 L 的两倍，占地面积较小，常用于大、中型设备的液压系统，其图形符号如图 2-24c 所示。

（2）单杆活塞式液压缸　图 2-25a 所示为单杆活塞式液压缸，仅一端有活塞杆，这种缸

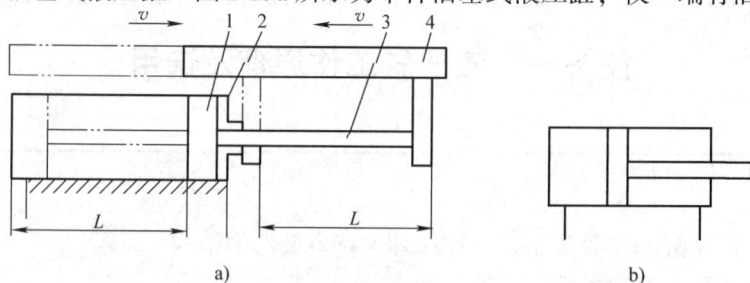

图 2-25　单杆活塞式液压缸

a）工作原理　b）图形符号　c）实物

1—活塞　2—缸体　3—活塞杆　4—工作台

无论是缸体固定还是活塞杆固定，工作台的运动范围都等于有效行程 L 的两倍，故结构紧凑，应用广泛，其图形符号如图 2-25b 所示，实物如图 2-25c 所示。

1）单杆活塞式液压缸的特点。由于仅一侧有活塞杆，所以两腔的有效工作面积不同，当分别向缸的两腔供油，且供油压力和流量相同时，活塞（或缸体）在两个方向产生的推力和运动速度不相等。

当无杆腔进油，有杆腔回油时，如图 2-26a 所示，活塞推力 F_1 和运动速度 v_1 分别为

$$F_1 = p_1 A_1 - p_2 A_2 = \frac{\pi}{4}\left[\left(p_1 - p_2\right)D^2 + p_2 d^2\right] \tag{2-18}$$

$$v_1 = \frac{q}{A_1} = \frac{4q}{\pi D^2} \tag{2-19}$$

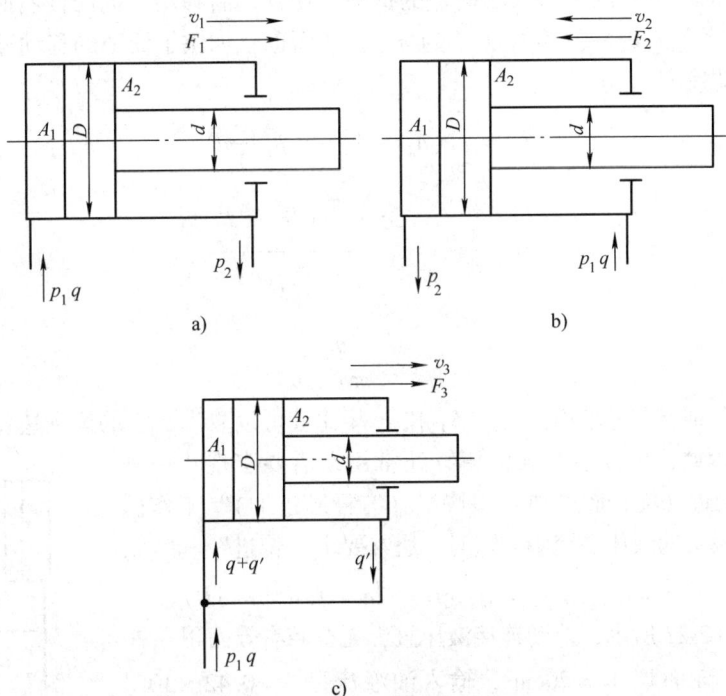

图 2-26 单杆活塞式液压缸

当有杆腔进油，无杆腔回油时，如图 2-26b 所示，活塞推力 F_2 和运动速度 v_2 分别为

$$F_2 = p_1 A_2 - p_2 A_1 = \frac{\pi}{4}\left[\left(p_1 - p_2\right)D^2 - p_1 d^2\right] \tag{2-20}$$

$$v_2 = \frac{q}{A_2} = \frac{4q}{\pi\left(D^2 - d^2\right)} \tag{2-21}$$

式中　F_1、F_2——活塞输出的推力，单位为 N；

　　　A_1——缸的无杆腔有效工作面积，单位为 m^2；

　　　A_2——缸的有杆腔有效工作面积，单位为 m^2；

　　　D——活塞的直径，单位为 m；

　　　d——活塞杆的直径，单位为 m；

　　　p_1——进油腔的压力，单位为 Pa；

p_2——回油腔的压力，单位为 Pa；

q——输入液压缸的流量，单位为 m^3/s。

分别比较式（2-19）与式（2-21）、式（2-18）与式（2-20）可知，$v_1 < v_2$，$F_1 > F_2$，即无杆腔进压力油工作时，推力大，速度低；有杆腔进压力油工作时，推力小，速度高。因此，单杆活塞式液压缸常用于一个方向有较大负载、运行速度较低，另一个方向为空载、快速退回运动的设备。例如，各种金属切削机床、压力机、注塑机、起重机的液压系统即常用单杆活塞式液压缸。

2）液压缸差动连接。如图 2-26c 所示，单杆活塞式液压缸在其左、右两腔互相接通并同时输入压力油时，称为差动连接。此时缸两腔的压力相同，由于无杆腔工作面积大于有杆腔工作面积，故活塞向右的推力大于向左的推力，使其向右移动。同时使右腔排出的流量 q' 也进入左腔，加大了流进左腔的流量（$q + q'$），从而也就加快了活塞的移动速度。这时活塞的推力 F_3 和运动速度 v_3 分别为

$$F_3 = p_1(A_1 - A_2) = p_1 \frac{\pi}{4}d^2 \tag{2-22}$$

$$v_3 = \frac{q + q'}{A_1} = \frac{q + \frac{\pi}{4}(D^2 - d^2)v_3}{\frac{\pi}{4}D^2}$$

即

$$v_3 = \frac{4q}{\pi d^2} \tag{2-23}$$

将 F_3 和 v_3 分别与非差动连接时的 F_1 和 v_1 相比较可以看出，它的运动速度提高了，而液压推力减小了。因此，单杆活塞式液压缸还常用在需要实现"快进（差动连接）→工进（无杆腔进油）→快退（有杆腔进油）"工作循环的组合机床等设备的液压系统中。这时，通常要求"快进"和"快退"的速度相等，即 $v_3 = v_2$，则 $A_1 = 2A_2$，$D = \sqrt{2}d$（或 $d = 0.71D$）。

例 2-5 如图 2-27 所示，差动连接液压缸，无杆腔有效面积 $A_1 = 40cm^2$，有杆腔有效面积 $A_2 = 20cm^2$，输入油液流量 $q = 0.42 \times 10^{-3}$ m^3/s，压力 $p = 0.1MPa$，问活塞向哪个方向运动？运动速度是多少？能克服多大的工作阻力？

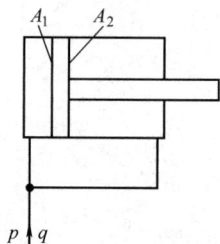

图 2-27 差动连接液压缸

解： 因为液压缸差动连接，所以液压缸两腔的压力相等，$p = 0.1MPa$。

活塞向右的推力 $F_1 = pA_1 = 10^5 \times 40 \times 10^{-4}N = 400N$

活塞向左的推力 $F_2 = pA_2 = 10^5 \times 20 \times 10^{-4}N = 200N$

由于 $F_1 > F_2$，故活塞向右运动。

活塞向右运动能克服的最大阻力 $F = F_1 - F_2 = (400 - 200)N = 200N$

活塞向右运动速度 $v = \dfrac{q}{A_1 - A_2} = \dfrac{0.42 \times 10^{-3}}{(40 - 20) \times 10^{-4}}m/s = 0.21m/s$

2. 其他液压缸

（1）柱塞式液压缸 简称柱塞缸，如图 2-28a 所示，其主要特点是柱塞与缸体内壁不接触，所以缸体内孔只需粗加工甚至不加工，故工艺性好，适用于较长行程液压系统，如龙门

刨床、导轨磨床、大型拉床等设备的液压系统。柱塞端面受压，为了能输出较大的推力，柱塞一般较粗、较重，水平安装时易产生单边磨损，故柱塞缸适于垂直安装使用。当其水平安装时，为防止柱塞因自重而下垂，常制成空心柱塞并设置各种不同的辅助支承。柱塞缸是单作用液压缸，即靠液压力只能实现一个方向的运动，回程要靠自重（垂直安装时）或其他外力（如弹簧力）来实现。为了得到双向运动，柱塞缸常成对使用，如图 2-28c 所示。柱塞缸的图形符号如图 2-28b 所示，其实物如图 2-28d 所示。

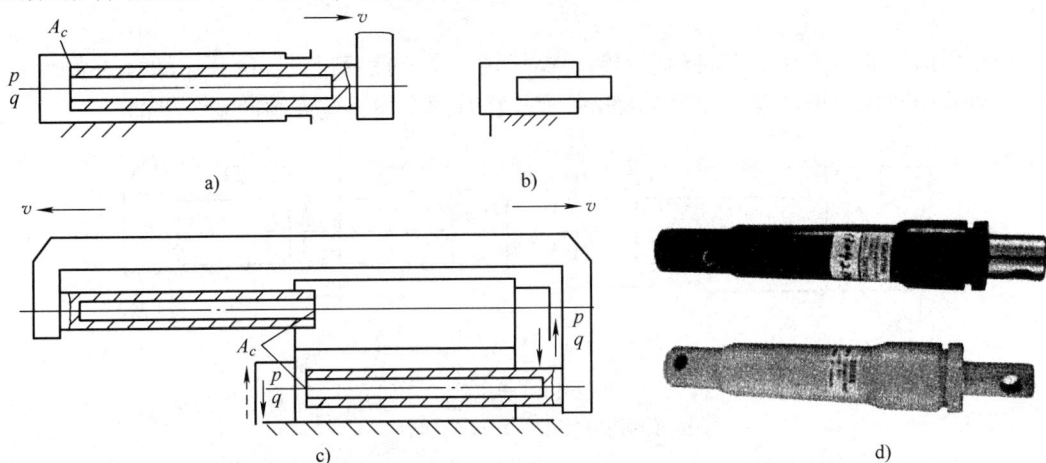

图 2-28　柱塞式液压缸
a）结构　b）图形符号　c）成对使用的柱塞缸　d）实物

（2）摆动液压马达　是一种输出转矩并实现往复摆动的液压执行元件，常用的有单叶片式摆动液压马达和双叶片式摆动液压马达两种。如图 2-29a、b 所示，它由叶片轴 1、缸体 2、定子块 3 和回转叶片 4 等构成。定子块固定在缸体上，叶片和叶片轴（转子）连接在一起，当油口 A、B 交替输入压力油时，叶片带动叶片轴作往复摆动，输出转矩和角速度。单叶片摆动马达输出轴的摆角小于 310°。双叶片摆动马达输出轴的摆角小于 150°，但输出转矩是单叶片摆动马达的两倍。

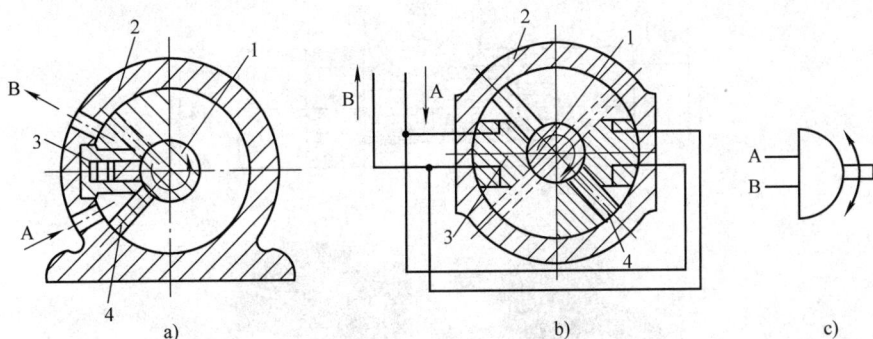

图 2-29　摆动液压马达
a）单叶片式　b）双叶片式　c）图形符号
1—叶片轴　2—缸体　3—定子块　4—回转叶片

摆动液压马达结构紧凑，输出转矩大，但密封性较差，一般用于机床和工夹具的夹紧装置、送料装置、转位装置、周期性进给机构等中低压系统以及工程机械。图 2-29c 所示为其图形符号。

（3）增压式液压缸　简称增压器，增压器能将输入的低压油变为高压油，常用于某些短时或局部需要高压油的系统中。常用的增压器有单作用增压器和双作用增压器两种。单作用增压器的工作原理如图 2-30a 所示。它由大、小直径分别为 D 和 d 的复合缸筒及有特殊结构的复合活塞等件组成，若输入增压器大端油的压力为 p_1，由小端输出油的压力为 p_2，则

$$p_2 = p_1 \left(\frac{D}{d} \right)^2 = K p_1 \tag{2-24}$$

式中　$K = D^2/d^2$——增压比，表明其增压能力。

单作用增压器只能在单方向行程中输出高压油，即不能获得连续的高压油。为克服这一缺点，可采用双作用增压器，如图 2-30b 所示，它有两个高压端连续向系统供油。

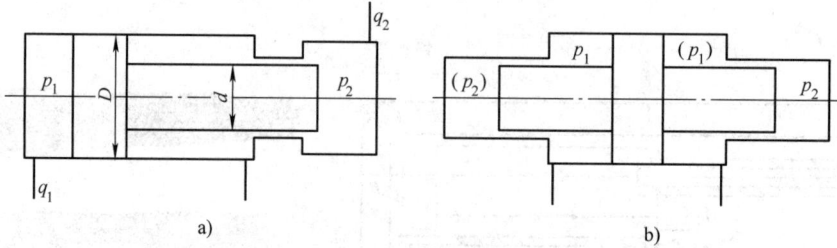

图 2-30　增压器
a）单作用增压器　b）双作用增压器

应该指出，增压器只能将高压端输出油通入其他液压缸以获取大的推力，其本身不能直接作为执行元件，所以安装时应尽量使它靠近执行元件。增压器常用于压铸机、造型机等设备的液压系统中。

（4）齿条式液压缸　简称齿条缸，又称为无杆式液压缸，由带有一根齿条杆的双活塞缸 1 和一套齿轮齿条传动机构 2 构成，如图 2-31a 所示。压力油推动活塞左右往复直线运动时，经齿条杆推动齿轮轴往复转动，齿轮便驱动工作部件做周期性的往复旋转运动。齿条缸多用于自动线、组合机床等转位或分度机构的液压系统中，其实物如图 2-31b 所示。

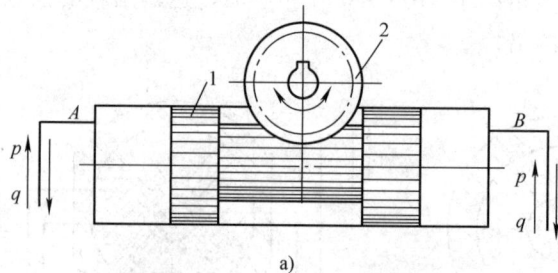

a）

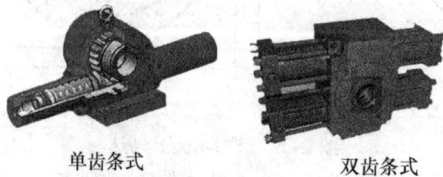

单齿条式　　　　双齿条式

b）

图 2-31　齿条式液压缸
a）工作原理　b）实物
1—双活塞缸　2—齿轮齿条传动机构

想一想

（1）图2-32所示为单出杆液压缸的三种连接状态，若活塞面积为A_1，活塞杆的截面积为A_2，当前两种状态负载相同，最后一种状态负载为零时，不计摩擦力的影响，试比较三种状态下液压缸左腔压力的大小。

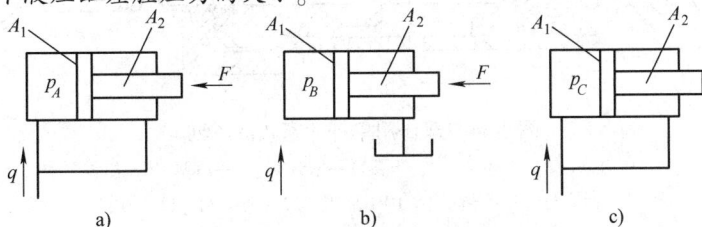

图2-32　想一想（1）图

（2）如图2-33a所示，两液压缸Ⅰ、Ⅱ并联，已知缸Ⅰ的活塞面积为A_1，缸Ⅱ的活塞面积为A_2，且$A_1 < A_2$，两缸的负载相同，试问当输入压力油时，哪个液压缸先运动？

（3）如图2-33b所示，两液压缸Ⅰ、Ⅱ并联，已知$A_1 = A_2$，$F_1 > F_2$，试问当输入压力油时，哪个液压缸先运动？

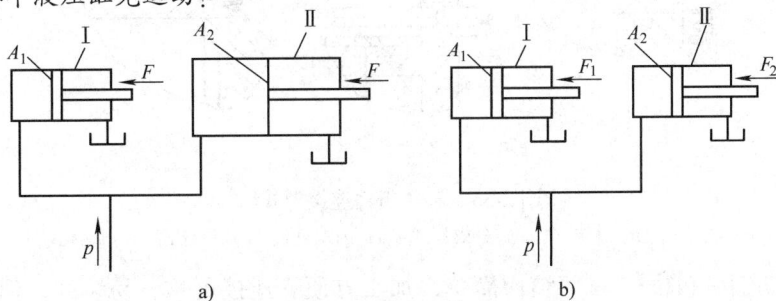

图2-33　想一想（2）、（3）图

二、液压缸的典型结构和组成

1. 液压缸的典型结构举例

图2-34所示为双作用单杆活塞式液压缸，它主要由缸底1、缸筒6、缸盖10、活塞4、活塞杆7和导向套8等构成。缸筒一端与缸底焊接在一起，另一端与缸盖采用螺纹联接，活塞与活塞杆采用半环连接。为了保证液压缸的可靠密封，在相应部位设置了密封圈3、5、9、11和防尘圈12。

2. 液压缸的组成

从上述液压缸典型结构中可以看到，液压缸的结构基本上可以分为缸体组件、活塞组件、密封装置、缓冲装置和排气装置五个部分。

（1）缸体组件　缸体组件包括缸筒、前后缸盖和导向套等。它与活塞组件构成密封的油腔，承受很大的液压力，因此缸体组件要有足够的强度和刚度，较高的表面质量和可靠的密封性。缸筒与缸盖的常见连接形式如图2-35所示。

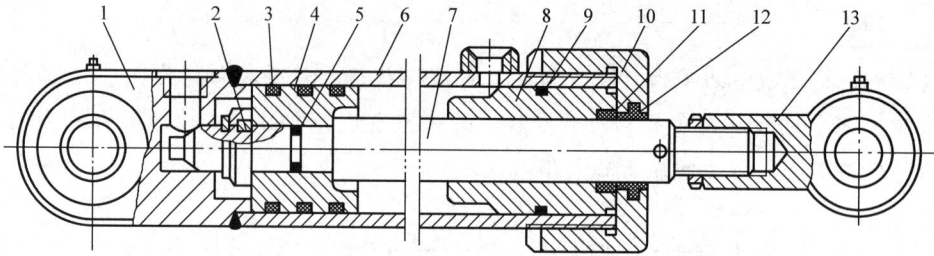

图 2-34　双作用单杆活塞式液压缸

1—缸底　2—半环　3、5、9、11—密封圈　4—活塞　6—缸筒
7—活塞杆　8—导向套　10—缸盖　12—防尘圈　13—耳轴

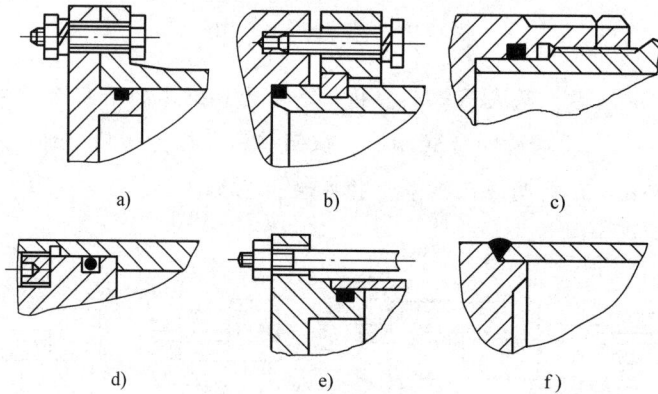

图 2-35　缸体组件连接形式

a) 法兰式　b) 卡环式　c) 外螺纹式　d) 内螺纹式　e) 拉杆式　f) 焊接式

1）法兰式连接（图 2-35a）结构简单、加工方便、连接可靠、易装卸，但重量和外形尺寸较大，缸筒端部一般用铸造、镦粗或焊接法兰盘，用螺钉与端盖紧固。它是常用的一种连接形式。

2）卡环式连接（图 2-35b）分内卡环式连接和外卡环式连接两种。卡环式连接工艺性好、连接可靠、结构紧凑、外形尺寸小、重量较轻、易装卸，但缸筒开槽后削弱了缸壁强度，需加厚缸筒，常用于无缝钢管缸筒与端盖的连接中。

3）螺纹式联接有外螺纹联接（图 2-35c）和内螺纹式联接（图 2-35d）两种。其特点是体积小、重量轻，结构紧凑，但缸筒端部结构复杂，装卸时需用专门工具。一般用于要求外形尺寸小、重量轻的场合。

4）拉杆式连接（图 2-35e）是前、后端盖装在缸筒两头，用四根拉杆（螺栓）将其紧固。其特点是结构简单、工艺性好、零件通用性好，但径向尺寸和重量较大，拉杆受力后变长，影响密封效果，只适用于长度短的中、低压液压缸。

5）焊接式连接（图 2-35f）的结构简单、尺寸小，但缸筒焊接易产生变形，缸底内径不易加工。焊接连接只能用于缸筒的一端，另一端必须采用其他结构。

（2）活塞组件　活塞组件由活塞、活塞杆和连接件等构成。活塞在缸筒内受油压作用实现往复直线运动，必须具有良好的耐磨性和一定的强度，一般用耐磨铸铁制造，有整体式活塞和组合式活塞两种。活塞杆是连接活塞和工作部件的传力零件，必须有足够的强度和刚度，通常都用钢料制造。其外圆表面应耐磨并有防锈能力，有时需镀铬。活塞杆头部有耳环式、球头式和螺纹式等几种。

活塞和活塞杆的连接形式如图 2-36 所示，整体式连接（图 2-36a）和焊接式连接（图 2-36b）的结构简单、轴向尺寸小，但损坏后需整体更换，常用于小直径液压缸。锥销式联接（图 2-36c）易加工、装配简单，但承载能力小，且需有防止锥销脱落的措施，适用于轻载液压缸。螺纹式联接（图 2-36d）结构简单、装拆方便，一般需备有螺纹防松装置，由于加工螺纹削弱了活塞杆的强度，因此不适用于高压系统。卡环式连接（图 2-36e）强

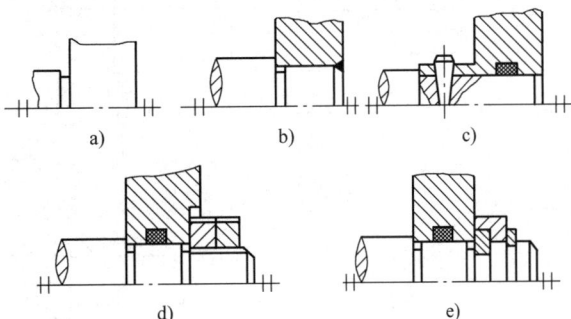

图 2-36 活塞与活塞杆连接形式
a) 整体式 b) 焊接式 c) 锥销式 d) 螺纹式 e) 卡环式

度高、结构复杂、装卸方便，用于高压和振动较大的液压缸。

（3）密封装置 液压缸在工作时，缸内压力较缸外压力（大气压力）大，一般进油腔压力较回油腔压力大得多，因此在配合表面间将会产生泄漏，而泄漏将直接影响系统的工作压力，甚至使整个系统无法工作，外泄漏还会污染设备和环境，造成油液的浪费。因此，必须合理地设置密封装置，防止和减少油液的泄漏及空气和外界污染物的侵入。

根据密封的两个配合表面之间是否有相对运动，将密封分为动密封和静密封两大类。根据密封原理，又分为非接触式密封和接触式密封。常见的密封方法有间隙密封及 O 形、Y 形、V 形和组合式密封圈密封。密封件的结构及选用方法见项目八。

（4）缓冲装置 为避免活塞在行程两端与缸盖发生机械碰撞，产生冲击和噪声，影响设备工作精度，以致损坏零件，常在大型、高速或高精度液压设备中设置缓冲装置。当活塞与缸盖接近时，利用节流阻尼作用使回油腔产生一定的缓冲压力（回油阻力），活塞运动受阻而逐渐减慢速度得到制动，避免活塞与缸盖相撞，以达到缓冲目的。常见的缓冲装置如图 2-37 所示。

1）圆环状间隙式（固定节流式）缓冲装置。当缓冲柱塞进入缸盖上的内孔后，活塞和缸盖间形成缓冲油腔，油腔中的油液只能从环形间隙 δ 排出（回油），产生缓冲压力，从而实现减速制动，如图 2-37a 所示。在缓冲过程中，由于通流截面积不变，因此随着活塞运动速度的降低，其缓冲作用逐渐减弱，缓冲效果较差（若采用圆锥形缓冲柱塞，可克服此缺点），因其结构简单、便于制造，故广泛应用于成品液压缸。

2）可调节流式缓冲装置。当缓冲柱塞进入缸盖上的内孔后，油腔内的油液必须经过节流阀 1 才能排出，调节节流阀口的开度大小可控制缓冲压力的大小，以适应液压缸不同负载和速度工况对缓冲的要求，如图 2-37b 所示，但仍不能解决速度降低后缓冲作用减弱的缺点。图中单向阀 2 用于反向起动。

3）可变节流槽式缓冲装置。在缓冲柱塞上开有由浅入深的三角节流槽，其通流截面积随着缓冲行程的增大而逐渐减小，缓冲压力变化平缓，克服了在行程最后阶段缓冲作用减弱的问题，如图 2-37c 所示。

（5）排气装置 液压系统中混入空气后，其工作不稳定，产生振动、噪声、爬行和起动时突然前冲等现象，严重时会使液压系统不能正常工作。为此，液压缸需设排气装置。

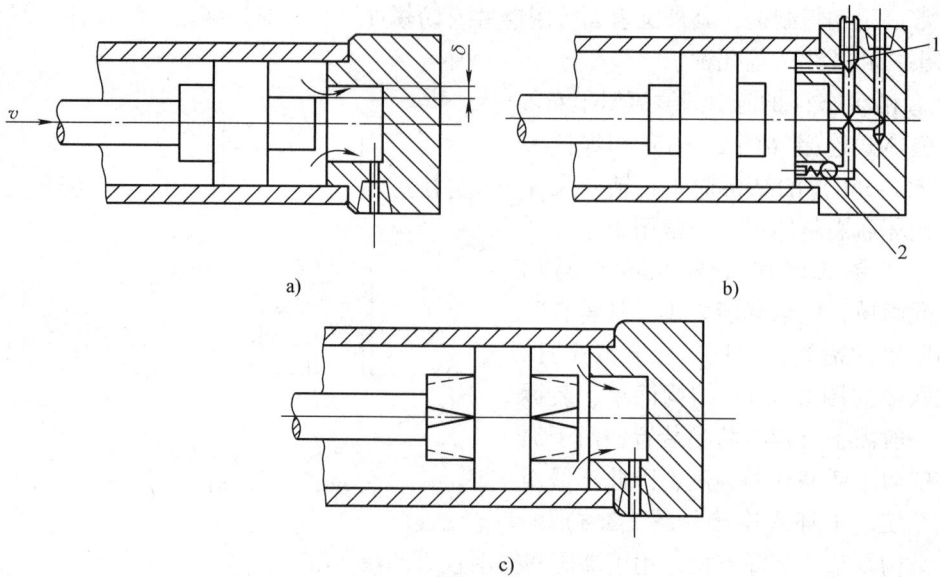

图 2-37　液压缸的缓冲装置
a）圆环状间隙式　b）可调节流式　c）可变节流槽式
1—节流阀　2—单向阀

对于要求不高的液压系统，往往不设专门的排气装置，而是将缸的进、出油口设置在缸筒两端的最高处，将缸内的空气带回油箱，再从油箱中逸出。对于速度稳定性要求较高的液压缸和大型液压缸，常在液压缸的最高部位设置专门的排气装置。常用的排气装置有两种形式，如图 2-38 所示。一种是在液压缸的最高部位处开排气孔，如图 2-38a 所示，用长管道通向远处的排气阀排气，机床上大多采用这种形式。另一种是在缸盖的最高部位处直接安装排气塞，如图 2-38b、c 所示。两种排气装置都是在液压系统正式工作前打开，让液压缸全行程空载往复运动数次排气，排气完毕关闭，液压缸便可正常工作。

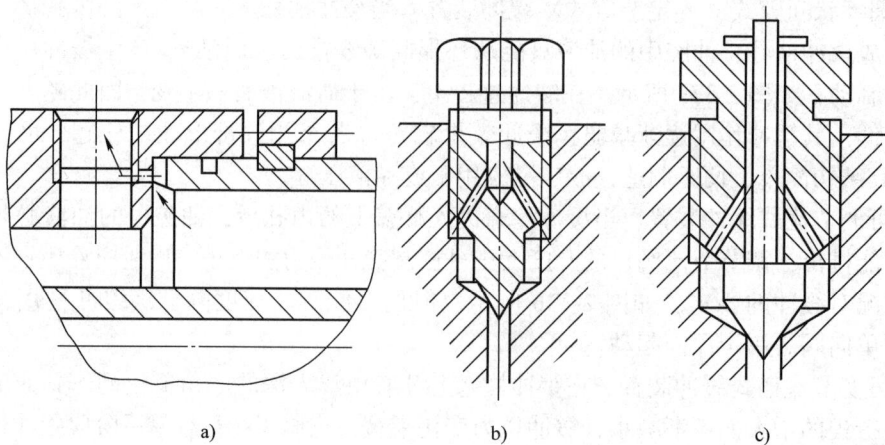

图 2-38　液压缸的排气装置
a）排气孔　b）、c）排气塞

想一想

液压缸上为什么要设有排气装置？一般应放在液压缸的什么位置？是否所有的液压缸都要设置排气装置？

任务二 液压马达工作原理及选用

液压马达的作用是将液体的压力能转化为连续回转的机械能。它在原理上与液压泵是互逆的，其结构与液压泵基本相同。但由于泵和马达二者的功用和工作条件不同，所以在实际结构上存在一定的差别，因此并非所有液压泵都能当作液压马达使用。液压马达按结构可分为齿轮式液压马达、叶片式液压马达和柱塞式液压马达三大类。下面仅介绍叶片式液压马达和轴向柱塞式液压马达的工作原理。

学习目标

1. 掌握液压马达的主要类型、工作原理、结构特点。
2. 掌握液压马达基本参数的计算方法。

一、叶片式液压马达

1. 工作原理

图2-39a所示为叶片式液压马达的工作原理。当压力油进入压油腔后，在叶片1、3（或5、7）上，一面作用有压力油，另一面则为低压回油。由于叶片1、5受力面积大于叶片3、7，所以液体作用于叶片1、5上的作用力大于作用于叶片3、7上的作用力，从而由叶片受力差构成的力矩推动转子和叶片做顺时针方向旋转。其图形符号如图2-39b所示，实物如图2-39c所示。

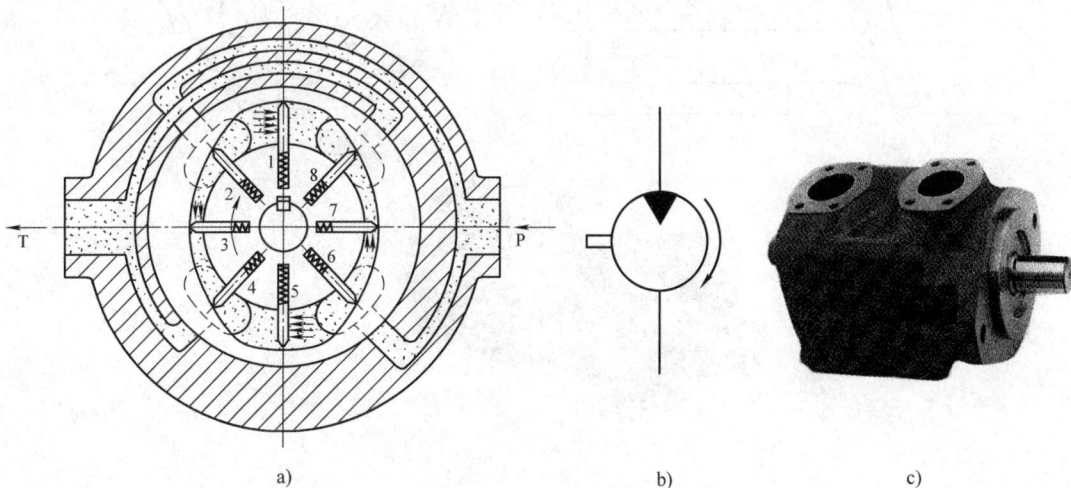

a)   b)   c)

图2-39 叶片式液压马达

a）工作原理 b）图形符号 c）实物

1、2、3、4、5、6、7、8—叶片

2. 结构特点及应用

与叶片泵相比，叶片式液压马达在结构上的一个主要特点是叶片除靠压力油作用外，还要靠弹簧的作用力使叶片压紧在定子内表面上，因为在起动时，如果叶片未贴紧定子内表面，进油腔和排油腔相通，就不能形成油压，也不能输出转矩。因此，在叶片根部应设置预紧弹簧。另外，叶片在转子中是径向放置的，因为马达要求正、反转。此外，为了使叶片的底部始终都通压力油，不受液压马达回转方向的影响，在吸、压油腔通入叶片根部的通路上应设置单向阀（图2-39中未示出）。

叶片式液压马达体积小，转动惯量小，动作灵敏，适用于换向频率较高的场合。但其泄漏量较大，低速工作时不稳定。因此，叶片式液压马达一般用于转速高、转矩小和动作要求灵敏的场合。

二、轴向柱塞式液压马达

图2-40a所示为轴向柱塞式液压马达的工作原理。斜盘1和配流盘4固定不动，缸体3及其上的柱塞2可绕缸体的水平轴线旋转。当压力油经配流盘通入缸孔、进入柱塞底部时，柱塞受油压作用而向外紧紧压在斜盘上，这时斜盘对柱塞产生一反作用力 F。由于斜盘有一倾斜角 γ，所以 F 可分解为两个分力：一个是轴向分力 F_x，平行于柱塞轴线，并与作用在柱塞上的液压力平衡；另一个分力 F_y 垂直于柱塞轴线。分力 F_y 对缸体轴线产生力矩，带动缸体旋转。缸体再通过主轴（图2-40a中未标明）向外输出转矩和转速。图2-40b所示为其实物。

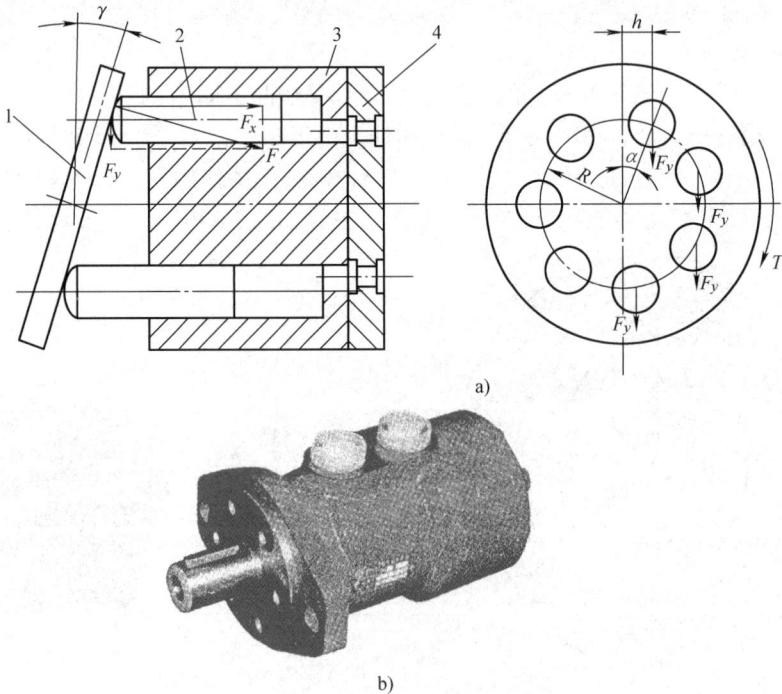

图2-40 轴向柱塞液压马达

a）工作原理 b）实物

1—斜盘 2—柱塞 3—缸体 4—配流盘

三、液压马达的主要性能参数

从液压马达的功用来看，其主要性能参数为转速 n_M、转矩 T_M 和效率 η_M。

1. 转速 n_M 和容积效率 η_{MV}

在没有泄漏的情况下，马达每旋转一周所需要输入的液体的体积，称为马达的排量。若液压马达的排量为 V_M，以转速 n_M 旋转时，马达达到要求转速需要的流量为 $q_{tM} = V_M n_M$（理论流量），即真正转换成输出转速所需的流量。但由于液压马达存在泄漏，故实际所需流量应大于理论流量。设液压马达的泄漏量为 Δq，则实际供给液压马达的流量应为

$$q_M = q_{tM} + \Delta q \tag{2-25}$$

液压马达的容积效率为理论流量与实际输入流量之比，即

$$\eta_{MV} = \frac{q_{tM}}{q_M} = \frac{V_M n_M}{q_M} \tag{2-26}$$

液压马达的转速为

$$n_M = \frac{q_M}{V_M} \eta_{MV} \tag{2-27}$$

2. 转矩 T_M 和机械效率 η_{Mm}

因液压马达存在机械摩擦，使得液压马达输出的实际转矩 T_M 小于理论转矩 T_{tM}，设由摩擦造成的转矩损失为 ΔT_M，则 $T_M = T_{tM} - \Delta T_M$，液压马达的机械效率为实际转矩与理论转矩之比，即

$$\eta_{Mm} = \frac{T_M}{T_{tM}} \tag{2-28}$$

液压马达的输出转矩为

$$T_M = T_{tM} \eta_{Mm} = \frac{\Delta p V_M}{2\pi} \eta_{Mm} \tag{2-29}$$

式中 Δp——液压马达进、出口处的压力差，单位为 Pa。

3. 液压马达的总效率 η_M

液压马达的总效率为液压马达的输出功率 P_M 和输入功率 P_{iM} 之比，即

$$\eta_M = \frac{P_M}{P_{iM}} = \eta_{MV} \eta_{Mm} \tag{2-30}$$

由式（2-30）可知，液压马达的总效率等于液压马达的容积效率 η_{MV} 和机械效率 η_{Mm} 的乘积。

例 2-6 某液压马达的排量 $V_M = 50 \text{cm}^3/\text{r}$，总效率 $\eta_M = 0.75$，机械效率 $\eta_{Mm} = 0.9$，液压马达进油压力 $p_1 = 10 \text{MPa}$，回油压力 $p_2 = 0.2 \text{MPa}$。求：（1）该液压马达输出的实际转矩是多少？（2）若液压马达的转速 $n_M = 460 \text{r/min}$，那么输入该马达的实际流量是多少？（3）当外负载为 $250 \text{N} \cdot \text{m}$，液压马达的转速仍为 460r/min 时，该液压马达的输入功率和输出功率各为多少？

解：（1）液压马达的输出转矩

$$T_M = \frac{\Delta p V_M}{2\pi} \eta_{Mm} = \frac{(p_1 - p_2) V_M}{2\pi} \eta_{Mm}$$

$$= \frac{(100 - 2) \times 10^5 \times 50 \times 10^{-6}}{2\pi} \times 0.9 \text{N} \cdot \text{m} = 70.187 \text{N} \cdot \text{m}$$

(2) 液压马达的实际输入流量

$$q_{M} = \frac{V_{M}n_{M}}{\eta_{VM}} = \frac{V_{M}n_{M}}{\eta_{M}/\eta_{Mm}} = \frac{50 \times 10^{-3} \times 460 \times 0.9}{0.75}L/min = 27.6L/min$$

(3) 液压马达的输出功率 P_{M} 和输入功率 P_{iM}

$$P_{M} = T_{M}2\pi n_{M} = 250 \times 2\pi \times 460/60W = 12042.8W = 12.043kW$$

$$P_{iM} = \frac{P_{M}}{\eta_{M}} = \frac{12.043}{0.75}kW = 16.057kW$$

◆ 想 一 想

齿轮泵、叶片泵和柱塞泵是否都能当作液压马达使用?

⌚ 活动2　液压缸和液压马达拆装实训

【实训目的】

1) 通过对液压缸和液压马达的拆装,分析、了解其结构、组成和特点。

2) 加深对液压缸和液压马达原理和特性的理解。

【实训要求】

1) 实训前要认真复习有关液压缸和液压马达的工作原理及特性。

2) 对照书本中已有的结构图,预习结构知识。

3) 拆装时注意不要散失小的零件,实训完要把每个液压缸和液压马达装好。

4) 每次实训后,由指导老师指定思考题作为本次实训的实训报告内容。

【实训内容】

1) 液压缸的拆装。

2) 液压马达的拆装。

【实训方法】

本实训采用教师重点讲解为辅,学生自己动手拆装为主的方法。学生以小组为单位边拆装,边讨论并分析液压缸和液压马达的结构原理及特点。为了便于思考,针对各液压缸和液压马达的结构提出以下思考题:

(1) 液压缸

1) 液压缸由哪些部分组成?

2) 活塞与缸体、端盖与缸体、活塞杆与端盖间的密封形式有哪些?

3) 液压缸中各类零件的材料及缸体的结构特点是什么?

(2) 轴向柱塞马达

1) 为什么其柱塞可以做得短些?

2) 缸体受颠覆力矩作用吗? 为什么? 缸体在轴上的安装为什么必须要有好的自位性?

3) 缸体与配流盘表面之间的磨损是均匀的吗? 磨损后可以自动补偿吗?

4) 鼓轮里的三个弹簧起什么作用?

5) 此马达可当泵使用吗? 此时其有自吸能力吗?

（3）叶片马达

1）叶片为什么是径向安装的？

2）马达既可正转又可反转，是采用什么方法使各叶片根部总是通压力油的？

3）燕式弹簧起什么作用？它为什么同时作用在互成90°的两个叶片上？

4）液压马达和液压泵都是一种能量转换装置，但是它们的功能有何不同？从原理上讲它们是可逆的，但并不是所有的泵都能当马达使用，它们的结构有何不同？

思考题和习题

2-25　填空

（1）液压系统中的工作压力取决于_____；液压缸的运动速度取决于_____。

（2）活塞式液压缸按活塞杆布置情况一般可分为_____和_____两种。

（3）液压缸按结构特点可分为_____、_____和_____三类。

（4）液压缸的结构基本上可分为_____、_____、_____、_____和_____等五个部分。

（5）液压缸常见的密封方式有_____及_____、_____、_____和_____等。

（6）液压缸常用的缓冲装置有_____、_____和_____三种。

2-26　选择

（1）当液压缸的有效工作面积一定时，活塞的运动速度只取决于_____。

A　系统的流量　　　　　B　系统的压力　　　　　C　进入液压缸的流量

（2）液压缸的有效面积为 $5 \times 10^5 \text{mm}^2$，工作压力为 2.5MPa，则液压缸产生的推力为_____。

A　$12.5 \times 10^5 \text{N}$　　　　B　$1.25 \times 10^5 \text{N}$　　　　C　12.5N

（3）液压缸的有效工作面积为 50cm^2，要使活塞移动速度达到 5m/min 时，输入缸的流量为_____L/min。

A　25　　　　　　　　　B　250　　　　　　　　　C　2.5

2-27　什么叫液压执行元件？有哪些类型？用途如何？

2-28　液压缸有哪些类型？各有什么特点？适用于什么场合？

2-29　双出杆活塞式液压缸在缸固定和杆固定时，工作台运动范围有何不同？运动方向和进油方向之间是什么关系？

2-30　怎样计算单出杆和双出杆活塞式液压缸的牵引力？这两种活塞缸各有何特点？

2-31　什么叫液压缸的差动连接？适用于什么场合？怎样计算液压缸差动连接时的运动速度和牵引力？

2-32　如果要求机床工作台往复运动速度相同时，应采用什么类型液压缸？

2-33　图2-41所示三个液压缸的缸筒和活塞杆直径都是 D 和 d，当输入压力油的流量都是 q 时，试说明各缸筒的移动速度、移动方向和活塞杆的受力情况。

2-34　简述柱塞缸的工作原理，并指出其有何特点。

2-35　当机床工作台的行程较长时应采用什么类型液压缸？如何实现工作台的往复运动？

2-36　增压器的工作原理如何？适用于什么场合？

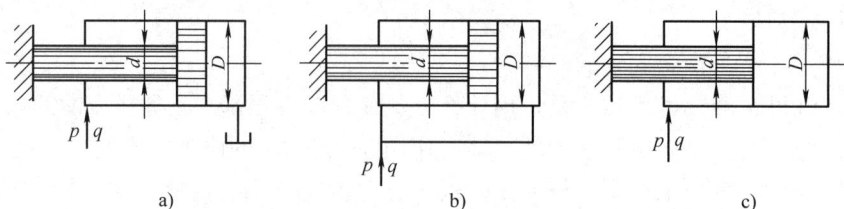

图 2-41 题 2-33 图

2-37 活塞与活塞杆以及活塞杆与执行机构的连接方式有哪些？

2-38 缸体与端盖是怎样连接的？

2-39 液压缸中为什么要设有缓冲装置？常见的缓冲装置有哪几种？

2-40 某液压系统执行元件为双活塞杆液压缸，如图 2-42 所示，液压缸的工作压力 $p = 3.5\mathrm{MPa}$，活塞直径 $D = 9\mathrm{cm}$，活塞杆直径 $d = 4\mathrm{cm}$，工作进给速度 $v = 1.52\mathrm{cm/s}$，问液压缸能克服多大的阻力？液压缸所需流量为多少？

2-41 单活塞杆液压缸，活塞直径 $D = 8\mathrm{cm}$，活塞杆直径 $d = 5\mathrm{cm}$，进入液压缸的流量 $q = 30\mathrm{L/min}$，问往复运动速度各是多少？

2-42 在图 2-43 所示的单活塞杆液压缸中，已知缸体内径 $D = 125\mathrm{mm}$，活塞杆直径 $d = 70\mathrm{mm}$，活塞向右运动的速度 $v = 0.1\mathrm{m/s}$，求进入液压缸的流量 q_1 和排出液压缸的流量 q_2 各为多少？

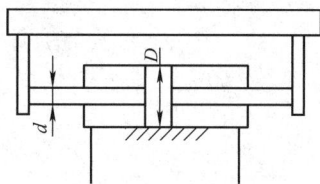

图 2-42 题 2-40 图

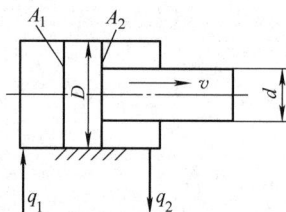

图 2-43 题 2-43 图

2-43 什么是液压马达的工作压力、额定压力、排量和流量？

2-44 某液压马达排量 $V_M = 250\mathrm{mL/r}$，入口压力为 $9.8\mathrm{MPa}$，出口压力为 $0.49\mathrm{MPa}$，其总效率 $\eta_M = 0.9$，容积效率 $\eta_{MV} = 0.92$。当输入流量 q_M 为 $22\mathrm{L/min}$ 时，液压马达输出转矩和转速各为多少？

2-45 已知液压泵输出压力 $p_P = 10\mathrm{MPa}$，泵的机械效率 $\eta_m = 0.95$，容积效率 $\eta_V = 0.9$，排量 $V_P = 10\mathrm{mL/r}$，转速 $n = 1500\mathrm{r/min}$；液压马达的排量 $V_M = 10\mathrm{mL/r}$，机械效率 $\eta_{Mm} = 0.95$，容积效率 $\eta_{MV} = 0.9$。求液压泵的输出功率、拖动液压泵的电动机功率、液压马达输出转速、液压马达输出转矩和功率。

单元四 液压控制元件及基本回路

液压控制阀的种类繁多，功能各异，可按用途、操纵方式和连接方式进行分类，见表2-3。

表 2-3　液压控制阀的分类

分类方法	种　类	详 细 分 类
按用途	压力控制阀	溢流阀、减压阀、顺序阀、比例压力控制阀、压力继电器等
	流量控制阀	节流阀、调速阀、分流阀、比例流量控制阀等
	方向控制阀	单向阀、液控单向阀、换向阀、比例方向控制阀
按操纵方式	人力操纵阀	手把及手轮、踏板、杠杆
	机械操纵阀	挡块、弹簧、液压、气动
	电动操纵阀	电磁铁控制阀、电-液联合控制阀
按连接方式	管式连接阀	螺纹式联接阀、法兰式连接阀
	板式及叠加式连接阀	单层联接板式阀、双层联接板式阀、集成块联接阀、叠加阀
	插装式连接阀	螺纹式插装阀、法兰式插装阀

液压控制阀的性能要求如下：

1）动作灵敏，工作可靠，工作时冲击和振动小。

2）油液通过液压阀时，压力损失小。

3）密封性能好，内泄漏少，无外泄漏。

4）结构简单紧凑，安装、调试、维护方便，通用性好。

任务一　方向控制阀工作原理及选用

学习目标

　　1. 了解方向控制阀的各种结构，掌握其工作原理。

　　2. 掌握三位阀的中位机能及电液换向阀的工作原理。

　　方向控制阀是用以控制和改变液压系统液流方向的阀。方向控制阀的基本工作原理是利用阀芯与阀体间相对位置的改变，实现油路间的通、断，以满足系统对液流方向的要求。方向控制阀分为单向阀和换向阀两类。

一、单向阀

　　1. 普通单向阀

　　普通单向阀（简称单向阀）的作用是只允许液流单方向流动，不允许反向倒流。要求其正方向液流通过时压力损失小，反向截止时密封性能好。

　　目前生产的普通单向阀有直通式和直角式两种形式。其中，直通式单向阀为管式连接，如图 2-44a 所示；直角式单向阀为板式连接，如图 2-44b 所示；图 2-44c 所示为单向阀的图形符号，图 2-44d 所示为其实物。

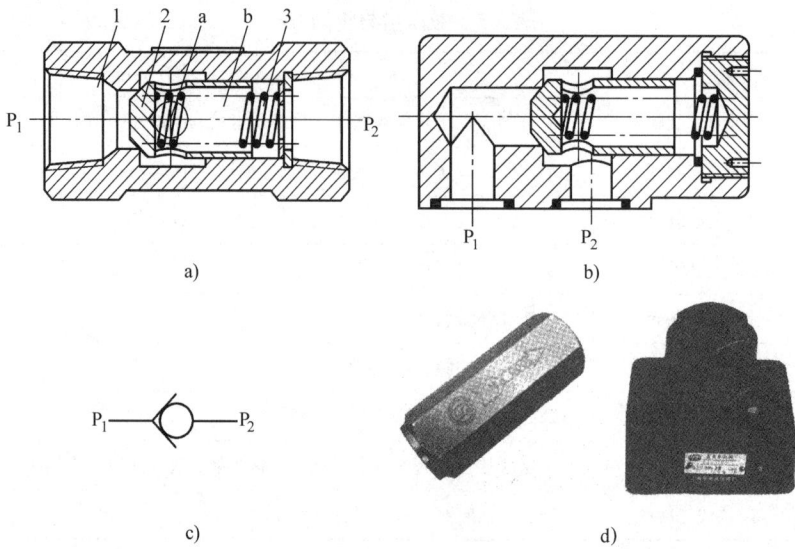

图 2-44　单向阀

a) 直通式单向阀　b) 直角式单向阀　c) 图形符号　d) 实物

1—阀体　2—阀芯　3—弹簧

单向阀由阀体、阀芯和弹簧等零件构成。当压力油从 P_1 口流入时，克服弹簧力使阀芯右移，阀口开启，油液经阀口、阀芯上的径向孔 a 和轴向孔 b，从 P_2 口流出。若油液从 P_2 口流入时，在油压和弹簧作用下，将阀芯锥面紧压在阀座上，阀口关闭，使油液不能通过。单向阀中的弹簧只起阀芯复位作用，弹簧刚度应较小，以免液流通过时产生过大的压力损失。一般单向阀的开启压力为 0.03 ~ 0.05MPa。当通过额定流量时的压力损失不超过 0.3MPa，若用作背压阀时可更换较硬弹簧，使其开启压力达到 0.2 ~ 0.6MPa。

2. 液控单向阀

图 2-45a 所示为液控单向阀的结构，它由单向阀和微型液压缸构成。当控制口 C 不通压力油时，其工作和普通单向阀一样。当控制口 C 通压力油时，控制活塞 1 右侧 a 腔通泄油口（图中未画出），在油液压力作用下活塞向右移动，推动顶杆 2 顶开阀芯 3，使油口 P_1 到 P_2 及 P_2 到 P_1 均能接通，这时，油液就可以从 P_2 口流向 P_1 口。C 口通入的控制油压力最小须为主油路压力的 30%。图 2-45b 所示为液控单向阀的图形符号，图 2-45c 所示为其实物。

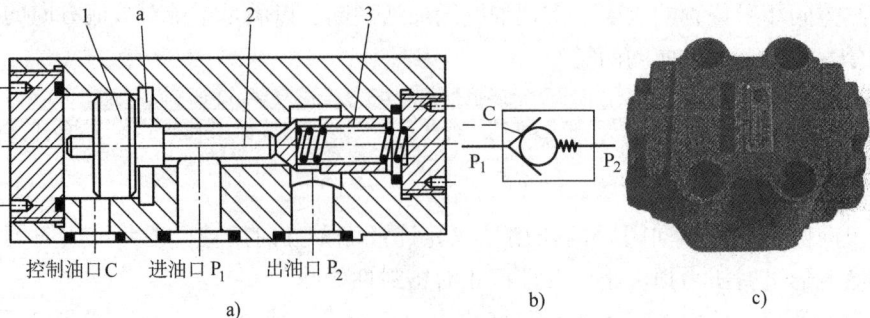

控制油口C　进油口 P_1　出油口 P_2

a)　　b)　　c)

图 2-45　液控单向阀

a) 结构　b) 图形符号　c) 实物

1—活塞　2—顶杆　3—阀芯

液控单向阀控制口 C 未通控制压力油时具有良好的反向密封性能，所以常用于保压、锁紧和平衡回路中。

二、换向阀

1. 换向阀的分类

换向阀的种类很多，其分类见表2-4。

表2-4　换向阀的分类

分类方法	类　型
按阀芯结构及运动方式	滑阀、转阀、锥阀等
按阀的工作位置数和通路数	二位二通阀、二位三通阀、二位四通阀、二位五通阀、三位四通阀、三位五通阀等
按阀的操纵方式	手动阀、机动阀、电动阀、液动阀、电液动阀等
按阀的安装方式	管式阀、板式阀、法兰式阀等

2. 换向阀的工作原理及图形符号

换向阀是利用阀芯与阀体的相对位置改变使油路接通、切断或变换油流的方向，从而实现液压执行元件的起动、停止或变换方向。如图2-46所示，滑阀阀芯是一个具有多段环槽的圆柱体（图示阀芯有三个台肩），而阀体孔内有若干条沉割槽（图上示为五槽）。每条沉割槽都通过相应的孔道与外部相通，其 P 口为进油口，T 口为回油口，A 口和 B 口分别接执行元件的两腔。

当阀芯在外力作用下处于图2-46b 所示的工作位置时，四个油口互不通，液压缸两腔均不通压力油，处于停止位置状态。若使阀芯右移，如图2-46a 所示，P 口和 A 口相通，B 口和 T 口相通，压力油经 P、A 油口进入液压缸左腔，液压缸右腔的油液经 B、T 油口回油箱，活塞向右运动。反之，若使阀芯左移，如图2-46c 所示，P 口和 B 口相通，A 口和 T 口相通，活塞向左运动。

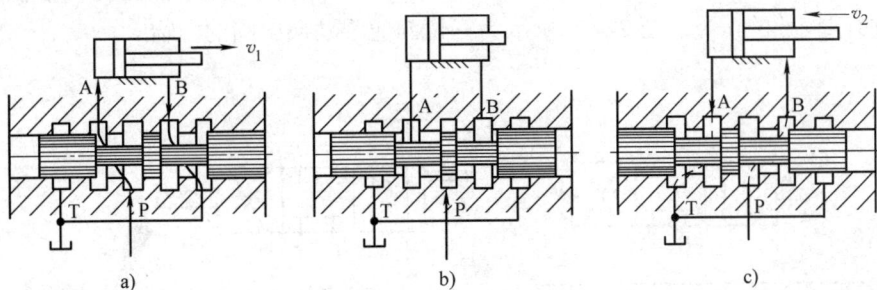

图2-46　换向阀的换向原理

换向阀的图形符号见附录 E 列出的几种常见滑阀式换向阀的结构原理以及与之相对应的图形符号。

一个换向阀完整的图形符号应表示出其操控方式、复位方式和定位方式等内容，现对换向阀的图形符号含义作以下说明：

1）用方格数表示阀的工作位置数，有几个方格表示几"位"。

2）在一个方格内，箭头首尾或堵塞符号"⊤"、"⊥"与方格的交点数为油口通路数；箭头表示两油口相通，并不一定表示实际流向，"⊤"和"⊥"表示油口截止。

3）P 表示进油口，T 表示回油口，A 和 B 表示连接其他两个工作油路的油口。

4）控制方式和复位弹簧的符号画在方格的两侧。

5）三位阀的中位，二位阀靠近弹簧的那一位为常态位。

3. 常态和中位机能

当换向阀没有操纵力的作用处于静止状态时称为常态。对于二位换向阀，靠近弹簧的那一位为常态位。二位二通换向阀有常开型和常闭型之分，常开型的常态位是连通的，在换向阀型号后面用代号"H"表示，常闭型的常态位是截止的，不标注代号。在液压系统图中，换向阀的图形符号与油路的连接应画在常态位上。

对于三位的换向阀，其常态为中间位置，各油口的连通方式体现了换向阀的不同控制机能，称之为中位机能。三位换向阀的中位有多种机能，以满足执行元件处于非运动状态时系统的不同要求。附录 F 列出了常见的中位机能的结构原理、机能代号、图形符号及机能特点和应用。

不同的中位机能有不同的特点，设计液压系统时若能正确、巧妙地选择中位机能，则可用较少的元件实现回路所需要的功能。

4. 几种常见的换向阀

（1）手动换向阀　手动换向阀是利用杠杆来改变阀芯位置从而实现换向的。

图 2-47a 所示为自动复位式手动换向阀，推动手柄向右，阀芯移至左位，P 口与 A 口相通，B 口与 T 口经阀芯内的径向孔和轴向孔相通；推动手柄向左，阀芯移至右位，P 口与 B 口、A 口与 T 口相通，从而实现换向。手一离开手柄，阀芯在弹簧力作用下自动复位到中位，油口 P、A、B、T 全部封闭。该阀应用于动作频繁、工作持续时间短的场合，如工程机械等。

图 2-47b 所示为钢球定位式换向阀定位部分结构原理。其定位槽数由阀的工作位数决定，当通过手柄扳动阀芯时，阀芯可借助弹簧和钢球保持在左、中、右任何一个位置上定位。当松开手柄后，阀芯仍保持在所需要的工作位置上。该阀应用于液压机、船舶等需保持工作状态时间较长的情况。图 2-47c 所示为三位四通手动换向阀的实物。

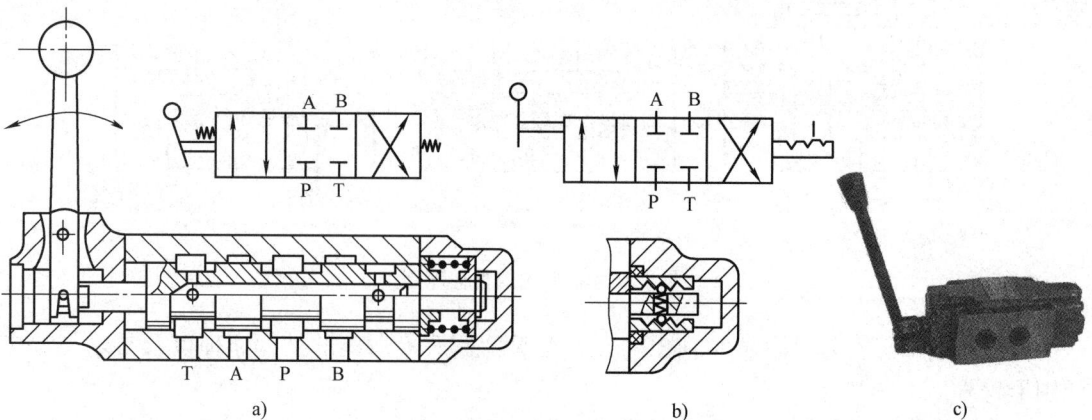

a)　　　　　　　　　　　b)　　　　　　　　　c)

图 2-47　三位四通手动换向阀

a) 自动复位式　b) 钢球定位式　c) 实物

（2）机动换向阀　机动换向阀是由行程挡块或凸轮推动阀芯实现换向的，又称为行程阀。图 2-48a、b 所示为二位二通机动换向阀结构及图形符号。在常态位时，P 口与 A 口不通；当固定在运动部件上的挡块压下滚轮时，阀芯右移，P 口与 A 口相通，阀芯 2 上的轴向孔是泄漏通道。机动换向阀通常是弹簧复位式的二位阀，有二通、三通、四通和五通 4 种。其中二位二通机动阀又分为常闭和常开两种。机动换向阀结构简单，动作可靠，换向位置精度高。改变挡块的迎角或凸轮的外形，可使阀芯获得合适的换向速度，减小换向冲击。图 2-48c 所示为机动换向阀实物，常用于液压系统的速度换接回路中。

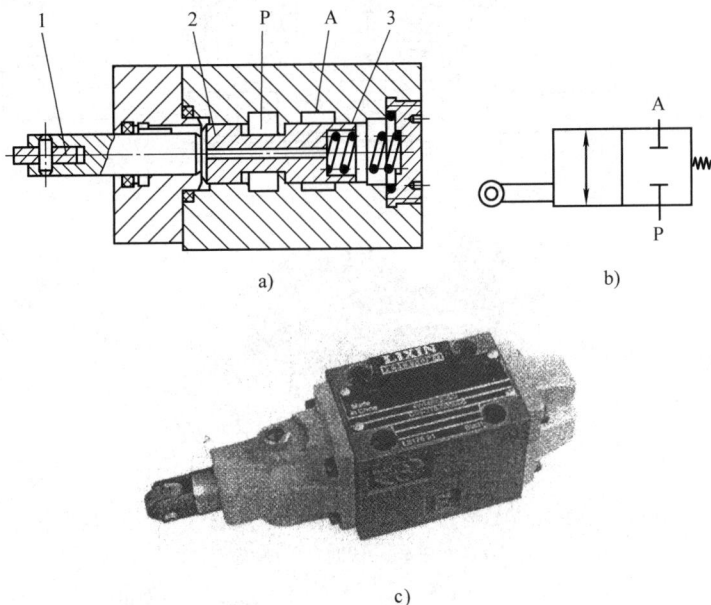

图 2-48　机动换向阀
a）结构　b）图形符号　c）实物
1—滚轮　2—阀芯　3—弹簧

（3）电磁换向阀　电磁换向阀是利用电磁铁的推力使阀芯移动实现换向的。电磁铁按使用的电源不同，可分为交流电磁铁换向阀和直流电磁铁换向阀两种。交流电磁铁换向阀使用的电压为 220V 或 380V，其优点是电磁吸力大，不需要专门的电源，换向迅速；缺点是起动电流大，在阀芯被卡住或电源电压下降 15% 以上电磁铁吸力不够时，电磁铁线圈易烧毁，换向冲击大，换向频率为 30 次/min。直流电磁铁换向阀使用的电压为 24V 或 36V，其优点是工作可靠，换向冲击小，使用寿命长，换向频率可达 120 次/min；其缺点是需要直流电源，成本较高。

按电磁铁的铁心是否浸在油里，电磁铁换向阀又可分干式电磁铁换向阀和湿式电磁铁换向阀两种。干式电磁铁换向阀结构简单，成本低，应用广泛，但它不允许油液进入电磁铁内部，因此在推动阀芯的推杆处要有可靠的密封，而此密封圈所产生的摩擦力会消耗一部分电磁推力，从而影响电磁铁换向阀的使用寿命。湿式电磁铁换向阀可以浸在油液里工作，取消了推杆处的密封，减小了阀芯运动阻力，提高了换向可靠性，同时阀的使用寿命也大大提高了。湿式电磁铁换向阀性能好，但价格较高。

图 2-49a、b 所示为二位三通电磁换向阀的结构及图形符号。当电磁铁不通电时，P 口与 A 口相通，B 口断开；当电磁铁通电时，推杆 1 将阀芯 2 推向右端，P 口与 B 相通，A 口断开。图 2-49c 所示为其实物。

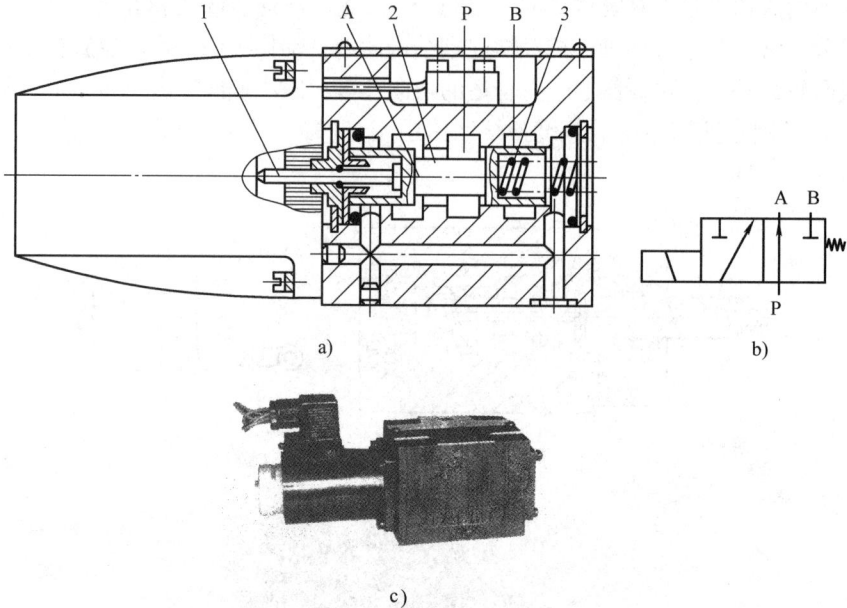

图 2-49　二位三通电磁换向阀
a）结构　b）图形符号　c）实物
1—推杆　2—阀芯　3—弹簧

图 2-50a、b 所示为三位四通电磁换向阀的结构及图形符号。当两边电磁铁均不通电时，阀芯在两端对中弹簧的作用下处于中位，油口 P、A、B、T 均不相通；当左边电磁铁通电，铁心 9 通过推杆 6 将阀芯推至右位，则油口 P 与 A 相通，B 与 T 相通；当右边电磁铁通电时，阀芯被推至左位，油口 P 与 B 相通，A 与 T 相通。因此，通过控制左、右电磁铁通、断电，就可以控制液流的方向，实现执行元件的换向。图 2-50c 所示为三位四通电磁换向阀实物。

电磁换向阀的优点是动作迅速，操作方便，便于实现自动控制，但电磁铁的吸力有限，所以电磁阀只宜用于流量不大的系统。流量大的系统可采用液动或电液动换向阀。

（4）液动换向阀　液动换向阀是利用系统中控制油路的压力油来改变阀芯位置的换向阀，图 2-51a、b 所示为三位四通液动换向阀的结构及图形符号。当阀芯两端控制油口 C_1、C_2 都不通入压力油时，阀芯在两端弹簧力的作用下处于中位，此时油口 P、A、B、T 互不相通；当 C_1 口接通压力油，C_2 口接通回油时，阀芯右移，此时油口 P 与 A 接通，B 与 T 接通；当 C_2 口接通压力油，C_1 口接通回油时，阀芯左移，此时油口 P 与 B 接通，A 与 T 接通。液动换向阀的优点是结构简单，动作可靠，换向平稳，由于液压驱动力大，故可用于流量大的系统中，其实物图如图 2-51c 所示。

（5）电液换向阀　电液换向阀是由电磁换向阀和液动换向阀组合而成的。其中，**电磁换向阀起先导作用，用来改变液动换向阀控制油路的方向，称为先导阀；液动换向阀实现主油路的换向，称为主阀**。

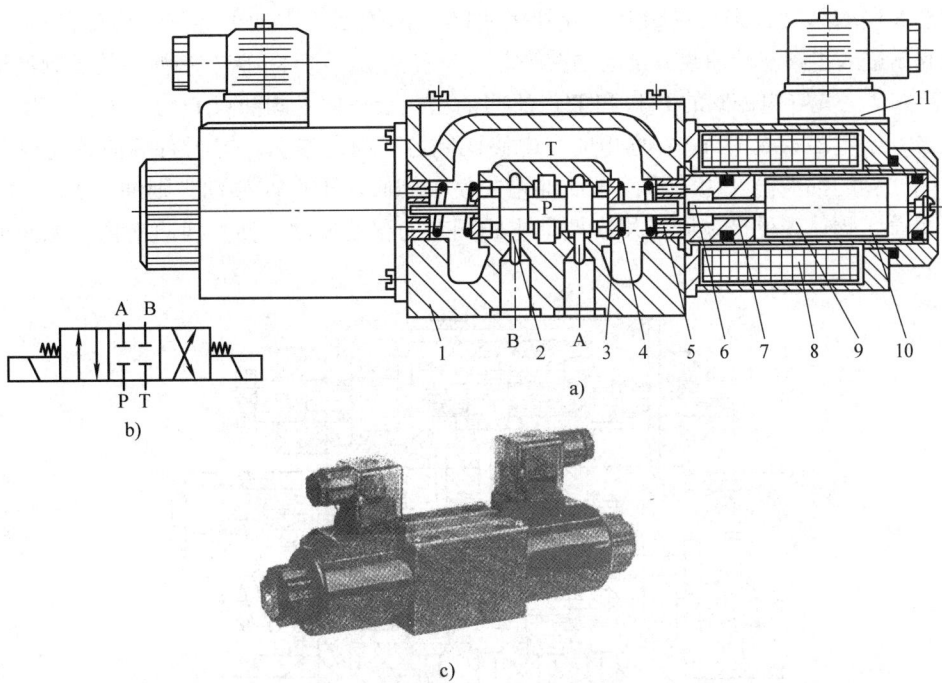

图 2-50 三位四通电磁换向阀

a) 结构 b) 图形符号 c) 实物

1—阀体 2—阀芯 3—定位套 4—对中弹簧 5—挡圈 6—推杆

7—环 8—线圈 9—铁心 10—导套 11—插头组件

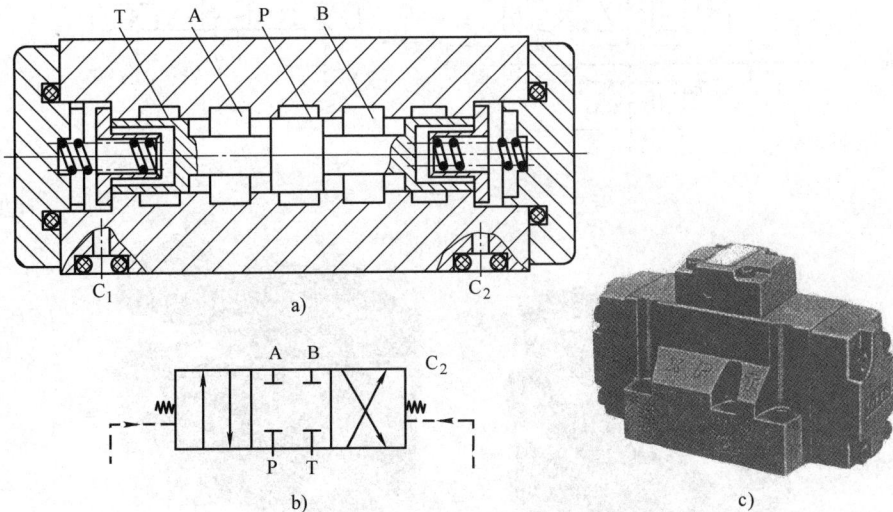

图 2-51 三位四通液动换向阀

a) 结构 b) 图形符号 c) 实物

图 2-52a、b、c 所示为电液换向阀的结构、图形符号及实物。当先导电磁阀两边的电磁铁均不通电时，电磁阀处于中位，控制油液被切断，主阀阀芯 1 两端均不通控制压力油，在弹簧的作用下处于中位，此时油口 P、A、B、T 均不相通。当电磁铁 4（1YA）通电时，电

磁阀阀芯 5 向右移动，来自主阀 P 口或外接油口 P′的控制压力油可经先导电磁阀的 A′口和左单向阀 2 进入主阀左端油腔，推动主阀阀芯 1 向右移动，这时主阀右端油腔的控制油液通过右边节流阀 7 经先导电磁阀的 B′口和 T′口流回油箱，于是使主阀油口 P 与 A 相通，B 与 T 相通；反之，当电磁铁 6（2YA）通电时，电磁阀阀芯 5 向左移动，主阀右端油腔进控制压力油，左端油腔的油液经左边节流阀 3 回油箱，使主阀阀芯 1 向左移动，则油口 P 与 B 相通，A 与 T 相通。阀体内的节流阀可用来调节主阀阀芯的移动速度，使其换向平稳，无冲击。

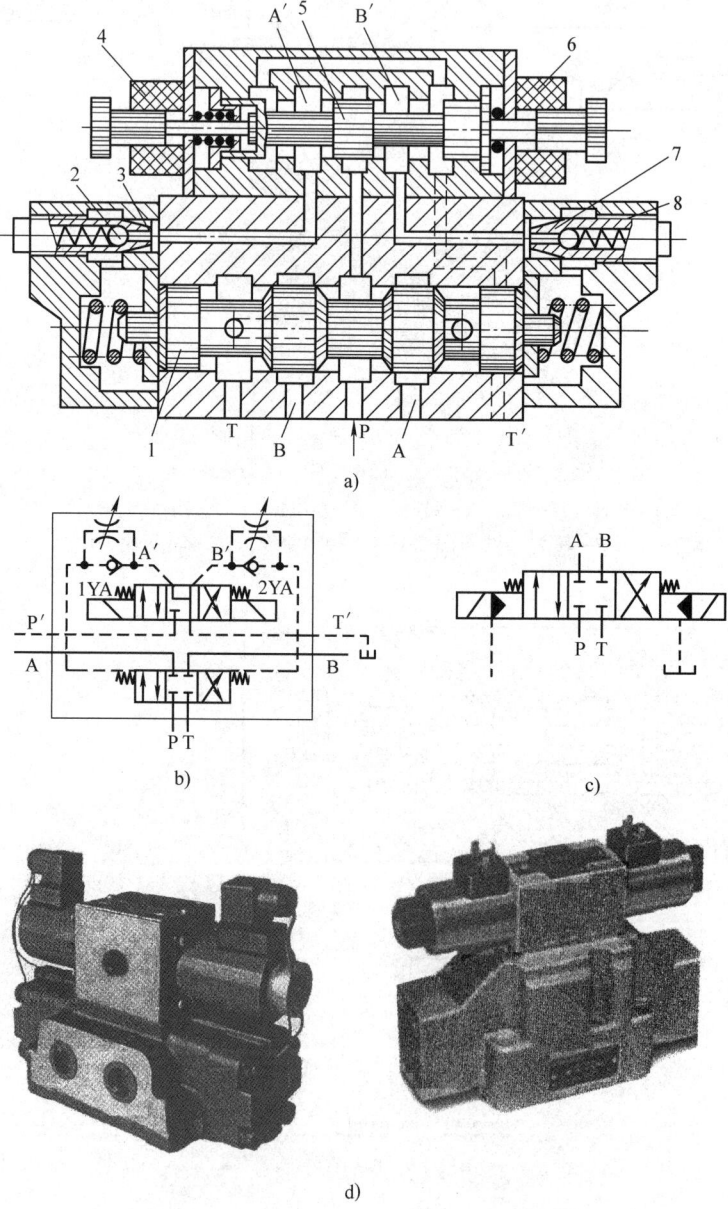

图 2-52 电液换向阀

a）结构 b）图形符号 c）简化图形符号 d）实物

1—主阀阀芯 2、8—单向阀 3、7—节流阀 4、6—电磁铁 5—电磁阀阀芯

1）当主阀为弹簧对中型时，先导电磁阀的中位机能必须保证先导阀处于中位时液动阀两端的控制油路卸荷（如电磁阀 Y 形中位机能），否则液动阀无法回到中位。

2）控制压力油可来自主油路的 P 口（内控式），也可以另设独立油源（外控式）。当采用内控式，主油路又有卸荷要求时，必须在 P 口安装一预控压力阀，以保证最低的控制压力。当采用外控式时，独立油源的流量不得小于主阀最大流量的 15%，以保证换向时间的要求。

电液换向阀综合了电磁阀和液动阀的优点，具有控制方便、通过流量大的特点，图 2-52d 所示为其实物。

在大多数情况下，多通阀通过堵塞油口的方法可以当少通阀使用。如图 2-53 所示，将二位四通换向阀的 A 口或 B 口用油堵堵上，即可得到二位三通换向阀。

图 2-53　二位四通换向阀改为二位三通换向阀

练一练

（1）用二位四通阀替代二位三通阀和二位二通阀使用，画一画图 2-54b 所示的油路连接。

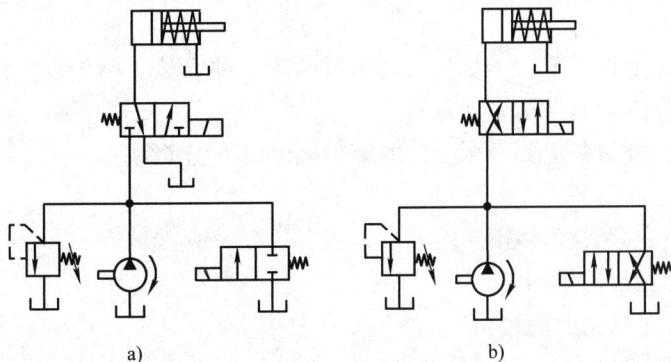
a)　　　　　b)

图 2-54　二位四通阀替代二位三通阀和二位二通阀

（2）二位五通换向阀能否当二位四通阀使用？如能实现二位四通阀的同等功能，画一画图 2-55b 所示的油路连接。

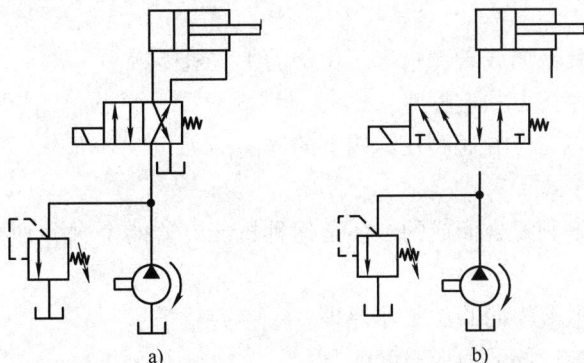
a)　　　　　b)

图 2-55　二位五通阀替代二位四通阀

想 一 想

对于弹簧对中型的电液换向阀，其电磁先导阀为什么通常采用 Y 形中位机能？

活动3 方向控制阀拆装实训

【实训目的】

1）对方向控制阀进行拆装，分析、了解其组成、结构和特点。

2）加深对方向控制元件的原理和特性的理解。

3）增加对方向控制液压元件类型的了解。

【实训要求】

1）实训前要认真复习有关元件的工作原理及特性。

2）对照书本中已有的结构图，预习结构知识。

3）拆装时注意不要散失小的零件，实训完要把每个元件装好。

4）每次实训后，由老师指定思考题作为本次实训报告内容。

【实训方法】

本实验采用教师重点讲解，学生自己动手拆装为主的方法。学生以小组为单位边拆装，边讨论、分析方向控制阀的结构原理及特点。

为了便于思考，针对各主要液压元件的结构提出以下思考题。

（1）单向阀

1）单向阀的用途有哪些？

2）单向阀中弹簧起何作用？

3）单向阀的阀芯结构有何特点？

（2）液控单向阀

1）液控单向阀的用途有哪些？工作原理是什么？

2）顶杆、卸荷阀芯、主阀芯的作用是什么？

3）当使用控制油口时，控制油的压力是否和主油路的压力一致？

（3）换向阀

1）对照实物说明其换向原理，指出三位阀的中位机能。

2）推杆与阀芯的连接方式有哪些？

3）比较三位四通与三位五通阀在结构上的异同。

（4）电液换向阀

1）此阀是由哪两个阀复合而成的？各是何种机能？这两个阀分别接受什么信号？控制什么动作？

2）对照实物说明电液换向阀的工作原理。

3）怎样调节电液换向阀的换向时间？

4）控制压力油有哪两种供油方式？

任务二　方向控制回路组成原理及油路连接

基本回路是由一些液压元件组成的、用来完成特定功能的典型油路。液压系统无论怎样复杂，都是由若干个基本回路组成的。基本回路一般可分为压力控制回路、速度控制回路、方向控制回路及多执行元件控制回路。

学习目标
1. 熟悉和掌握方向控制回路的结构组成及工作原理。
2. 掌握各种换向回路的功能，学会合理选用换向回路。

方向控制回路是控制液压系统中执行元件的起动、停止和换向的回路。常用的方向控制回路有换向回路、锁紧回路和制动回路。

一、换向回路

运动部件的换向，一般可采用各种换向阀来实现。在容积调速的闭式回路中，可采用双向变量泵控制供油方向来实现液压缸（或液压马达）换向。由此可见，几乎在每一个液压系统中都包含有换向回路。

对于依靠重力或弹簧力回程的单作用液压缸，可以采用二位三通换向阀使其换向。图2-56所示为采用二位三通换向阀使单作用液压缸换向的回路。当电磁铁通电时，液压泵输出的油液经换向阀进入液压缸左腔，活塞向右运动；当电磁铁断电时，液压缸左腔的油液经换向阀回油箱，活塞在弹簧力的作用下向左返回，从而实现了液压缸的换向。

图 2-56　用二位三通换向阀使单作用液压缸换向的回路

换向回路中换向阀的选择包括如下内容：

（1）位数和通路数的选择　对于依靠重力或弹簧力返回的单作用液压缸，采用二位三通换向阀即可换向。如果只要求接通或切断油路时，可采用二位二通换向阀。

对于双作用液压缸，当执行元件不要求中途停止，可采用二位四通或二位五通换向阀，即可实现正、反向运动；当执行元件要求有中途停止或有特殊要求，则采用三位四通或三位五通换向阀，并注意三位阀中位机能的选择。

（2）换向阀操纵方式的选择　自动化程度要求较高的采用电磁换向阀或电液换向阀；流量较大、换向平稳性要求较高的系统，可采用手动阀或机动阀作先导阀、以液动阀为主阀的换向回路，或采用电液换向阀。

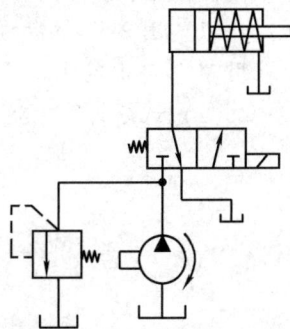

二、锁紧回路

锁紧回路的功能是通过切断执行元件的进油、回油通道来使它停留在任意位置，并防止停止运动后因外力作用而发生移动。使执行元件实现锁紧的方法如下：

1）最简单的方法是采用 O 形或 M 形中位机能的三位换向阀，当阀芯处于中位时，执行元件的进、出油口均被封闭，可使执行元件在行程任意位置停止。但由于滑阀的泄漏，不能长时间保持停止位置不动，锁紧精度不高。

2）采用液控单向阀（又称液压锁）作锁紧元件。如图 2-57 所示，当换向阀处于左位时，压力油经液控单向阀 1 进入液压缸左腔，同时压力油也进入液控单向阀 2 的控制口 C，打开阀 2，使缸右腔的回油经阀 2 及换向阀流回油箱，活塞向右运动。反之，活塞向左运动。如果需要任意位置停止，只要使换向阀回到中位，因阀的中位机能为 H 形（或 Y 形），从而使液控单向阀的控制口 C 卸压，阀 1 和阀 2 立即关闭，使活塞双向锁紧。由于液控单向阀的密封性好，泄漏少，可较长时间锁紧，锁紧精度只受液压缸的泄漏和油液压缩性的影响。这种回路常用于工程机械、起重运输机械和飞机起落架的收放油路上。

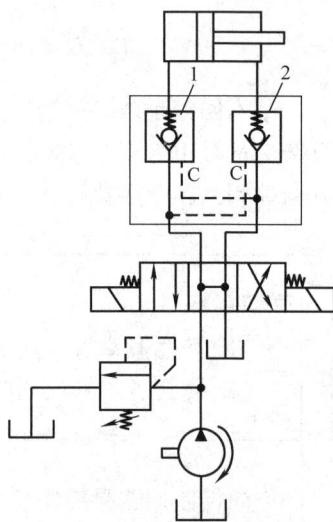

图 2-57　锁紧回路
1、2—液控单向阀

想 一 想

（1）图 2-57 所示的锁紧回路中，为什么要求换向阀的中位机能为 H 形或 Y 形？若采用 M 形会出现什么问题？

（2）试分析图 2-58 所示四种换向回路中，哪些回路能正常工作？理由是什么？

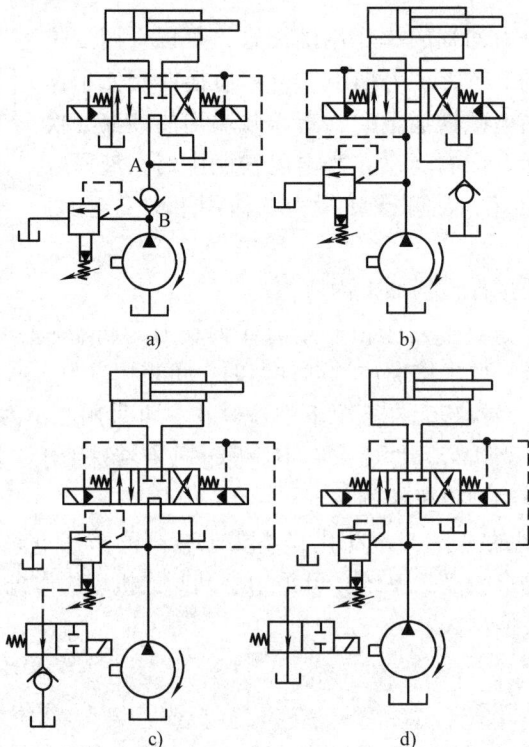

a)　　　　　　　b)

c)　　　　　　　d)

图 2-58　四种换向回路

任务三　压力控制阀工作原理及选用

学习目标

　　1. 了解压力控制阀的各种结构，掌握其工作原理。

　　2. 掌握各种压力控制阀的功能。

　　控制和调节液压系统油液压力或利用液压力作为信号控制其他元件动作的阀称为压力控制阀，如溢流阀、减压阀、顺序阀和压力继电器等。

　　压力控制阀的共同特点是利用作用在阀芯上的液压力和弹簧力相平衡的原理进行工作。

一、溢流阀

　　溢流阀是通过其阀口的溢流，使被控系统或回路的压力维持恒定，从而实现稳压、调压或限压作用。

　　对溢流阀的主要要求是调压范围大，调压偏差小，压力振摆小，动作灵敏，通流能力大，噪声小。溢流阀按其结构和工作原理可分为直动式溢流阀和先导式溢流阀。

　　1. 直动式溢流阀的结构和工作原理

　　图 2-59 所示为直动式溢流阀结构，P 是进油口，T 是回油口，进口压力油经阀芯 4 上的径向孔 f、轴向阻尼孔 g 进入阀芯底端 c 腔。当进油压力较低，向上的液压力不足以克服弹簧的预紧力时，阀芯处于最下端位置，将 P 和 T 两油口隔开，阀处于关闭状态。当进口压力升高，液压油在阀芯下端产生的作用力超过弹簧的预紧力时，阀芯上移，阀口被打开，将多余的油液由 P 口经 T 口排回油箱，溢流阀溢流。这样，阀芯处于某一平衡位置，被控制的油

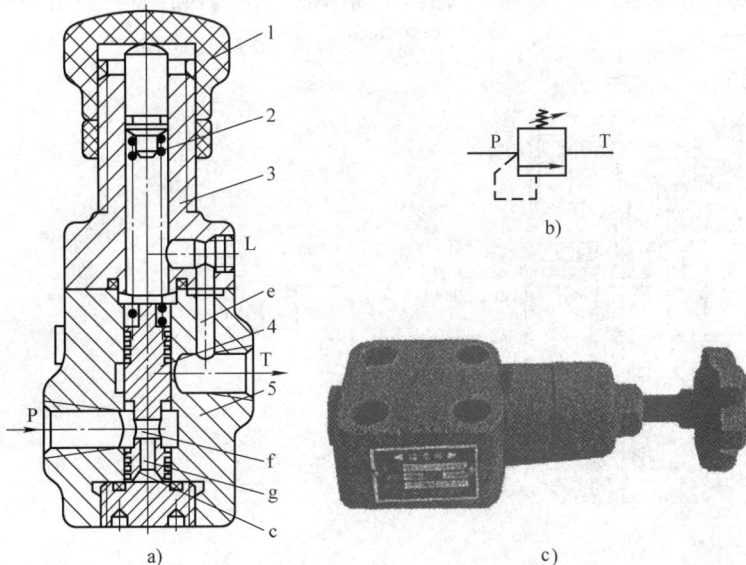

图 2-59　直动式溢流阀

a）结构　b）图形符号　c）实物

1—调节螺母　2—弹簧　3—上盖　4—阀芯　5—阀体

液压力就不再升高。

设进口压力为 p，阀芯端面积为 A，弹簧力为 F_S，若忽略阀芯自重和摩擦力，则阀芯的受力平衡方程为

$$pA = F_S$$

或
$$p = \frac{F_S}{A} \tag{2-31}$$

由式（2-31）可知，溢流阀处于某一平衡位置时，进口处的油液压力 p 的大小就由弹簧力 F_S 来决定。调节螺母 1 可以改变弹簧的预紧力，从而也就调整了溢流阀进口处的油液压力 p，并使其稳定在所调定的数值上。图 2-59b、c 所示分别为直动式溢流阀的图形符号及实物，其最大调整压力为 2.5MPa。

溢流阀稳压的自动调节过程：当进口油压 p 超过预先所调定的压力时，阀芯 4 失去平衡，阀芯上移，溢流口增大，油液溢回油箱的阻力减小，使进口处油压 p 下降，直至作用在阀芯上的液压力和弹簧力重新平衡为止。同理，若进口压力 p 低于所调定的压力时，阀芯也失去平衡，阀芯下移，溢流口关小，溢流阻力增大，进口处的油压便自动升高，直至使阀芯重新恢复平衡为止。在自动调节过程中，阀芯移动量很小，作用在阀芯上的弹簧力 F_S 变化甚小，因此可以认为，只要阀口开启有溢流，其进口处的压力 p 基本上就是恒定的。**阀芯上的阻尼孔 g 对阀芯的运动起到阻尼作用，从而可避免阀芯产生振动，提高阀的工作稳定性。**

直动式溢流阀是利用液压力直接和弹簧力相平衡的原理来进行压力控制的。若系统所需压力较高、流量较大时，阀的结构必须加大，且需采用大刚度的弹簧，这样不仅使阀的调节性能变差，而且调节费力，故直动式溢流阀只适用于系统压力较低、流量不大的场合。

2. 先导式溢流阀的结构和工作原理

先导式溢流阀由先导阀和主阀两部分构成。先导阀一般为小规格的锥阀，其内的弹簧为调压弹簧，用来调定主阀的溢流压力。主阀用于控制主油路的溢流，有各种结构形式。主阀内的弹簧为平衡弹簧，其刚度很小，仅是为了克服摩擦力使主阀芯及时复位而设置的。图 2-60a 所

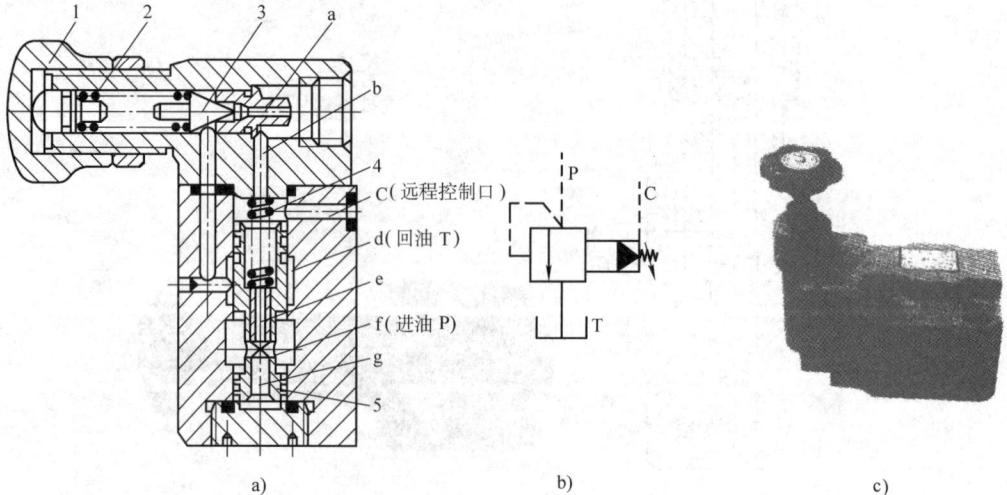

图 2-60 Y 形溢流阀

a) 结构 b) 图形符号 c) 实物

1—调节螺母 2—调压弹簧 3—先导阀阀芯 4—主阀弹簧 5—主阀阀芯

示为一级同心先导式溢流阀（Y形）结构，油液通过进油口 P 进入后，经主阀阀芯 5 的轴向孔 g 进入阀芯下腔，同时油液又经阻尼孔 e 进入主阀阀芯 5 的上腔，并经 b 孔、a 孔作用于先导阀阀芯 3 上。当系统压力低于先导阀调压弹簧调定压力时，先导阀关闭，此时没有油液经过阻尼孔流动，主阀阀芯上下两腔的压力相等，主阀在弹簧 4 的作用下处于最下端位置，进油口 P 与回油口 T 不相通。当系统压力升高，作用在先导阀阀芯上的液压力大于调压弹簧的调定压力时，先导阀被打开，主阀上腔的压力油经先导阀开口、回油口 T 流回油箱。这时就有压力油经主阀阀芯上阻尼孔流动，因而就产生了压降，使主阀阀芯上腔的压力 p_1 低于下腔的压力 p。当此压力差对主阀阀芯所产生作用力超过弹簧力 F_s 时，阀芯被抬起，进油口 P 和回油口 T 相通，实现了溢流作用。调节螺母 1 可调节调压弹簧 2 的预紧力，从而调定了系统的压力。

当溢流阀起溢流、稳压作用时，不计阀芯自重和摩擦力，作用于主阀阀芯上的力平衡方程为

$$pA = p_1A + F_s$$

或

$$p = p_1 + \frac{F_s}{A} \tag{2-32}$$

式中　p——进油腔压力，单位为 Pa；

$\quad\quad p_1$——主阀阀芯上腔的压力，单位为 Pa；

$\quad\quad A$——主阀阀芯的端面积，单位为 m^2；

$\quad\quad F_s$——平衡弹簧的作用力，单位为 Pa。

由式（2-32）可见，**先导式溢流阀是利用主阀上下两端的压差所形成的作用力和弹簧力相平衡的原理进行压力控制的。** 由于主阀上腔存在有压力 p_1，所以弹簧 4 的刚度可以较小，F_s 的变化也较小，当先导阀的调压弹簧调整好以后，p_1 基本上是定值。当溢流量变化较大时，阀口开度可以上下波动，但进口处的压力 p 变化则较小，这就克服了直动式溢流阀的缺点。同时先导阀的承压面积一般较小，调压弹簧 2 的刚度也不大，因此调压比较轻便。先导式溢流阀工作时振动小，噪声低，压力稳定，但反应不如直动式溢流阀快。先导式溢流阀适用于中、高压系统。Y形溢流阀的图形符号及实物如图 2-60b、c 所示，其公称压力为 6.3MPa。

图 2-61、图 2-62 所示分别为二级同心式和三级同心式溢流阀。当先导式溢流阀的进口接压力油时，压力油除直接作用在主阀阀芯的下端外，还经过主阀阀芯内的阻尼孔 2 和 4 （或图 2-62 所示阀体中的阻尼孔 5）引到先导阀阀芯的前端，对先导阀阀芯产生一个液压力，若液压力小于先导阀阀芯另一端的弹簧力，则先导阀关闭，主阀阀芯上下两腔压力相等，主阀阀芯在主阀弹簧的作用下处于最下端，主阀口关闭。当进口压力升高大于弹簧力时，先导阀阀口打开，进口压力油经阻尼孔、先导阀开口和回油口 T 流回油箱。这时，由于阻尼孔的作用产生了压降，使主阀阀芯上端的油压 p_1 小于下端的油压 p。当此压差（$p - p_1$）足够大时，由压差形成的向上液压力克服主弹簧力推动阀芯上移，主阀阀口开启，进口压力油经主阀口溢流回油箱。当主阀阀口开口一定时，先导阀阀芯和主阀阀芯分别处于受力平衡状态，使主阀进口压力为一确定值。调节调压弹簧的预紧力，从而调定了液压系统的压力。

3. 溢流阀的主要性能

（1）压力调节范围　指溢流阀在规定的范围内调节时，阀的输出压力能平稳地升降，无压力突跳或迟滞现象。

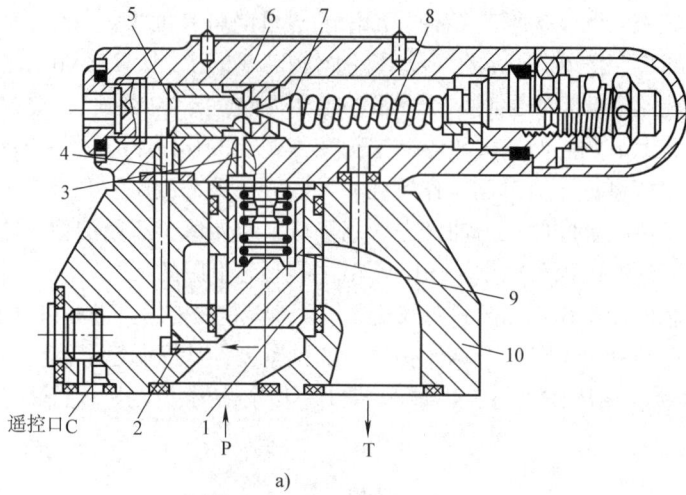

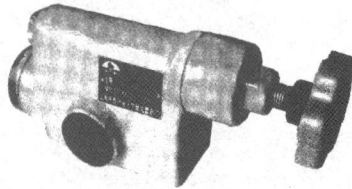

图 2-61 二级同心式溢流阀

a）结构 b）实物

1—主阀阀芯 2、3、4—阻尼孔 5—先导阀阀座 6—先导阀阀体 7—先导阀阀芯

8—调压弹簧 9—主阀弹簧 10—主阀阀体

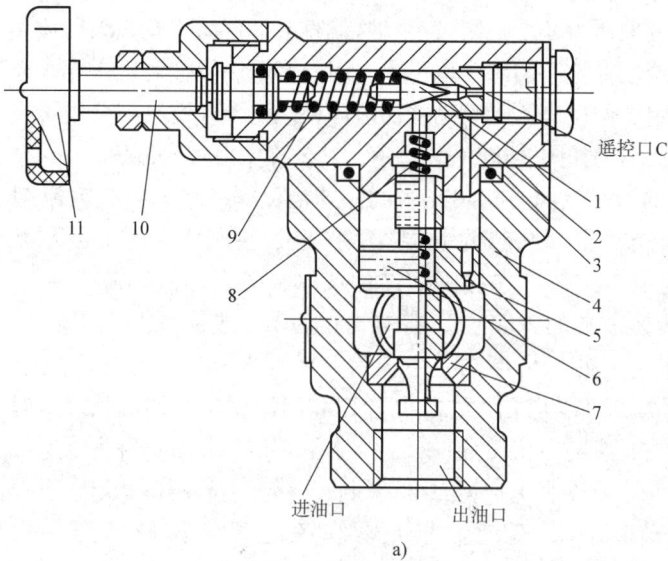

图 2-62 三级同心式溢流阀

a）结构 b）实物

1—先导锥阀 2—先导阀阀座 3—阀盖 4—阀体 5—阻尼孔 6—主阀阀芯

7—主阀阀座 8—主阀弹簧 9—调压弹簧 10—调节螺钉 11—调节手轮

（2）启闭特性　指溢流阀在某一调定压力下工作时，其溢流量变化与阀进口压力之间的变化关系，如图 2-63 所示。它一般用溢流阀处于额定流量 q_n、调定压力 p_S 时，开始溢流的开启压力 p_K 及停止溢流的闭合压力 p_B 分别与 p_S 比值来衡量，前者称为开启比 p_K/p_S，后者称为闭合比 p_B/p_S。溢流阀的压力流量特性的优劣可用调压偏差（p_S-p_K）或用开启比、闭合比来评价。调压偏差越小，开启比、闭合比越大，阀的性能越好。一般规定开启比不应小于 90%，闭合比不应小于 85%。由图 2-63 所示直动式和先导式溢流阀的启闭特性曲线可以看出，先导式溢流阀的性能优于直动式溢流阀。

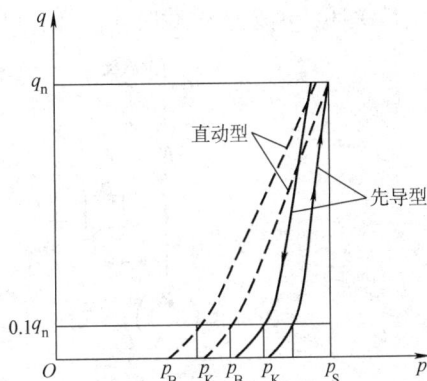

图 2-63　溢流阀的启闭特性曲线

（3）卸荷压力　当将先导式溢流阀遥控口接油箱，其主阀阀口开度最大，液压泵处于卸荷状态时，溢流阀的进口与出口压力之差，称为卸荷压力。一般卸荷压力不大于 0.2MPa。

（4）压力损失　当调压弹簧全部放松，阀通过额定流量时，溢流阀的进口压力与出口压力之差称为压力损失。压力损失略高于卸荷压力。

（5）压力超调量　如图 2-64 所示，当溢流阀由卸荷状态突然向额定压力工况转变或由零流量状态向额定压力、额定流量工况转变时，由于溢流阀阀芯动作迟缓，引起阀的进口压力迅速升高到某一峰值 p_{max}，阀口打开，开始溢流，接着压力逐渐衰减、振荡，最后稳定在调定压力 p_S 上。峰值压力 p_{max} 与调定压力 p_S 之差称为压力超调量，即 $\Delta p=p_{max}-p_S$。Δp 越小，说明阀的灵敏度越高，一般溢流阀的压力超调量不得大于额定压力的 30%，否则会发生元件损坏、管道破裂或使一些元件产生误动作。

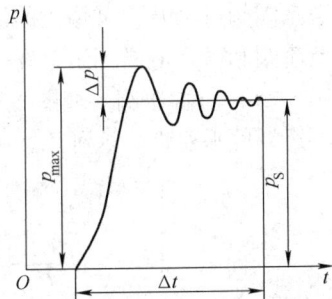

图 2-64　溢流阀的动态过程曲线

想一想

（1）若先导式溢流阀主阀阀芯上阻尼孔堵塞，溢流阀会出现什么故障？若先导阀阀座上的进油小孔堵塞，又会出现什么故障？

（2）若先导式溢流阀主阀阀芯上阻尼孔脱落到主阀阀芯上腔或未装阻尼孔，在使用中会出现什么问题？

4. 溢流阀的应用

溢流阀在液压系统中常用来组成调压回路，使液压系统整体或部分的压力保持恒定或不超过某个数值。

（1）调压溢流　如图 2-65 所示，在采用定量泵供油的节流调速系统中，泵的一部分油液进入液压缸，而多余的油液从溢流阀溢回油箱。溢流阀处于其调定压力下的常开状态，液压泵的工作压力取决于溢流阀的调整压力，且基本保持恒定。

（2）安全保护　如图 2-66 所示，系统采用变量泵供油，系统内无多余的油液需溢流，泵的工作压力由负载决定，用溢流阀限制系统的最高压力。系统在正常工作状态下，溢流阀阀口关闭,当系统过载时才打开,以保证系统的安全,故也称其为安全阀。

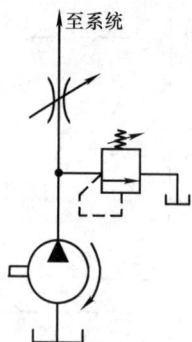

图 2-65 定量泵系统溢流调压

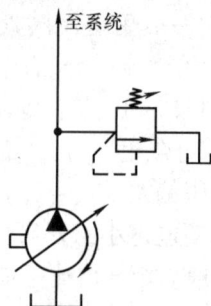

图 2-66 变量泵系统安全限压

(3) 使泵卸荷 图 2-67 所示为采用先导型溢流阀的卸荷回路。用二位二通换向阀将先导型溢流阀的遥控口 C 和油箱接通,当电磁铁 1YA 通电时,溢流阀遥控口 C 通油箱,这时溢流阀阀口全开,泵输出的油液全部回油箱,使液压泵卸荷,以减少功率损耗。目前已有将溢流阀和微型电磁阀组合在一起的电磁溢流阀,其管路连接更为简便。

(4) 作背压阀 如图 2-68 所示,将溢流阀设置在回油路上,可产生背压,提高运动部件运动的平稳性。这种用途的阀称为背压阀。在此可选用直动式低压溢流阀。

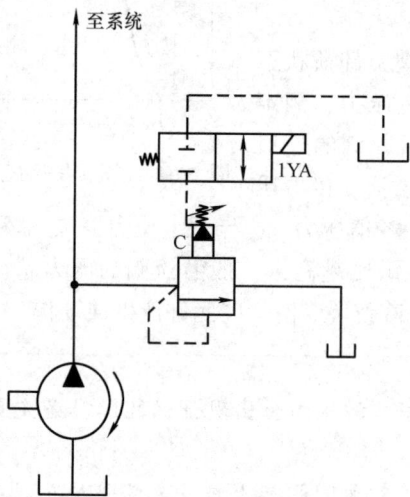

图 2-67 卸荷回路

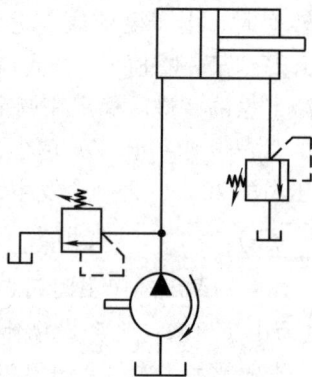

图 2-68 作背压阀

二、减压阀

减压阀是一种利用液流通过缝隙产生压降的原理,使出口压力低于进口压力的压力控制阀。

1. 结构和工作原理

减压阀分为直动式减压阀和先导式减压阀两种,其中先导式减压阀应用较广。图 2-69 所示为先导式减压阀结构、图形符号及实物。减压阀的主要组成部分与溢流阀相同,外形也相似,其不同点如下:

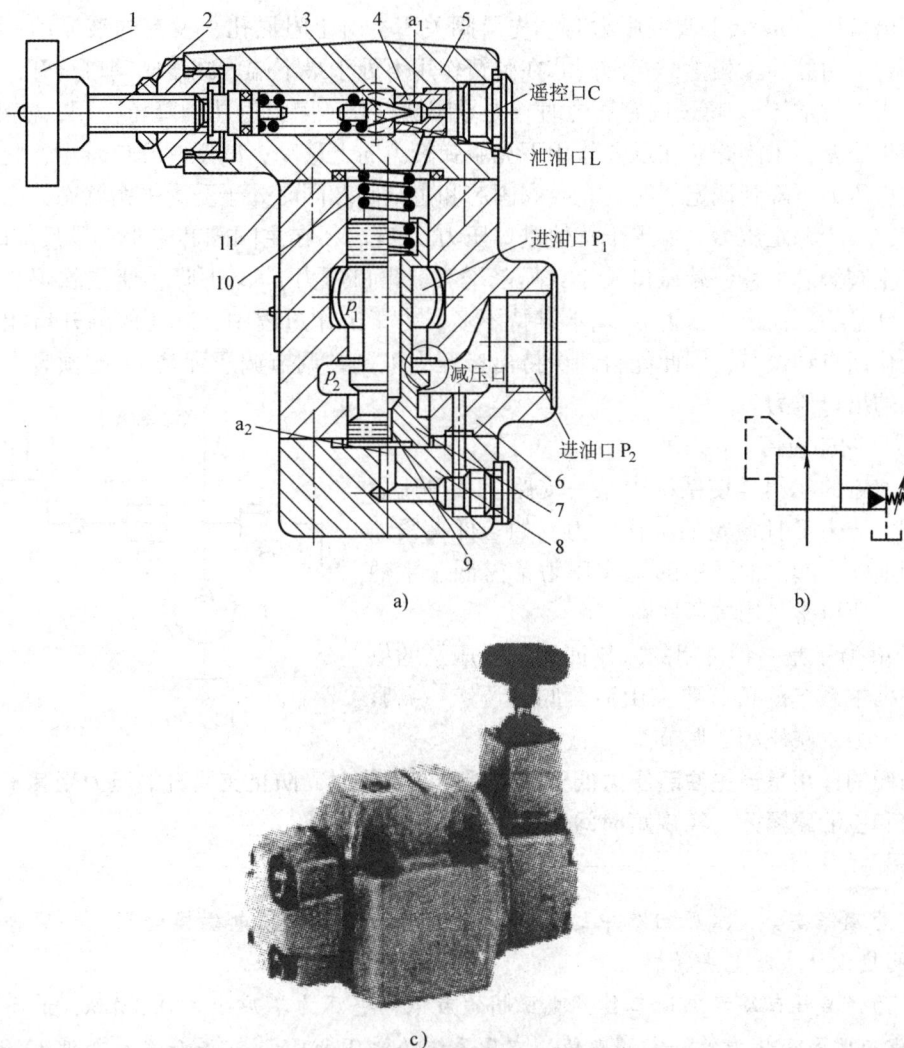

图 2-69　先导式减压阀

a）结构　b）先导式减压阀图形符号　c）实物

1—调压手轮　2—调节螺钉　3—锥阀　4—锥阀座　5—阀盖　6—阀体　7—主阀阀芯
8—端盖　9—阻尼孔　10—主阀弹簧　11—调压弹簧

1）主阀阀芯结构不同，溢流阀主阀阀芯有两个台肩，而减压阀主阀阀芯有三个台肩。

2）在常态下，溢流阀进、出口是常闭的，减压阀是常开的。

3）控制阀口开启的油液，溢流阀来自进口油压 p_1，保证进口压力恒定；减压阀来自出口油压 p_2，保证出口压力恒定。

4）溢流阀先导阀弹簧腔的油液在阀体内引至回油口（内泄式）；减压阀其出口油液接通执行元件，因此泄漏油需单独引回油箱（外泄式）。

先导型减压阀也是由先导阀和主阀两部分构成，由先导阀调压，主阀减压。进口为 p_1 的压力油从进口流入，经主阀阀口（减压缝隙）减压后压力为 p_2 并从出口流出，同时 p_2 的油液经孔 a_2 流入阀芯下腔，并通过阻尼孔 9 流入阀芯上腔，经孔 a_1 作用在锥阀 3 上。当负载较小，出口压力 p_2 低于调定压力时，先导阀关闭，由于阻尼孔 9 没有油液流动，所以主阀阀芯上、下两腔油压相等，主阀阀芯在弹簧作用下处于最下端，减压阀阀口全开，不起减压作用。当出口油压 p_2 超过调定压力时，先导阀被打开，因阻尼孔的降压作用，使主阀上、下两腔产生压差，主阀阀芯在压差作用下克服弹簧力向上移动，减压阀开口减小，起减压作用。当出口压力下降到调定值时，先导阀阀芯和主阀阀芯同时处于受力平衡状态，出口压力稳定不变，等于调定压力。如果干扰使进口压力 p_1 升高，在主阀阀芯未来得及反应时 p_2 也升高，使主阀阀芯上移，减压口关小，压降增大，出口压力 p_2 又下降，使主阀阀芯在新的位置上达到平衡，而出口压力 p_2 基本维持不变。由于工作过程中，减压阀的开口能随进口压力的变化而自动调节，因此能自动保持出口压力恒定。调节调压弹簧 11 的预紧力即可调节减压阀的出口压力。

2. 减压阀的应用

减压回路的功用是使系统中某一支路上获得比溢流阀的调定压力低且稳定的工作压力。如工件夹紧油路、控制油路、润滑油路中的工作压力常需低于主油路的压力，所以常采用减压回路。

图 2-70 所示是一种常用的减压回路。液压泵的供油压力根据主系统的负载要求由溢流阀 1 调定，夹紧缸所需的压力由减压阀 2 调节。

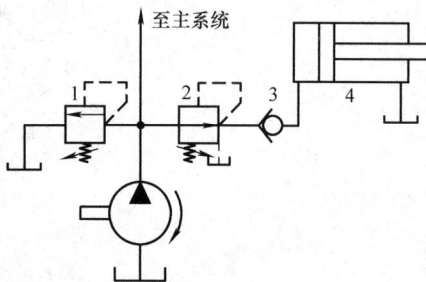

图 2-70　减压回路

单向阀的作用是当主油路压力低于减压阀的调定值时，防止夹紧缸的压力受其干扰，使夹紧油路和主油路隔开，实现短时间保压。

> **注意**
>
> 1）为确保安全，减压回路中的换向阀可选用带定位式的电磁换向阀，如用普通电磁换向阀应设计成断电夹紧。
>
> 2）为使减压回路可靠地工作，减压阀的最低调整压力不应小于 0.5MPa，最高调整压力至少应比系统压力低一定的数值，中压系统约低 0.5MPa，中高压系统约低 1MPa。
>
> 3）当减压回路中的执行元件需要调速时，调速元件应放在减压阀的后面，以免减压阀的泄漏口流回油箱的油液对执行元件的速度产生影响。

> **想一想**
>
> 减压阀的出口被堵住后，减压阀处于何种工作状态？

三、顺序阀

顺序阀是以压力作为控制信号，自动接通或切断某油路的压力阀。顺序阀常用来控制液压系统各执行元件动作的先后顺序。

顺序阀按控制方式分为内控式顺序阀（简称顺序阀）、外控式顺序阀（也称液控式顺序阀）；按结构形式分为直动式顺序阀和先导式顺序阀。直动式顺序阀用于低压系统，先导型顺序阀用于中、高压系统。

1. 结构和工作原理

图 2-71、图 2-72 所示分别为直动式和先导式顺序阀的结构、图形符号及实物。顺序阀的结构和工作原理与溢流阀相似。当进口压力低于调定压力时，阀口关闭，当进口压力超过调定压力时，进、出油口接通，出口的压力油使其后面的执行元件动作。出口油路的压力由负载决定，因此它的泄油口需要单独接回油箱。调节弹簧的预紧力，即能调节打开顺序阀所

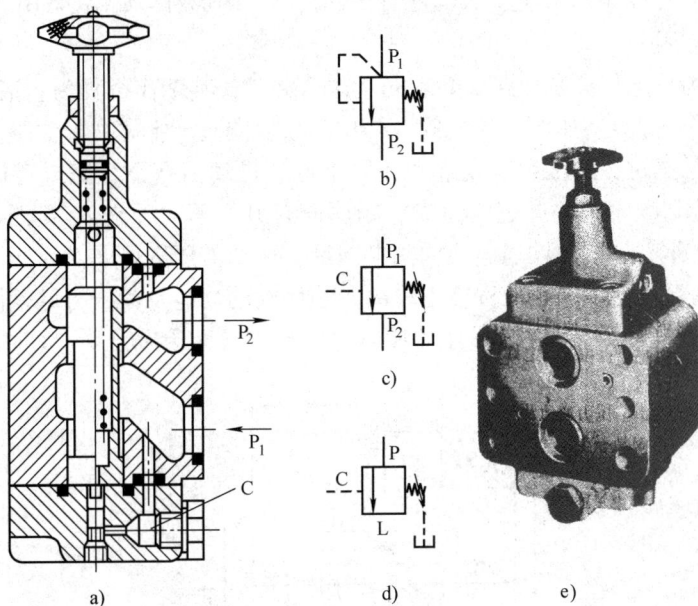

图 2-71　直动式顺序阀

a）结构　b）直动式顺序阀图形符号

c）液控顺序阀图形符号　d）卸荷阀图形符号　e）实物

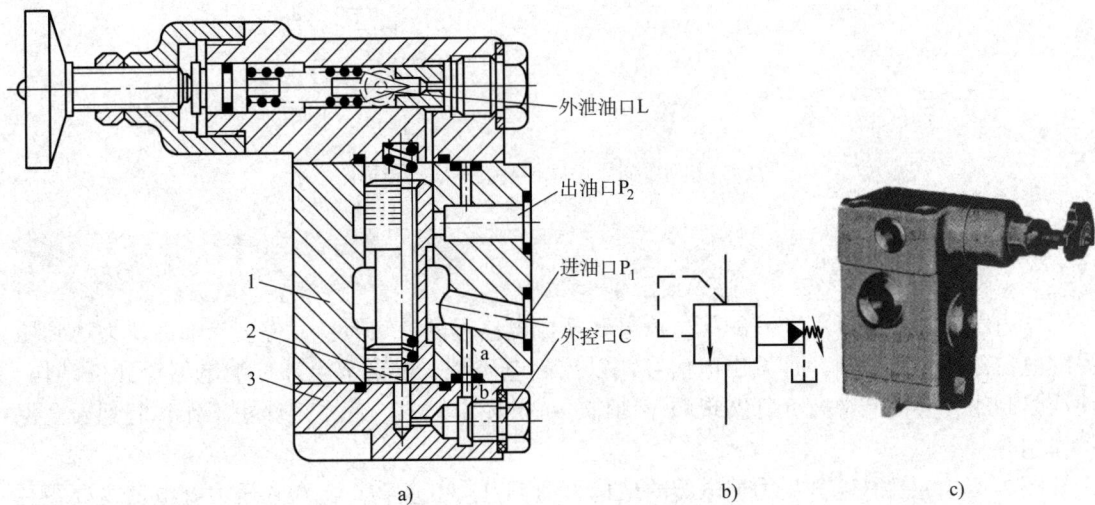

图 2-72　先导式顺序阀

a）结构　b）图形符号　c）实物

1—阀体　2—阻尼孔　3—下盖

需的压力。若将图 2-71a 所示的顺序阀的下盖旋转 90°或 180°安装，去掉外控口 C 的螺塞，并从外控口 C 引入控制压力油来控制阀口的启闭，这种阀称为液控顺序阀，图形符号如图 2-71c所示。**液控顺序阀阀口的开启和闭合与阀的主油路进口压力无关，而只决定于外控口 C 引入的控制压力。**若将图 2-71a 所示的顺序阀的上盖旋转 90°或 180°安装，使泄油口 L 与出油口 P₂ 相通（阀体内开有沟通孔道，图中未示出），并将外泄口 L 堵死，便成为外控内泄式顺序阀，阀出口接油箱，常用于使泵卸荷，故称为卸荷阀，图形符号如图 2-71d 所示。

2. 顺序阀的应用

图 2-73 所示为一定位夹紧回路。要求先定位后夹紧，其工作过程为：液压泵输出的油，一路至主油路，另一路经减压阀、单向阀、二位四通换向阀至定位夹紧油路。当电磁换向阀位于图 2-73 所示位置时，液压油首先进入 A 缸上腔，推动活塞下行完成定位动作，定位完成后，油压升高达到顺序阀的调定压力时，顺序阀打开，压力油进入 B 缸上腔，推动活塞下行，完成夹紧动作。当电磁铁通电换向阀换向后，两个液压缸可同时返回。用顺序阀控制的顺序动作回路的可靠性，在很大程度上取决于顺序阀的性能及其压力调整值。顺序阀的调整压力应比先动作的液压缸的工作压力高 10% ~ 15%，以免系统压力波动时，产生误动作。

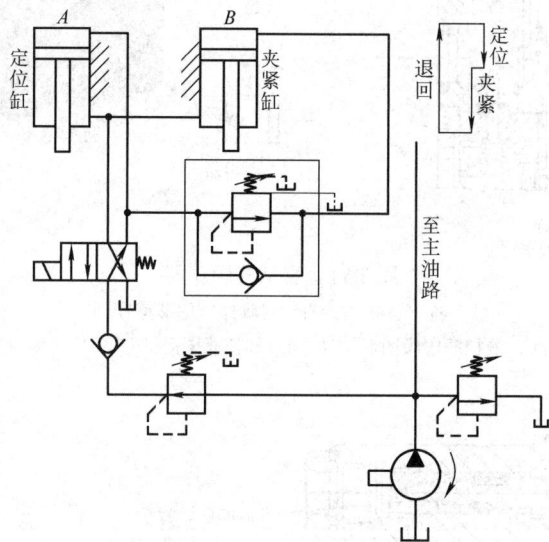

图 2-73　用单向顺序阀控制的顺序动作回路

四、压力继电器

压力继电器是一种将油液的压力信号转换成电信号的电液转换元件。当油液压力达到压力继电器的调定压力时，即发出电信号，以控制电磁铁、电磁离合器、继电器等元件动作，使油路卸压、换向和执行元件实现顺序动作，或关闭电动机，使系统停止工作，起到安全保护作用等。

图 2-74 所示为柱塞式压力继电器的结构、图形符号及实物。柱塞式压力继电器主要零件包括柱塞 1、顶杆 2、调节螺钉 3 和微动开关 4。当系统压力达到调定压力时，作用于柱塞上的液压力克服弹簧力，柱塞向上移动，通过顶杆 2 使微动开关 4 的触点闭合，发出电信号。

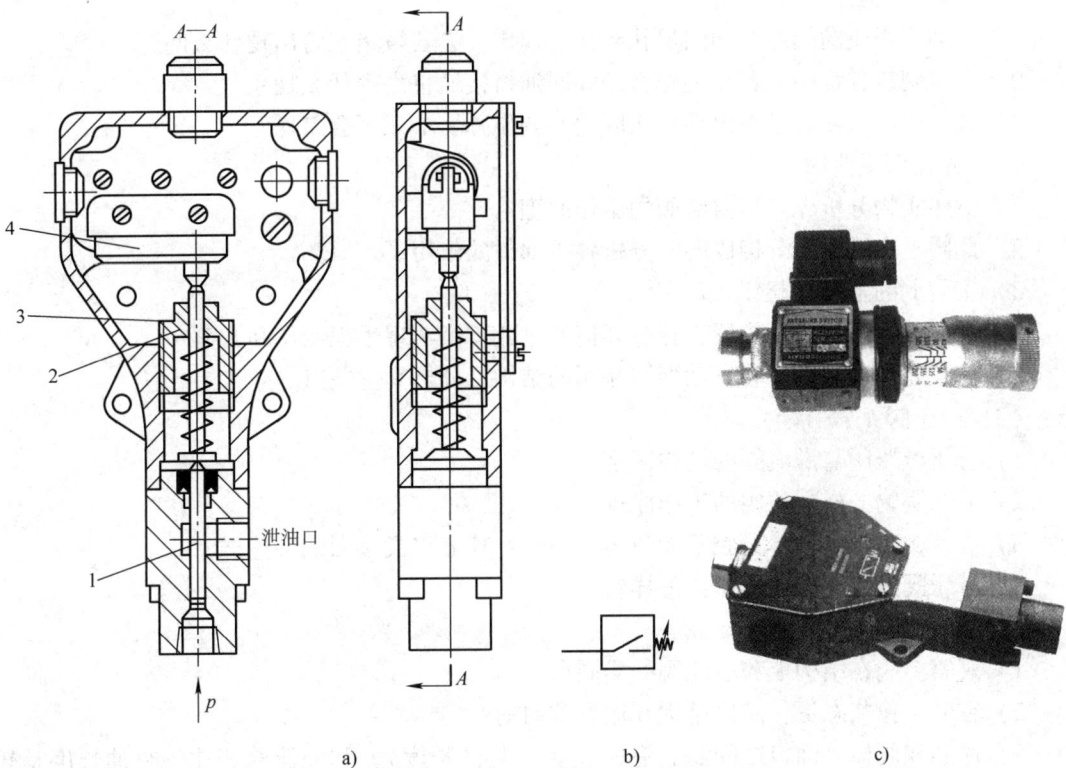

图 2-74　柱塞式压力继电器

a）结构　b）图形符号　c）实物

1—柱塞　2—顶杆　3—调节螺钉　4—微动开关

想 一 想

（1）当压力阀的铭牌没有或不清楚时，不进行拆卸，如何判别哪个是溢流阀、减压阀及顺序阀？

（2）能否将溢流阀作顺序阀使用？为什么？

活动 4　压力控制阀拆装实训

【实训目的和要求】

1）对压力控制阀进行拆装，分析、了解其组成、结构和特点。

2）加深对压力控制阀的原理和特性的理解，增加对压力控制阀类型的了解。

3）实训后，由老师指定思考题作为实训报告内容。

【实训方法】

本实训采用教师重点讲解，学生自己动手拆装为主的方法。学生以小组为单位边拆装，边讨论并分析压力阀的结构原理及特点。为了便于思考，针对各压力阀提出以下思考题。

（1）直动型溢流阀

1）直动型溢流阀阀芯上的阻尼孔起什么作用？它若被堵塞将出现什么问题？

2）在装阀盖过程中，若没把弹簧腔和回油口接通将出现什么现象？

3）进、出油口接反了将出现什么问题？调压弹簧卡死了会怎样？

（2）先导型溢流阀

1）对照实物分析先导型溢流阀的工作原理。

2）此阀是由哪两部分构成的？分析各零部件的作用。

3）主阀上的阻尼孔起什么作用？

4）观察远程遥控口的位置，分析如何通过此口来实现远程调压和卸荷？

5）比较先导型溢流阀和直动型溢流阀的结构，分析其优缺点。

（3）减压阀

1）分析减压阀与溢流阀的结构区别。

2）对照实物分析减压阀的工作原理。

3）为什么减压阀的弹簧腔不能与出口相通？其 L 口没接回油会怎样？

4）减压阀进、出口接反了会怎样？

（4）顺序阀

1）观察此阀在结构上和溢流阀的异同点。

2）在非工作状态下，阀口是常开还是常闭的？

3）阀芯和阀体的油口之间是否有遮盖量（封油长度）？和溢流阀相比，封油长度是较长，还是较短？为什么？

4）控制阀芯抬起的油液来自阀体的进油口，还是出油口？

5）泄油口的连接方式是内泄还是外泄？为什么？

任务四　压力控制回路组成原理及油路连接

学习目标

1. 了解各种压力控制回路的组成原理及功能。

2. 掌握各种压力控制回路的选择方法。

压力控制回路是利用压力控制阀来控制整个液压系统或局部油路的压力，达到调压、保压、卸荷、减压、增压、平衡等目的，以满足执行元件对力或力矩的要求。

一、调压回路

调压回路的功用是调定或限制液压系统的最高压力，或者使执行元件在工作过程的不同阶段实现多级压力转换。

1. 远程调压回路

当系统需要随时调整压力时，可采用远程调压回路，如图 2-75 所示。在主溢流阀 1 的遥控口 C 上接一远程调压阀（或小流量溢流阀）2，如图 2-75a 所示。将主溢流阀 1 的压力调到系统的最大安全压力值，则系统的压力可由阀 2 远程调节控制。当主阀阀芯上腔油压达到远程调压阀的调整压力时，远程调压阀的锥阀便打开，主阀阀芯即可抬起溢流，其主溢流阀 1 的先导阀不打开，此时系统的压力决定于远程调压阀 2 的调定值。

注意

主溢流阀 1 的调定压力必须大于远程调压阀 2 的调定压力。

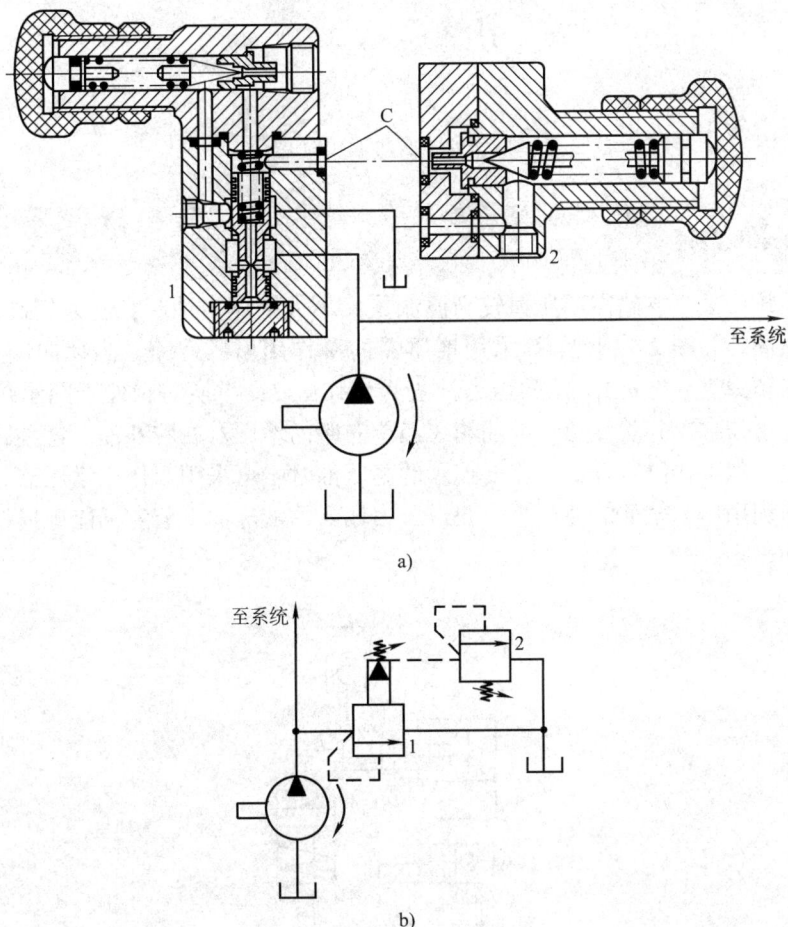

a)

b)

图 2-75　远程调压回路

a）远程调压回路结构原理　b）远程调压回路图形符号

1—主溢流阀　2—远程调压阀

2. 多级调压回路

图 2-76 所示为三级调压回路。当系统需多级压力控制时，可将主溢流阀 1 的遥控口通过三位四通换向阀 4 分别接具有不同调定压力的调压阀 2 和 3，使系统获得三种压力调定值：换向阀左位工作时，系统压力由阀 2 调定；换向阀右位工作时，系统压力由阀 3 调定；换向阀处于中位时为系统的最高压力，由主溢流阀 1 来调定。

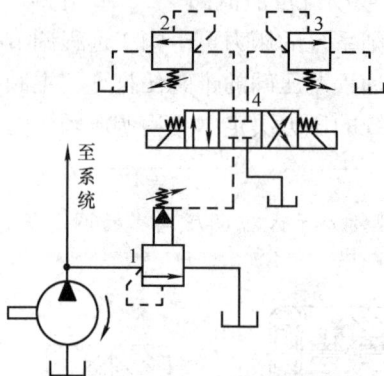

图 2-76　多级调压回路

二、增压回路

当液压系统中某一支路需要压力较高但流量又不大的压力油时，若采用高压泵不经济，就可采用增压回路。图 2-77 所示为采用增压器的单作用增压回路。当换向阀处于右位时，增压器 1 输出压力为 $p_2 = p_1 A_1 / A_2$ 的压力油进入工作缸 2；当换向阀处于图示位置时，增压器活塞左移，工作缸靠弹簧复位，补油箱 3 经单向阀向增压器右腔补油。这种回路不能获得连续的高压油，如工作缸行程长，需要连续的高压油时，可采用双作用增压器。

增压回路利用压力较低的液压泵，获得压力较高的液压油，节省了能源损耗，而且系统工作可靠、噪声小。

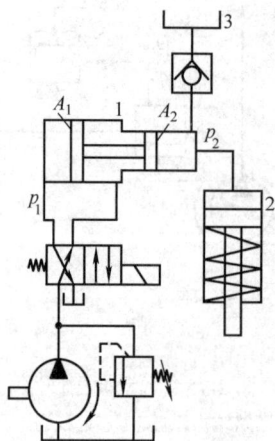

图 2-77　增压回路

三、卸荷回路

卸荷回路是在系统执行元件短时间停止工作期间，不需频繁起停驱动泵的电动机，而使泵在很小的输出功率下运转的回路。因泵的输出功率等于压力和流量的乘积，两者之中只要有一个参数近似为零就可使泵卸荷,从而减少油液发热和功率损失。液压泵的卸荷方式有流量卸荷和压力卸荷两种。**流量卸荷使泵的流量接近于零,而压力仍维持原来的数值,这种方法主要**用于变量泵,使泵仅为补偿泄漏而以最小流量运转。此方法简单,但泵处于高压状态下运转,磨损较严重。**压力卸荷法是将泵的出口直接接回油箱,泵在零压或接近零压的状态下运转。**

1. 用换向阀中位机能的卸荷回路

如图2-78a所示,当阀的中位机能为M、H或K形的三位换向阀处于中位时,泵输出的油液直接回油箱,泵即卸荷。这种卸荷方法比较简单,但只适用于单执行元件系统和流量较小的场合,且换向阀切换时压力冲击

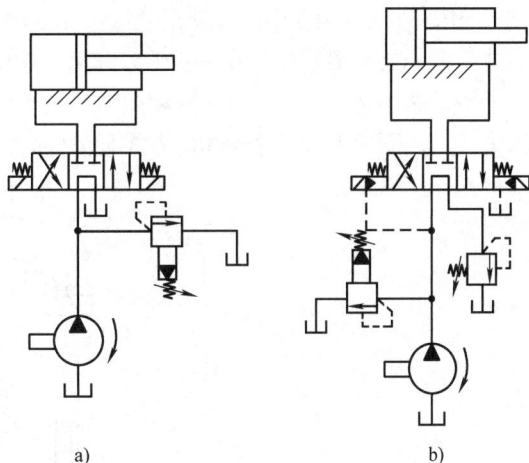

a)   b)

图2-78 用换向阀中位的卸荷回路

较大。当系统流量较大时,可用电液换向阀来卸荷,如图2-78b所示。

注意

在泵的出口设置单向阀或在电液换向阀的回油口设置背压阀,使泵卸荷时仍能保持0.3~0.5MPa的压力,以保证系统能重新起动。

2. 用二位二通换向阀的卸荷回路

如图2-79所示,当工作部件停止运动时,二位二通换向阀通电,泵输出的油液经二位二通换向阀回油箱,使泵卸荷。二位二通换向阀的流量规格必须与泵的流量相适应。这种卸荷方法只适用于流量小于40L/min的场合。

3. 用蓄能器保压泵卸荷回路

如图2-80所示,当三位换向阀左位工作时,液压缸向右运动夹紧工件,进油路压力升高至压力继电器调定值时,压力继电器发信号使二位换向阀通电,液压泵卸荷,单向阀自动关闭,液压缸则由蓄能器持续补油保压。当液压缸压力不足时,压力继电器复位,使液压泵重新向系统和蓄能器供油。这种回路中,保压时间的长短取决于蓄能器的容量。此回路适用于保压时间长、功率损失小的场合。

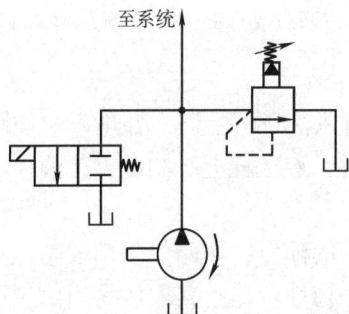

图2-79 用二位二通换向阀的卸荷回路

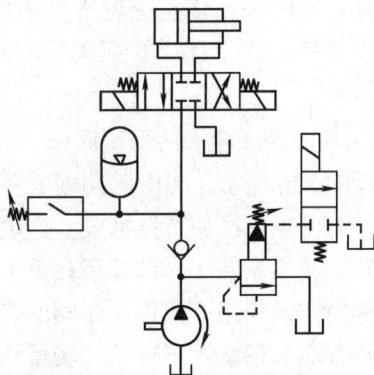

图2-80 用蓄能器保压泵卸荷回路

4. 用压力补偿变量泵的卸荷回路

图 2-81 所示为采用压力补偿变量泵（如限压式变量叶片泵）卸荷的回路。当活塞运动到终点或换向阀处于中位时，液压泵压力升高，输出流量减小，当泵的压力升高到预调的最大值时，泵的流量减小到只需补充液压缸和换向阀的泄漏，回路实现保压卸荷。此种卸荷回路属于流量卸荷方式。从原理上讲，这种卸荷方式泵消耗的功率很小，但要求泵本身有较高的效率。

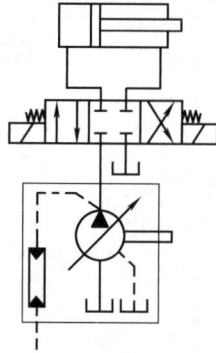

图 2-81　用压力补偿变量泵保压的卸荷回路

四、平衡回路

1. 采用单向顺序阀的平衡回路

如图 2-82a 所示，调整顺序阀的开启压力，使其与液压缸下腔作用面积的乘积稍大于垂直运动部件的重力，即可防止活塞因自重而产生下滑。当电磁阀处于左位时，活塞下行，回路上将产生一定的背压，使运动平稳；当电磁阀处于中位时，活塞停止运动。

回路特点及应用：顺序阀的压力调定后，若工作负载变小，系统的功率损失将增加。由于顺序阀和换向阀存在泄漏，活塞不可能长时间停在任意位置上。该回路适用于工作负载固定且活塞锁紧精度要求不高的场合。

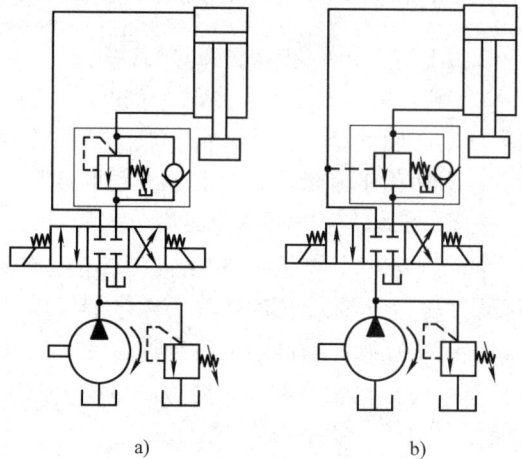

图 2-82　平衡回路

a) 用单向顺序阀的平衡回路　b) 用液控顺序阀的平衡回路

2. 采用液控顺序阀的平衡回路

如图 2-82b 所示，当电磁阀处于左位时，压力油进入液压缸上腔，并进入液控顺序阀的控制口，打开顺序阀使背压消失。当电磁阀处于中位时，液压缸上腔卸压，使液控顺序阀迅速关闭以防止活塞和工作部件因自重下降，并被锁紧。

回路特点及应用：液控顺序阀的启闭取决于控制口的油压，回路的效率较高；只有液压缸上腔进油时，活塞才下行，比较可靠；活塞下行时平稳性较差，其原因是当由于运动部件自重作用而下降过快时，系统压力下降，使液控顺序阀关闭，活塞停止下行，使缸上腔油压升高，又打开液控顺序阀。因此，液控顺序阀始终工作在启闭的过渡状态，因而影响工作的平稳性。此回路适用于运动部件重量不大、停留时间较短的系统。

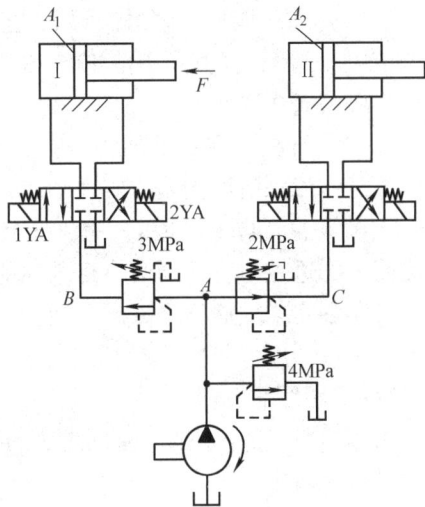

例 2-7　图 2-83 所示液压系统中，液压缸有效面积 $A_1 = A_2 = 100\text{cm}^2$，缸 I 负载 $F = 35000\text{N}$，缸 II 运动时负载为零。不计摩擦阻力、惯性力和管路损失。溢流阀、顺序阀和减压阀的调整压力分别为 4MPa、3MPa 和 2MPa。求在下列三种工况下 A、B、C 三点的压力，（1）液压泵起动后，两换向阀处于中位；（2）1YA 通电，缸 I 活塞运动时及活塞运动到终端后；（3）1YA 断电，2YA 通电，缸 II 活塞运动时及活塞碰到死挡铁时。

图 2-83　例 2-7 图

解：（1）液压泵起动后，两换向阀处于中位时，顺序阀处于打开状态，减压阀口关小，A 点压力升高，溢流阀打开，这时

$$p_A = 4\text{MPa}, \qquad p_B = 4\text{MPa}, \qquad p_C = 2\text{MPa}$$

（2）1YA 通电，缸 I 活塞运动时及活塞运动到终端后

缸 I 活塞运动时 $p_B = \dfrac{F}{A_1} = \dfrac{3.5 \times 10^4}{100 \times 10^{-4}}\text{Pa} = 3.5 \times 10^6\text{Pa} = 3.5\text{MPa}$

缸 I 活塞运动时　　$p_A = p_B = 3.5\text{MPa}$　　　　$p_C = 2\text{MPa}$

缸 I 活塞运动到终端后　$p_A = p_B = 4\text{MPa}$　　　$p_C = 2\text{MPa}$

（3）1YA 断电，2YA 通电，缸 II 活塞运动时及活塞碰到死挡铁时。

缸 II 活塞运动时，$p_C = 0$，若不考虑油液流经减压阀的压力损失，则

$$p_A = p_B = 0$$

缸 II 活塞碰到死挡铁时　　$p_C = 2\text{MPa}$　　$p_A = p_B = 4\text{MPa}$

活动5　调压回路和卸荷回路实训

【实训目的】

1）熟悉调压回路和卸荷回路的组成及工作特点。

2）掌握调压回路和卸荷回路的连接及操作。

【实训内容及步骤】

调压回路是根据系统负载大小来调节系统工作压力的回路。

按图 2-84 所示回路，选择好各液压元件，在试验台上连接好回路和电路，并检查连接的是否正确。

（1）直接调压　电磁铁 1YA、2YA 均不通电时，使三位四通电磁阀处于中位，起动液压泵。调节溢流阀 1 由小

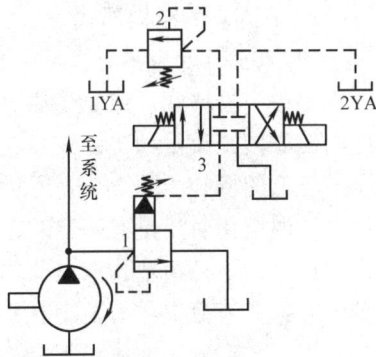

图 2-84　调压回路和卸荷回路

到大，再由大到小，反复 2~3 次。其最大调整压力值不得超过 $70 \times 10^5 Pa$。

（2）二级调压 将溢流阀 2 完全关闭，电磁铁 1YA 通电，使三位四通电磁阀处于左位。调节溢流阀 1，使其压力为 $40 \times 10^5 Pa$，再调节溢流阀 2，观察压力表示值，此时系统压力大小由溢流阀 2 决定。

（3）卸荷 在定量泵系统中，当溢流阀的遥控口与油箱连通时，阀口全开，使泵输出油液经溢流阀流回油箱，实现卸荷，以减少能量损耗。

调节溢流阀 2，使压力为 $30 \times 10^5 Pa$。然后使 2YA 通电，三位四通电磁阀处于右位。溢流阀 1 的遥控口直接与油箱相通，此时压力降至最小，实现卸荷。

实训完毕，旋松溢流阀手柄，关闭液压泵，确认回路中压力为零后方可将管路及元件拆下，并放回原位。

【思考题】

1）该回路中，如果溢流阀 2 的调整压力大于溢流阀 1 的压力值，此时系统压力的大小由哪个阀决定？

2）在回路中，若把三位四通电磁阀中位机能改为 M 形，起动泵后，回路的压力多大？是否能实现二级调压？

任务五 流量控制阀工作原理及选用

学习目标
1. 了解各种流量控制阀的结构及工作原理。
2. 掌握各种流量控制阀的选用。

流量控制阀靠改变阀口通流面积的大小来调节通过阀口的流量，从而改变执行元件的运动速度。流量控制阀有节流阀（包括溢流节流阀）、调速阀（包括温度补偿调速阀）和分流集流阀等。

流量控制阀

1. 节流口的结构形式

图 2-85 所示为在流量阀中常用的几种典型节流口形式。图 2-85a 所示为针阀式节流口，结构简单、易堵塞、流量受油温影响较大。图 2-85b 所示为偏心槽式节流口，在阀芯上开有周向偏心槽，流量稳定性较好，其缺点是阀芯上的径向力不平衡，使阀芯转动费力，适用于压力较低的场合。图 2-85c 所示为轴向三角槽式节流口，结构简单，可得到较小的稳定流量，油温变化对流量有一定的影响，目前应用广泛。图 2-85d 所示为周向缝隙式节流口，受力半径大，不易堵塞，油温变化对流量影响小，适用于低压小流量的场合。图 2-85e 所示为轴向缝隙式节流口，节流口接近于薄壁孔，通流性能较好，油温变化对流量稳定性影响很小，用于要求较高的流量阀上。

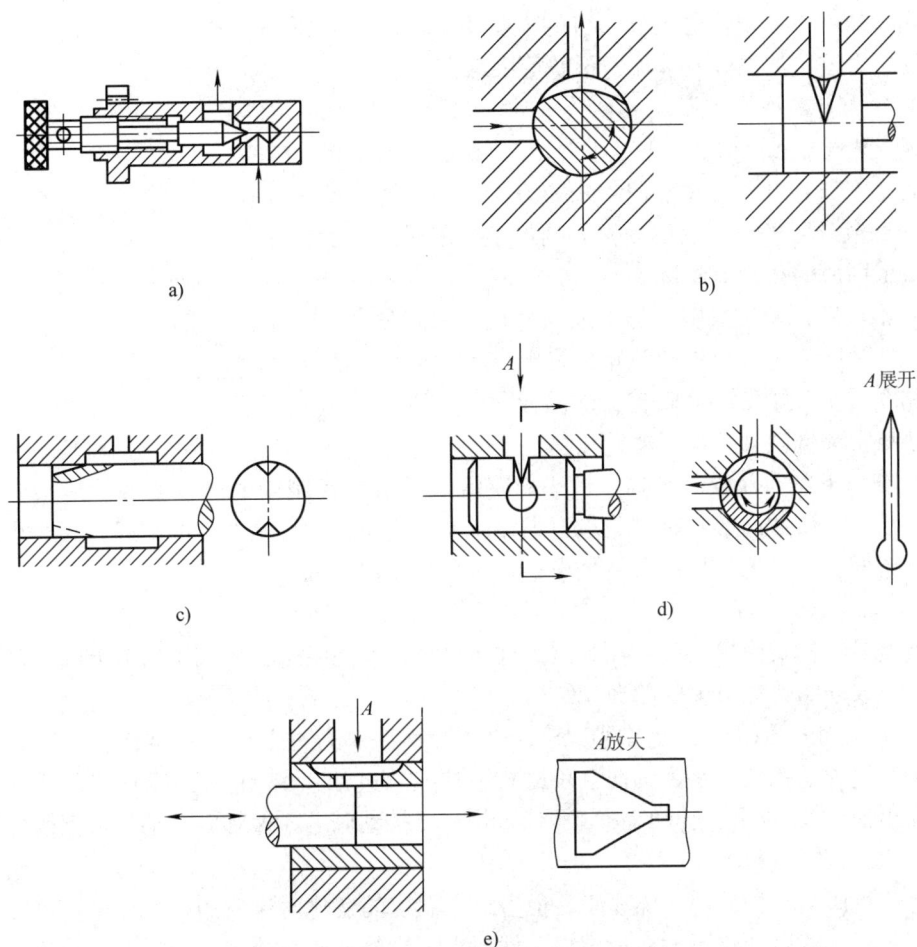

图 2-85　典型节流口的形式

a) 针阀式节流口　b) 偏心槽式节流口　c) 轴向三角槽式节流口
d) 周向缝隙式节流口　e) 轴向缝隙式节流口

2. 影响节流口流量稳定性的因素

节流阀的节流口通常有三种基本形式：当小孔的长度 l 与其直径之比 $l/d \leqslant 0.5$ 时，称为薄壁孔；当 $l/d > 4$ 时，称为细长孔；当 $0.5 < l/d \leqslant 4$ 时，称为短孔。

通过节流口输出流量的稳定性与节流口的结构形式有关。无论节流口采用何种结构形式，节流口都介于理想薄壁孔和细长孔之间。因此，节流阀的流量特性可用小孔流量通用公式来表示，即

$$q = KA_\mathrm{T}\Delta p^m \tag{2-33}$$

式中　K——由孔口的形状、尺寸和液体性质决定的系数，对细长孔 $K = d^2/32\mu l$，对薄壁孔和短孔 $K = C_q\sqrt{2/\rho}$；

A_T——孔口的截面积，单位为 m^2；

Δp——孔口前、后两端压力差，单位为 Pa；

m——由孔的长径比决定的指数，薄壁孔 $m = 0.5$，细长孔 $m = 1$，短孔 $0.5 < m < 1$。

由式（2-33）可知，通过节流口的流量不但与节流口通流面积有关，而且还和节流口前、后的压力差、油温以及节流口形状等因素有关系。

（1）压力差对流量的影响　由公式 $q=KA_{\mathrm{T}}\Delta p^{m}$ 可知，当外负载变化时，Δp 将发生变化，由图 2-86 所示的节流口特性曲线可以看出，三种结构形式的节流口中，薄壁孔的 m 最小，其通过的流量受压力差影响最小，因此，目前节流阀常采用薄壁孔式节流口。

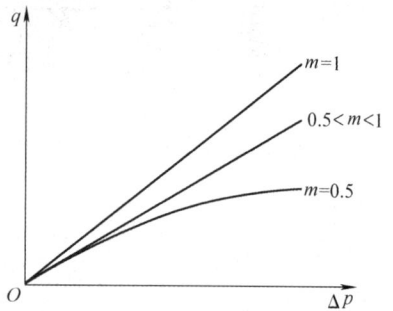

（2）油温对流量的影响　随着油温变化，油液黏度将发生变化。黏度变化对细长孔流量的影响较大。而对于薄壁孔，黏度对流量几乎没有影响，油温变化时，流量基本不变，故精密节流阀大都采用薄壁孔。

图 2-86　节流口特性曲线

（3）孔口形状对流量的影响　最小稳定流量是流量控制阀的一个重要性能指标。最小稳定流量与节流口截面形状有关。水力半径越大，节流口的抗堵塞性能越好，阀在小流量下的稳定性越好。一般流量控制阀的最小稳定流量为 0.05L/min。

3. 节流阀

节流阀是结构最简单的流量控制阀，它还常与其他阀组合，形成单向节流阀、行程节流阀等，在此仅介绍普通节流阀的典型结构。

（1）节流阀的结构与工作原理　图 2-87 所示为一种普通节流阀的结构、图形符号及实物。这种节流阀的孔口形状为轴向三角槽式。油液从进油口 P_1 进入，经阀芯上的三角槽节流口，从出油口 P_2 流出。转动手柄 1，通过推杆 2 推动阀芯 3 做轴向移动，从而改变节流口的通流面积，调节流量。

这种节流阀的结构简单、体积小，但负载和温度的变化对流量的稳定性影响较大，因此只适用于负载和温度变化不大或速度稳定性要求不高的液压系统中。

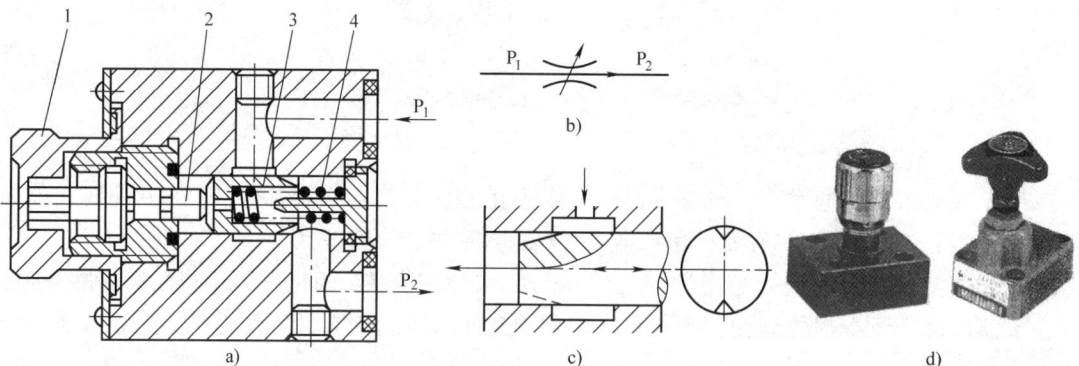

图 2-87　节流阀
a）结构　b）图形符号　c）阀口结构　d）实物
1—调节手柄　2—推杆　3—阀芯　4—弹簧

（2）节流阀的应用

1）起节流调速作用。在定量泵系统中，节流阀与溢流阀一起组成节流调速回路。改变节流阀的开口面积，可调节通过节流阀的流量，从而调节执行元件的运动速度。

2）起负载阻尼作用。对于某些液压系统，通流量是一定的，改变节流阀开口面积将改变液体流动的阻力（即液阻），节流口面积越小，液阻越大。

3）起压力缓冲作用。在液流压力容易发生突变的地方安装节流元件，可延缓压力突变的影响，起保护作用。例如，在连接压力表的通道上设置阻尼器，以防压力冲击损坏压力表。

4. 调速阀

在节流调速系统中，负载变化会引起系统压力变化，进而引起节流阀两端压力差也发生变化。由公式 $q = KA_T\Delta p^m$ 可知，通过节流阀的流量发生变化，从而使执行元件的运动速度不稳定。因此，节流阀只适用于负载变化不大、速度稳定性要求不高的场合。为解决负载变化大的执行元件的速度稳定性问题，通常是对节流阀进行压力补偿，即采取措施保证负载变化时，节流阀前、后压力差不变。对节流阀的压力补偿有两种方式：一种是由定差减压阀串联节流阀组成为调速阀；另一种是由压差式溢流阀与节流阀并联组成为溢流节流阀。

（1）调速阀的工作原理　图 2-88 所示为调速阀的工作原理、图形符号及实物图。调速阀的进口压力 p_1 由溢流阀调定，工作时基本保持恒定。压力油 p_1 进入调速阀后，先经过定差减压阀的阀口 h 后压力降为 p_2，然后经节流阀流出，其压力为 p_3，p_3 的压力油又经反馈通道 a 作用到减压阀的上腔 b。节流阀前的 p_2 压力油经通道 e 和 f 进入减压阀的 c 和 d 腔。当减压阀阀芯在弹簧力 F_S、液压力 p_2 和 p_3 的作用下处于某一平衡位置时（忽略摩擦力），力平衡方程为

$$p_2A_1 + p_2A_2 = p_3A + F_S \tag{2-34}$$

式中　A_1、A_2、A——分别是 d、c、b 腔内的压力油作用于阀芯的有效面积，且 $A = A_1 + A_2$ 故

$$p_2 - p_3 = \Delta p = \frac{F_S}{A}$$

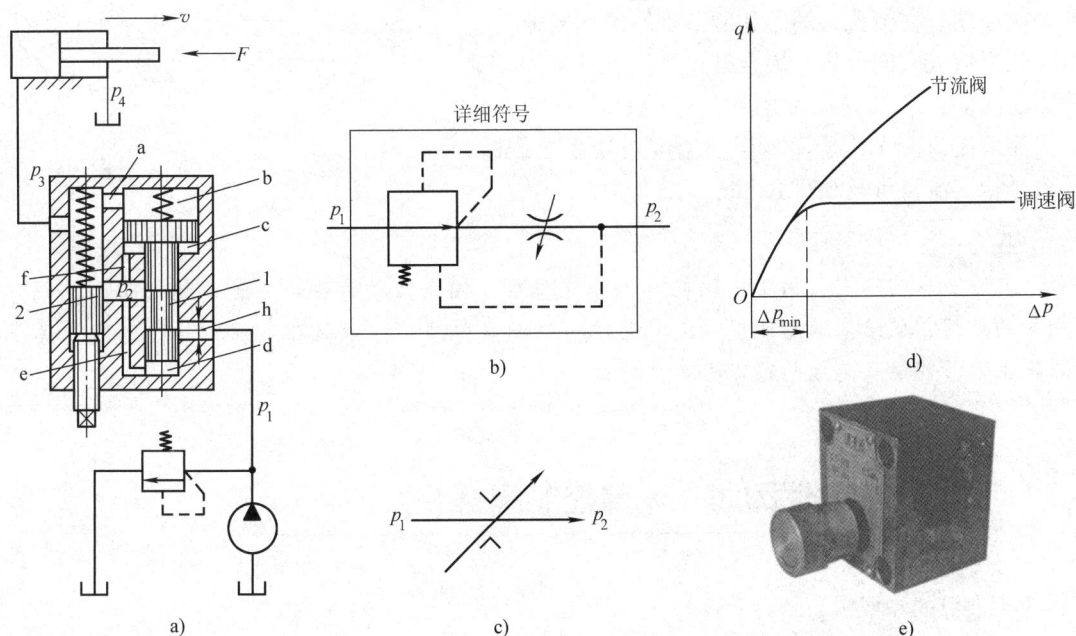

图 2-88　调速阀

a）结构　b）详细图形符号　c）简化图形符号　d）节流阀和调速阀特性曲线　e）实物

1—定差减压阀　2—节流阀

因弹簧刚度较低，且工作过程中减压阀阀芯位移较小，可以认为弹簧力 F_S 基本保持不变，故节流阀两端压力差 $\Delta p = p_2 - p_3$ 也基本保持不变，从而保证了通过节流阀的流量稳定。若调速阀的进、出口压力由于某种原因发生变化，由于定差减压阀的自动调节作用，仍能使节流阀两端压力差 $\Delta p = p_2 - p_3$ 保持不变，其自动调节过程如下所述。

当负载增大时，p_3 的压力也随之增大，阀芯失去平衡而向下移动，使阀口 h 增大，减压作用减小，使 p_2 增大，直至阀芯在新的位置上达到平衡为止。这样，p_3 增加时，p_2 也增加，其压力差 $\Delta p = p_2 - p_3$ 基本保持不变；当负载减小时，情况相似。当调速阀进口压力 p_1 增大时，由于一开始减压阀芯来不及移动，故 p_2 在这一瞬时也增大，阀芯因失去平衡而向上移动，使阀口 h 减小，减压作用增强，又使 p_2 减小，故 $\Delta p = p_2 - p_3$ 仍保持不变。

总之，无论调速阀的进口压力 p_1、出口压力 p_3 发生怎样变化，由于定差减压阀的自动调节作用，使节流阀前、后压差总能保持不变，从而保持流量稳定。其最小稳定流量为 0.05L/min。

由图 2-88d 所示可以看出，节流阀的流量随压力差变化较大，而调速阀在压力差大到一定值后，减压阀处于工作状态，流量基本保持恒定。当压力差很小时，由于减压阀阀芯被弹簧推至最下端，减压阀口 h 全开，不起减压作用，此时调速阀的性能和节流阀相同，所以要使调速阀正常工作，就必须保证调速阀有一个最小压力差（中低压调速阀为 0.5MPa，高压调速阀为 1MPa）。图 2-88b、c 所示为调速阀的图形符号，图 2-88e 所示为其实物。

（2）温度补偿调速阀　普通调速阀基本上解决了负载变化对流量的影响，但油温变化对其流量的影响依然存在。当油温变化时，油液黏度随之变化，从而引起流量变化。为了减小温度对流量的影响，可采用温度补偿调速阀。图 2-89 所示为温度补偿原理。在节流阀阀芯和调节螺钉之间安放一个热膨胀系数较大的聚氯乙烯推杆，当油温升高时，油液黏度降低，通过的流量增加，这时温度补偿杆伸长，使节流口变小，从而补偿了温度对流量的影响。其最小稳定流量可达 0.02L/min。

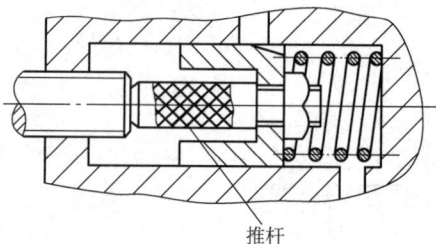

推杆

图 2-89　温度补偿原理

◈ 想一想

在液压缸回路上，用减压阀在前、节流阀在后相互串联的方法，能否起到与调速阀相同的作用，使活塞运动速度稳定？而用同样的串联方法，串联在液压缸的进油路或旁油路上，活塞运动速度能稳定吗？为什么？

⏱ 活动6　流量控制阀拆装实训

【实训目的和要求】

1）对流量控制阀进行拆装，分析、了解其组成、结构和特点。

2）加深对流量控制阀原理和特性的理解，增加对流量控制阀类型的了解。

3）实训后，由老师指定思考题作为实训报告内容。

【实训方法】

本实训采用教师重点讲解，学生自己动手拆装为主的方法。学生以小组为单位边拆装，边讨论并分析流量控制阀的结构原理及特点。为了便于思考，针对各流量控制阀提出以下思考题。

【拆装思考题】

1）分析所拆装的节流阀、调速阀属于哪种开口形式？有什么特点？

2）试根据调速阀的工作原理分析其进、出油口能否反接？进、出油口反接后将会出现怎样的情况？

3）调速阀是由哪两个阀组成的？

4）观察调速阀中两个阀芯的结构，分析其主要零件及各孔道的作用。

5）对照 QT 型温度补偿调速阀的实物，说明其工作原理，以及温度补偿杆的作用。

思考题和习题

2-46 填空

（1）换向阀的工作原理是利用_____的改变来改变_____；换向阀的"位"指的是_____，"通"指的是_____。

（2）三位换向阀处于_____位置时，阀中各油口的_____方式，称为中位机能。

（3）电液换向阀是以_____阀作为先导阀，以_____阀作为主阀。

（4）溢流阀是利用_____与弹簧力相平衡保持进口压力稳定，常态下阀口_____。减压阀是利用_____与弹簧力相平衡保持出口压力稳定，常态下阀口_____。

（5）溢流阀在系统中可用作_____、_____、_____、_____、_____、_____。

（6）液控顺序阀可作_____阀用，单向顺序阀可作_____阀用。

（7）压力继电器是把_____的一种信号转换元件。

（8）调速阀是由_____阀和_____阀串联而成的。

2-47 选择

（1）压力继电器只能_____系统的压力。

A 改变　　　　　　B 反映　　　　　　C 减小　　　　　　D 增加

（2）顺序阀工作时的出口压力_____。

A 等于零　　　　　　B 等于进口压力

（3）当液压系统的最大工作压力为 5MPa 时，安全阀的调定压力应_____。

A 等于 5MPa　　　B 小于 5MPa　　　C 大于 5MPa

（4）要使三位四通换向阀在中位工作时，泵能卸荷，采用中位机能为_____。

A P 形　　　　　　B Y 形　　　　　　C H 形　　　　　　D O 形

E M 形　　　　　　F K 形

（5）卸荷回路是_____。

A 泵卸荷，此时泵停止转动　　　　　　B 泵卸荷，此时泵输出流量一定

C　泵卸荷，此时泵空载运行

2-48　选择三位换向阀的中位机能时应考虑哪些问题？

2-49　电液换向阀的结构特点有哪些？如何调节它的换向时间？

2-50　按下列要求画出换向回路：

（1）实现液压缸的左、右换向；

（2）实现液压缸的左、右换向，并要求缸体在运动中能随时停止；

（3）实现液压缸的左、右换向，并要求液压缸在停止运动时，泵能够卸荷。

2-51　能否用两个二位三通换向阀替代一个二位四通换向阀实现液压缸左、右换向？绘图予以说明。

2-52　若将先导型溢流阀的远程控制口误当成泄漏口接回油箱了，系统会出现什么问题？

2-53　当液压系统压力低于溢流阀的调定压力时，系统压力取决于什么？

2-54　三个溢流阀的调定压力如图2-90所示，试问泵的供油压力有几级？其压力值各为多少？

2-55　如图2-91所示，各溢流阀的调整压力 $p_1 = 5\text{MPa}$，$p_2 = 3\text{MPa}$，$p_3 = 2\text{MPa}$，试问当外负载趋于无穷大时，泵的工作压力如何？

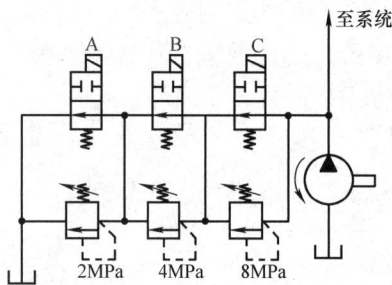

图2-90　题2-54图　　　　　　　　　　图2-91　题2-55图

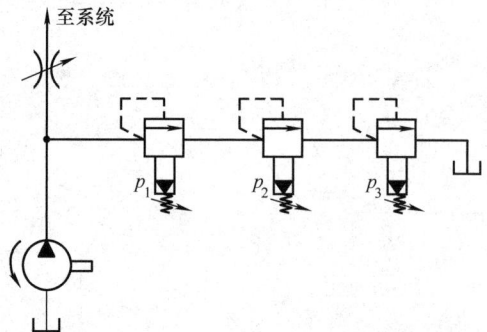

2-56　如图2-92所示回路，若溢流阀的调整压力为5MPa，判断当 YA 断电，负载无穷大或负载压力为3MPa时，系统的压力分别为多少？当 YA 通电，负载压力为3MPa时，系统的压力又是多少？

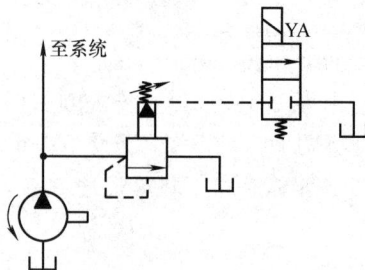

图2-92　题2-56图

2-57 如图 2-93 所示，已知液压缸无杆腔面积 $A_1 = 100\text{cm}^2$，液压泵的供油量 $q_P = 63\text{L/min}$，溢流阀的调定压力 $p_y = 5\text{MPa}$，问当负载 $F = 0$ 或 $F = 54\text{kN}$ 时，液压缸的工作压力为多少（忽略任何损失）？活塞的运动速度和溢流阀的溢流量各为多少？

2-58 减压阀的出口压力取决于什么？其出口压力为定值的条件是什么？

2-59 压力继电器在液压系统中应安装在什么位置？

2-60 如图 2-94 所示，两个减压阀分别为串联和并联，已知减压阀的调整压力 $p_{j1} = 3.5\text{MPa}$，$p_{j2} = 2\text{MPa}$，溢流阀的调整压力 $p_y = 4.5\text{MPa}$，活塞运动时的外负载 $F = 1.5\text{kN}$，液压缸无杆腔面积 $A = 15\text{cm}^2$，不计一切损失，问：

（1）活塞运动时和到达终点时，A、B、C 各点压力是多少？

（2）若负载增加到 $F_1 = 5\text{kN}$ 时，各阀的调整压力值不变，这种情况下的 A、B、C 各点压力又是多少？

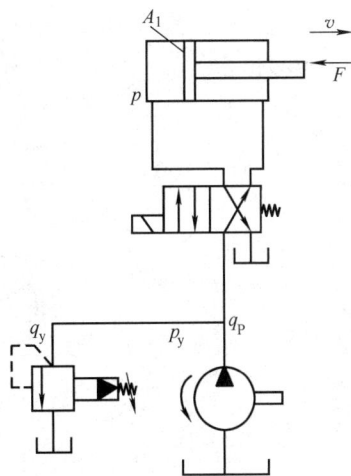

图 2-93 题 2-57 图

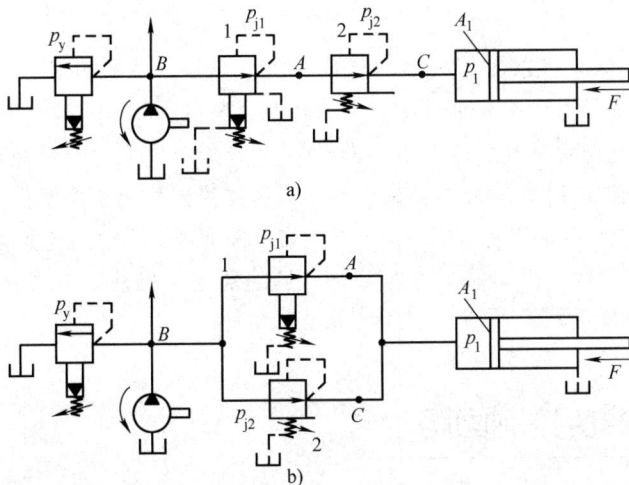

图 2-94 题 2-60 图

2-61 如图 2-95 所示回路中，液压缸无杆腔面积 $A_1 = 50\text{cm}^2$，负载 $F = 10\text{kN}$，各阀的调定压力如图所示，试分析确定在活塞运动和活塞运动到终端停止时 A、B 两处的压力。

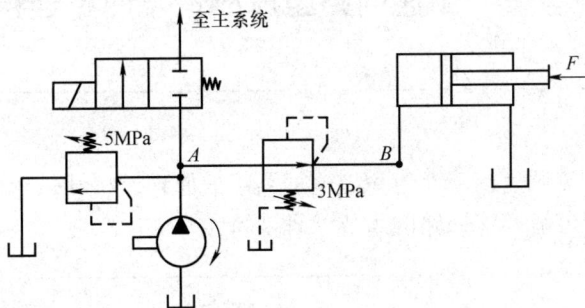

图 2-95 题 2-61 图

2-62　如图 2-96 所示回路中，溢流阀的调整压力为 5MPa，减压阀的调整压力为 2.5MPa，试分析下列各情况，并说明减压阀阀口处于什么状态。

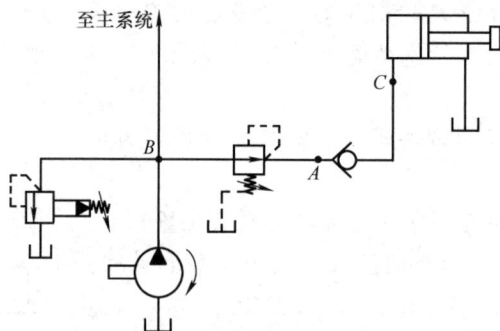

图 2-96　题 2-62 图

（1）当泵压力等于溢流阀调定压力时，夹紧缸使工件夹紧后，A、C 点的压力各为多少？

（2）当泵压力由于工作缸快进，压力降到 1.5MPa 时（工件原先处于夹紧状态），A、C 点的压力各为多少？

（3）夹紧缸在夹紧工件前作空载运动时，A、B、C 三点的压力各为多少？

2-63　如图 2-82a 所示的平衡回路中，若液压缸无杆腔面积 $A_1 = 80 \times 10^{-4} \mathrm{m}^2$，有杆腔面积 $A_2 = 40 \times 10^{-4} \mathrm{m}^2$，活塞与运动部件自重 $G = 6000\mathrm{N}$，运动时活塞上的摩擦阻力 $F_f = 2000\mathrm{N}$，向下运动时要克服的负载阻力 $F_L = 24000\mathrm{N}$，试问顺序阀和溢流阀的最小调整压力应各为多少？

2-64　节流阀的最小稳定流量有何实际意义？影响节流阀最小稳定流量的主要因素有哪些？

2-65　试根据调速阀的工作原理进行分析，调速阀进、出油口能否反接？进、出油口反接后将会出现怎样的情况？

单元五　速度控制回路

速度控制回路是讨论液压执行元件的速度调节和速度变换的问题。速度控制回路包括调速回路、快速运动回路和速度换接回路等。

任务一　调速回路组成原理及油路连接

学习目标

1. 掌握三种节流调速回路及容积调速回路组成原理、特性及选用。
2. 搞清楚容积节流调速回路的组成原理及特性。

调速是为了满足执行元件对工作速度的要求。

液压缸的运动速度为
$$v = \frac{q}{A}$$

液压马达的转速为
$$n = \frac{q}{V_M}$$

式中　q——输入执行元件的流量，单位为 m^3/s；

　　　A——液压缸的有效面积，单位为 m^2；

　　　V_M——液压马达的排量，单位为 m^3/r。

由以上两式可知，改变输入液压执行元件的流量 q（或改变液压马达的排量 V_M）可以达到改变速度的目的。

液压系统的调速方法有以下三种

（1）节流调速　采用定量泵供油，由流量阀调节进入执行元件的流量来实现调节执行元件运动速度的方法。

（2）容积调速　采用变量泵来改变流量或改变液压马达的排量以实现调节执行元件运动速度的方法。

（3）容积节流调速　采用变量泵和流量阀相配合的调速方法，又称为联合调速。

一、节流调速回路

节流调速回路由定量泵供油，用流量阀控制进入执行元件或由执行元件流出的流量，以调节其运动速度。根据流量阀在回路中安放位置的不同，节流调速回路主要分为进油路节流调速回路、回油路节流调速回路和旁油路节流调速回路三种形式。

1. 进油路节流调速回路

如图 2-97a 所示，节流阀串联在液压泵和液压缸之间，通过调节节流阀阀口的大小来控制进入液压缸的流量，从而达到调速的目的。定量泵多余的油液经溢流阀流回油箱，泵的出口压力 p_P 为溢流阀的调整压力并基本保持定值。在这种调速回路中，节流阀和溢流阀联合使用才起调速作用。

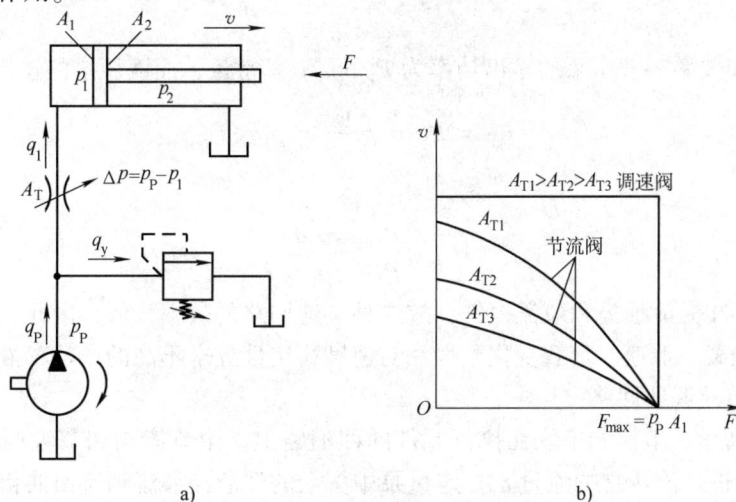

图 2-97　进油路节流调速回路

a）调速回路　b）速度-负载特性曲线

（1）速度-负载特性　液压缸在稳定工作时，其受力平衡方程为

$$p_1 A_1 = F + p_2 A_2 \tag{2-35}$$

式中　p_1——液压缸进油腔的压力，单位为 Pa；

p_2——液压缸回油腔的压力，单位为 Pa；

A_1——液压缸无杆腔的有效面积，单位为 m^2；

A_2——液压缸有杆腔的有效面积，单位为 m^2；

F——液压缸的负载，单位为 N。

若回油腔通油箱，$p_2 \approx 0$；所以

$$p_1 = \frac{F}{A_1} \tag{2-36}$$

因为液压泵的供油压力 p_P 为定值，故节流阀两端的压力差为

$$\Delta p = p_P - p_1 = p_P - \frac{F}{A_1} \tag{2-37}$$

当负载 F 增大时，p_1 增大，$p_P - p_1$ 减小，由 $q = K A_T \Delta p^m$ 可知，q_1 将减小，缸的运动速度 $v = q_1/A_1$ 减小。由此可知，当 p_P、A_T 调定后，液压缸的速度 v 仅与负载 F 有关。改变节流阀通流面积 A_T 可实现无级调速，这种回路的调速范围较大。选用不同的 A_T 值，作出 $v - F$ 坐标曲线图，可得一组曲线，即为该回路的速度-负载特性曲线，如图 2-97b 所示。速度-负载特性曲线表明速度随负载变化的规律：曲线越陡，说明负载变化对速度的影响越大；曲线越平缓，刚性越好。因此，从速度-负载特性曲线可知如下：

1）当节流阀通流面积 A_T 不变时，缸的运动速度 v 随负载 F 增大而下降，因此这种回路的速度刚性较差。

2）当 A_T 一定时，重载区域比轻载区域的速度刚性差。

3）当负载 F 不变时，A_T 小，速度刚性好。

（2）最大承载能力　在液压缸面积 A_1 不变，泵的供油压力 p_P 由溢流阀调定的情况下，**该回路的最大承载能力 $F_{max} = p_P A_1$，不随节流阀通流面积 A_1 的改变而改变，故属于恒推力或恒转矩调速。**

（3）功率和效率　液压泵的输出功率为 $P_P = p_P q_P = $ 常量，而液压缸的输出功率为

$$P_1 = Fv = F \frac{q_1}{A_1} = p_1 q_1 \tag{2-38}$$

则回路效率为

$$\eta_C = \frac{P_1}{P_P} = \frac{p_1 q_1}{p_P q_P} \tag{2-39}$$

由于回路存在溢流损失和节流损失，故这种调速回路的效率较低。因此，进油路节流调速回路适用于轻载、低速、负载变化不大和对速度稳定性要求不高的小功率液压系统。

2. 回油路节流调速回路

如图 2-98 所示，节流阀串联在执行元件的回油路上。用节流阀调节液压缸的回油流量 q_2，也就控制了进入液压缸的流量 q_1。定量泵中多余的油液经溢流阀流回油箱，泵出口压力 p_P 为溢流阀的调整压力并基本保持稳定。

活塞受力平衡方程为

$$p_1 A_1 = p_2 A_2 + F \qquad (2-40)$$

得

$$p_2 = \frac{p_1 A_1 - F}{A_2} \qquad (2-41)$$

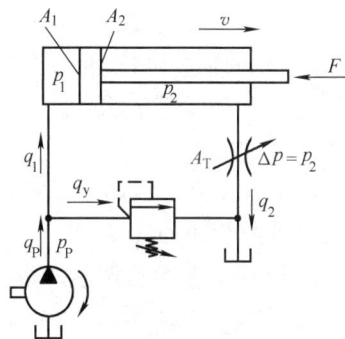

图 2-98 回油路节流调速回路

由式（2-41）可知，当负载 F 很小时，p_2 较大；当 $F = 0$，$A_1 = 2A_2$ 时，$p_2 = 2p_1$；这对回油腔的密封性能提出更高的要求。当 F 增大到 $F = p_1 A_1$ 时，$p_2 = 0$，即相当于活塞碰到死挡铁后的情况。

回油路节流调速和进油路节流调速的速度-负载特性基本相同。因此，对进油路节流调速回路的一些分析，对回油路节流调速回路完全适用。但是，这两种调速回路仍有其不同之处，比较如下：

1）承受负值负载的能力。回油路节流调速回路上的节流阀使回油腔形成一定的背压，在有负值负载时，背压能阻止工作部件的前冲，即能在负值负载下工作；而进油路节流调速由于回油腔没有背压，因而不能在负值负载下工作。

例如在顺铣过程中，如图 2-99 所示，切削力的水平分力 F_H 的方向与进给方向有时相同，有时相反，而且其大小又是变化的，这样工件连同工作台就可能发生窜动，产生振动，使进给运动不平稳。当 F_H 方向与进给运动方向相同时，F_H 即为液压缸的负值负载。液压缸的运动速度原来是由节流阀调定的，但由于有力 F_H 又拉动工作台向右运动，这就有可能使其进给速度失控。在这种情况下，可以采用回油路节流调速或在进油路节流调速的回油路上设置背压阀以平衡负值负载，从而改善速度不平稳的缺点。

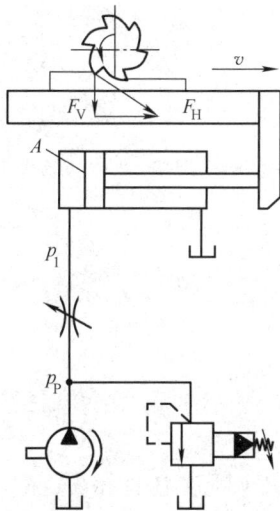

图 2-99 负值负载对运动平稳性的影响

2）停机后的起动性能。长时间停机后，当泵重新向液压缸供油时，在回油路节流调速回路中，由于进油路上没有节流阀控制流量，会使活塞前冲；而在进油路节流调速回路中，由于进油路上有节流阀控制流量，故使前冲很小，甚至没有前冲。

3）运动平稳性。在回油路节流调速回路中，由于有背压存在，它可以起到阻尼作用；而进油节流调速回路中没有背压存在。因此，回油路节流调速回路的运动平稳性好。但是，在使用单出杆液压缸的场合，无杆腔的进油量大于有杆腔的回油量，故在缸径、缸速均相同的情况下，进油路节流调速回路的节流阀通流面积较大，低速时不易堵塞，因此进油路节流调速回路能获得更低的稳定速度。

4）实现压力控制的方便性。在进油路节流调速回路中，进油腔的压力随负载而变化，当工作部件碰到死挡铁停止运动后，其压力将升至溢流阀的调定压力，利用这一压力变化容易实现压力控制；而在回油路节流调速回路中，回油腔的压力随负载而变化，当工作部件碰到死挡铁后，压力将降至零，虽然也可以利用这一压力变化来实现压力控制，但其可靠性差，一般较少采用。

5）油液发热及泄漏的影响。在进油路节流调速回路中，经过节流阀发热后的油液直接进入液压缸，会使泄漏增加；而在回油路节流调速回路中，经节流阀发热后的油液直接流回油箱冷却，对系统泄漏影响较小。

6）回油腔的压力。在回油路节流调速回路中，回油腔压力较高，特别是在轻载时，回油腔压力有可能比进油腔压力还要高，这对液压缸回油腔和回油管路的强度和密封性都提出了更高的要求。

为了提高节流调速回路的综合性能，常采用进油路节流调速，并在回油路上加背压阀，使其兼具两者的优点。

3. 旁油路节流调速回路

如图 2-100a 所示，将节流阀装在和液压泵并联的支路上，用节流阀调节液压泵流回油箱的流量，从而控制进入液压缸的流量，即可实现调速。油路中的溢流阀在正常工作情况下是关闭的，过载时打开，故称之为安全阀，其调整压力比最大负载所需的压力稍高。

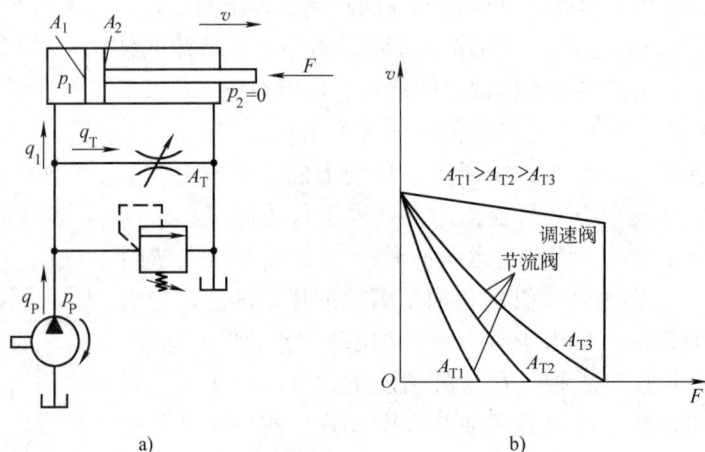

图 2-100　旁油路节流调速回路

a）调速回路　b）速度-负载特性曲线

（1）速度-负载特性　活塞受力平衡方程为

$$p_1 A_1 = p_2 A_2 + F \tag{2-42}$$

不计管路压力损失，$p_1 = p_P$，$p_2 = 0$，所以

$$p_P = \frac{F}{A_1} \tag{2-43}$$

由式（2-43）可以看出，液压泵的供油压力 p_P 取决于外负载 F，随负载成正比变化，功率利用合理。由图 2-100b 所示的速度负载特性曲线可知：

1）开大节流阀开口，活塞运动速度减小；关小节流阀开口，活塞运动速度增大。

2）当节流阀通流面积 A_T 一定时，负载 F 较小的区段，速度刚性差；负载较大的区段，速度刚性较好。

3）当负载 F 一定时，A_T 越小（活塞运动速度越高）时，速度刚性越大。

（2）最大承载能力　从图 2-100b 所示的速度-负载特性曲线可以看到，最大承载能力随节流阀流通面积 A_T 增大而减小，即低速承载能力差，调速范围也小。

（3）功率和效率　旁油路节流调速回路只有节流损失而无溢流损失，泵的输出压力随负载而变化，即节流损失和输入功率随负载而变化，所以比前两种调速回路效率高。

从上面分析可知，旁油路节流调速回路的速度-负载特性很软，低速承载能力差，故一般只适用于高速重载和对速度平稳性要求不高的较大功率系统，如牛头刨床主运动系统、输送机械液压系统等。

4. 采用调速阀的节流调速回路

采用节流阀的节流调速回路，其速度刚性都比较软，变载荷下的运动平稳性均比较差。为了克服这个缺点，在回路中用调速阀代替节流阀。由于使用调速阀能在负载变化的条件下保证节流阀两端压差基本不变，因而使用调速阀后回路的速度-负载特性得到了改善，旁油路节流调速回路的承载能力也不因活塞速度降低而减小，如图 2-97b 和图 2-100b 所示。

> **注意**
>
> 为保证调速阀能正常工作，调速阀两端压力差必须大于一定数值，中低压为 0.5MPa。

> **想 一 想**
>
> （1）图 2-101 所示为采用调速阀的回油路调速系统，溢流阀调定压力 $p_S = 4\text{MPa}$，液压缸无杆腔面积 $A_1 = 78\text{cm}^2$，$A_2 = 58\text{cm}^2$，工作时发现液压缸速度不稳定。试分析原因，并提出改进措施。
>
> （2）如图 2-102 所示调速回路中，分析回答下列问题：
>
>
>
> 图 2-101　调速阀回油路调速系统　　　　图 2-102　调速回路
>
> 1）此调速回路属于何种调速方式？回路中的单向阀起什么作用？
>
> 2）用压力继电器发信号使液压缸活塞由死挡铁停留转为快速退回，压力继电器应安装在油路的什么地方？画在油路上。

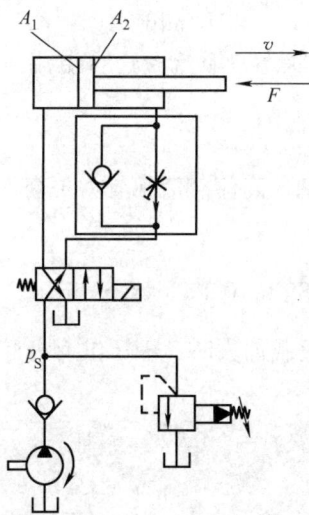

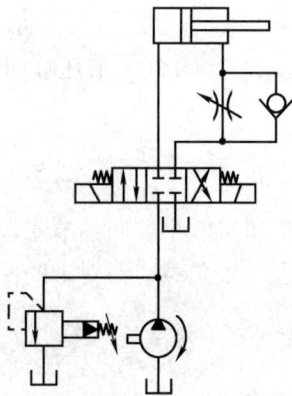

> **画 一 画**
>
> 试画一个工作循环为：快进→工进→快退的液压回路。

例 2-8 图 2-103 所示的调速回路中，液压泵的流量 $q_P = 25L/min$，液压缸两腔工作面积 $A_1 = 100cm^2$，$A_2 = 50cm^2$，当负载 $F = 0 \sim 40kN$ 时，活塞向右运动的速度稳定不变，$v = 20cm/min$，调速阀要求的最小压差 $\Delta p_{min} = 0.5MPa$，不计管路压力损失，试问

（1）溢流阀的调整压力 p_y 为多少？泵的工作压力 p_P 为多少？

（2）液压缸回油腔可能达到的最高工作压力 p_2 为多少？

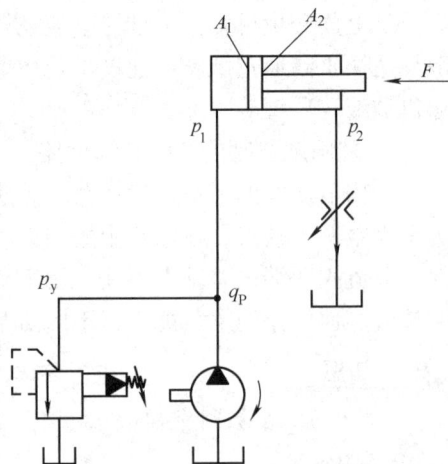

图 2-103　例 2-8 图

解：（1）溢流阀的最小调整压力 p_y 应根据系统最大负载及调速阀正常工作所需的最小压差 Δp_{min} 来确定，则活塞受力平衡方程为

$$p_y A_1 = p_2 A_2 + F_{max} = \Delta p_{min} A_2 + F_{max}$$

则

$$p_y = \frac{\Delta p_{min} A_2 + F_{max}}{A_1} = \frac{0.5 \times 10^6 \times 50 \times 10^{-4} + 40000}{100 \times 10^{-4}} Pa = 42.5 \times 10^5 Pa = 4.25MPa$$

进入液压缸无杆腔的流量为

$$q_1 = vA_1 = 20 \times 100 \times 10^{-3} L/min = 2L/min$$

因为 $q_1 < q_P = 25L/min$，所以溢流阀处于正常工作状态，溢流阀进行溢流，液压泵的工作压力为

$$p_P = p_y = 4.25MPa$$

（2）当 $F = F_{min} = 0$ 时，液压缸回油腔压力 p_2 达到最高值。活塞受力平衡方程为

$$p_y A_1 = p_{2max} A_2$$

$$p_{2max} = \frac{p_y A_1}{A_2} = 42.5 \times 10^5 \times \frac{100}{50} Pa = 85 \times 10^5 Pa = 8.5MPa$$

由计算结果可以看出，回油节流调速回路中，当负载消失时，液压缸有杆腔压力急剧加大，有利于承受负值负载，但对缸的密封要求高。

二、容积调速回路

前面所讲的节流调速回路的主要缺点是效率低、发热大，故只适用于小功率液压系统中。采用变量泵或变量马达的容积调速回路，因无溢流损失和节流损失，故效率高、发热小，适用于大功率液压系统。根据油路的循环方式不同，容积调速回路分为开式回路和闭式回路两种。

开式回路：泵从油箱吸油，执行元件的回油仍返回油箱。其优点是油液在油箱中便于沉淀杂质，析出气体，并得到冷却。其缺点是空气易侵入油液，致使运动不平稳。

闭式回路：泵吸油口与执行元件回油口直接连接，油液在系统内封闭循环。其优点是油、气隔绝，结构紧凑，运动平稳，噪声小。其缺点是散热条件差。为了补偿泄漏，需设置补油装置，同时还起到了热交换作用，降低系统油液温度。补油泵流量一般为主泵流量的

10%～15%，压力为0.3～1.0MPa。

根据液压泵和液压马达（或液压缸）组合方式的不同，容积调速回路有三种形式：

1）变量泵和定量执行元件组成的容积调速回路。

2）定量泵和变量马达组成的容积调速回路。

3）变量泵和变量马达组成的容积调速回路。

1. 变量泵和定量执行元件组成的容积调速回路

图2-104a所示为变量泵和液压缸组成的开式容积调速回路，改变变量泵1的排量即可调节活塞的运动速度。工作时，溢流阀3关闭，作安全阀用，用来限制回路的最大压力。单向阀2的作用是当泵停止工作时，防止液压缸的油液向泵倒流和空气进入系统。阀6为背压阀，使活塞运动平稳。图2-104b所示为变量泵和定量液压马达组成的容积调速回路，改变变量泵1的排量即可调节马达5的转速。阀4为安全阀，件1为补油泵，其流量为变量泵最大输出流量的10%～15%，补油压力由溢流阀6调定，使变量泵的吸油口有一较低的压力，这样可以避免产生空穴，防止空气侵入，改善泵的吸油性能，同时还起到了系统油液热交换作用。

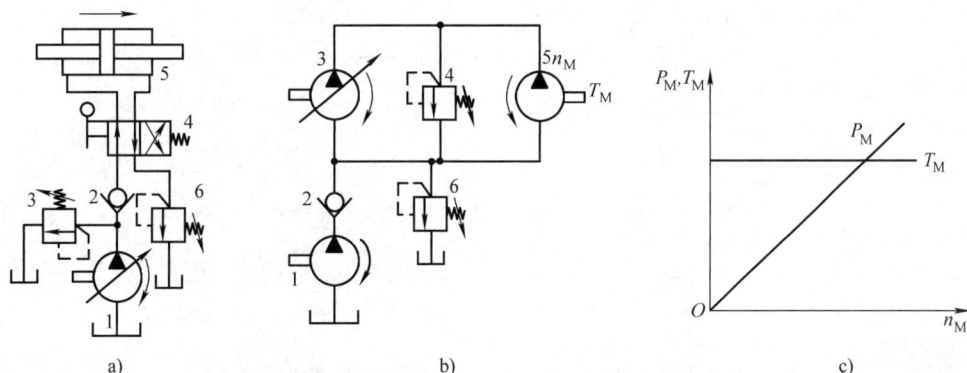

图2-104　变量泵和定量执行元件组成的容积调速回路

a）变量泵和液压缸组成的开式容积调速回路　b）变量泵和定量液压马达组成的闭式容积调速回路

c）变量泵和定量执行元件组成的回路的调速特性

在上述回路中，泵的输出流量全部进入液压缸（或液压马达），在不考虑泄漏影响时有以下结论。

液压缸的运动速度

$$v = \frac{q_P}{A_1} = \frac{V_P n_P}{A_1} \tag{2-44}$$

液压马达的转速

$$n_M = \frac{q_P}{V_M} = \frac{V_P n_P}{V_M} \tag{2-45}$$

式中　q_P——变量泵的流量，单位为L/min；

V_P、V_M——变量泵和液压马达的排量，单位为 m^3/r；

n_P、n_M——变量泵和液压马达的转速，单位为 r/min；

A_1——液压缸的有效面积，单位为 cm^2。

回路输出特性如下：

1）调节 V_P 便可控制液压缸（或液压马达）的速度。由于 V_P 可调得很小，故可获得较低的工作速度，因此调速范围较大。

2）若不计系统损失，由液压马达的转矩公式 $T_M = p_P V_M / 2\pi$ 和液压缸的推力公式 $F = p_P A_1$ 可知，p_P 由溢流阀调定，V_M、A_1 是固定不变的。因此，**液压马达（液压缸）输出的转矩（推力）不变，这种调速称为恒转矩（恒推力）调速。**

3）若不计系统损失，液压马达（液压缸）的输出功率等于液压泵输出的功率，即 $P_M = P_P = p_P V_P n_P$，回路的输出功率随马达的转速 n_M（V_P）改变呈线性变化。图 2-104c 所示为变量泵和定量执行元件调速特性曲线。

2. 定量泵和变量马达组成的容积调速回路

如图 2-105a 所示，阀 2 为溢流阀，起安全作用，泵 4 和溢流阀 5 组成补油油路。定量泵输出的流量不变，调节液压马达的排量便可改变其转速。

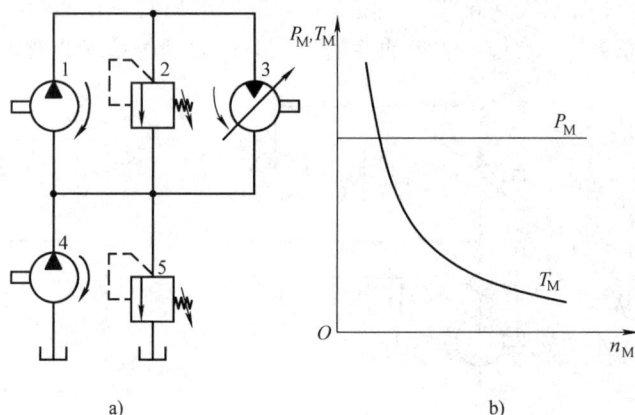

图 2-105　定量泵和变量马达组成的容积调速回路
a）调速回路　b）调速特性

回路输出特性如下：

1）根据 $n_M = q_P / V_M$ 可知，调节 V_M 即可改变马达的转速 n_M，n_M 与 V_M 成反比。但 V_M 不能调得过小，否则马达输出转矩 T_M 将减小，甚至不能带动负载，所以这种调速回路的调速范围小。

2）由液压马达的输出转矩 $T_M = p_P V_M / 2\pi$ 可知，式中的 p_P 为定量泵的限定压力，若减小 V_M，则液压马达的输出转矩 T_M 将减小，由于 n_M 与 V_M 成反比，当 n_M 增大时，转矩 T_M 将逐渐减小，故这种回路输出转矩为变值。

3）定量泵输出流量 q_P 是不变的，泵的供油压力 p_P 由安全阀限定，若不计系统损失，则液压马达输出功率 $P_M = P_P = p_P q_P$，**即液压马达的最大输出功率不变，故这种调速称为恒功率调速。**

图 2-105b 所示为定量泵和变量马达调速特性曲线。这种回路能适应机床主运动所要求的恒功率调速的特点，但其调速范围小，同时，若用液压马达来换向，要经过排量很小的区域，这时转速很高，反向易出故障。因此，这种回路目前较少单独应用。

3. 变量泵和变量马达组成的容积调速回路

如图 2-106a 所示，液压马达的转速可以通过改变变量泵排量 V_P 或改变液压马达的排量

V_M 来进行调速。变量泵正向或反向供油，马达即可正转或反转。单向阀 6、9 用于使辅助泵 4 双向补油，单向阀 7、8 使安全阀都能起过载保护作用。这种回路是上述两种调速回路的组合。例如，一般机械设备低速时要求有大转矩以顺利起动；高速时则要求有恒功率输出，以不同的转矩和转速组合进行工作，这时应两段调节转速 n_M。

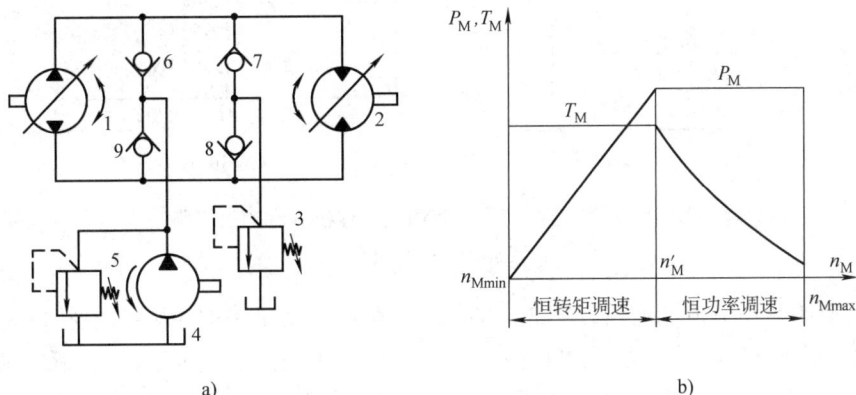

图 2-106　变量泵和变量马达组成的容积调速回路
a）调速回路　b）调速特性

低速段：将马达排量 V_M 固定在最大值上（相当于定量马达），然后自小到大调节泵的排量 V_P，使马达转速升至 n'_M，该段属于恒转矩调速。

高速段：将泵的排量 V_P 固定在最大值上（相当于定量泵），然后从大到小调节马达的排量 V_M，进一步提高马达转速至 n_{Mmax}，该段属于恒功率调速。

这种调速回路扩大了调速范围，也扩大了对马达转矩和功率输出特性的选择。其调速特性曲线如图 2-106b 所示。这种回路适用于调速范围大，要求低速大转矩、高速恒功率且工作效率要求高的设备，如各种行走机械、牵引机等大功率机械。

三、容积节流调速回路

容积调速回路虽然具有效率高、发热小的优点，但随着负载增加，容积效率将有所下降，从而使速度发生变化，尤其是低速时的稳定性变差。因此，有些机床的进给系统中，为了减少发热并满足速度稳定性的要求，常采用容积节流调速回路，即用流量控制阀调节进入或流出液压缸的流量来调节液压缸的运动速度，并使变量泵的输出流量自动地与液压缸所需的流量相适应。这种回路没有溢流损失，效率较高，速度稳定性比容积调速好，常用在调速范围大、中小功率的场合。图 2-107a 所示为限压式变量泵和调速阀组成的容积节流调速回路。调速阀可装在进油路上，也可装在回油路上。

该系统由限压式变量泵供油，经调速阀进入液压缸工作腔，回油经背压阀返回油箱，液压缸的运动速度由调速阀调节。泵输出的流量 q_P 与通过调速阀进入液压缸的流量 q_1 相适应。例如，减小调速阀的通流面积到某一值，在关小调速阀的瞬间（q_1 减小），泵的输出流量还未来得及改变，于是出现 $q_P > q_1$，致使泵的出口压力 p_P 升高，其反馈作用使变量泵的流量 q_P 自动减小到与调速阀通过的流量 q_1 相一致。反之，开大调速阀通流面积，将导致 $q_P < q_1$，引起泵的出口压力降低，使其输出流量自动增大到 $q_P \approx q_1$。图 2-107b 所示为限压式

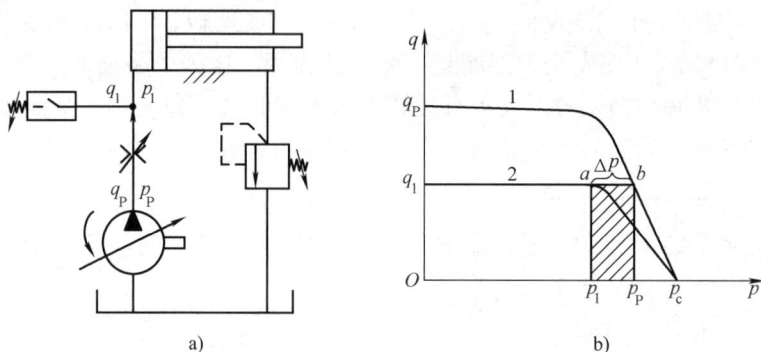

图 2-107 限压式变量泵和调速阀容积节流调速回路

a) 调速回路 b) 调速特性

变量泵和调速阀容积节流调速特性曲线。曲线 1 为限压式变量泵的压力-流量特性曲线，曲线 2 为调速阀在某一开口时的压力-流量特性曲线。液压缸的工作点 a（p_1，q_1），液压泵的工作点 b（p_P，q_1），如果限压式变量泵的限压螺钉调得合理，在不计管路损失的情况下，可使调速阀保持最小稳定压差值，一般 $\Delta p = p_P - p_1 = 0.5\text{MPa}$。此时不仅活塞的运动速度不随负载变化，而且通过调速阀的功率损失（图中有剖面线部分的面积）为最小。如果 p_P 调得过小，会使 $\Delta p < 0.5\text{MPa}$，调速阀不能正常工作，输出的流量随液压缸压力增加而下降，使活塞运动速度不稳定；如果在调节限压螺钉时将 Δp 调得过大，则功率损失增大，油液易发热。

活动 7 节流调速回路实训

【实训目的】

1）学会根据给定的液压元件绘制节流调速回路，掌握其组成原理。

2）熟悉节流调速回路的油路连接及调节。

3）掌握三种节流调速回路的基本性能。

【实训内容及步骤】

给定液压元件：定量泵、溢流阀、节流阀、单向阀、二位二通电磁换向阀、三位四通电磁换向阀、单活塞杆液压缸、压力表开关、压力表。

1）根据给定的元件，选择合适的元件，绘制能实现"快进→工进→快退"工作循环的进油路节流调速回路、回油路节流调速回路及旁油路节流调速回路，并由教师审阅。

2）在实训台上，对三种调速方案依次进行安装。起动液压泵，调节溢流阀的压力，调节节流阀开度（液压缸运动速度），控制换向阀换向，注意观察液压缸活塞运动速度变化，系统中泵出口压力、液压缸无杆腔及有杆腔的压力变化情况并做好实训记录。

3）经实训教师检查评价后，关闭电源，拆下管线和元件并放回原来位置。

【思考题】

1）在进、回油路节流调速回路中，若使用的元件规格相同，问哪种回路能使液压缸获得更低的稳定速度？如果获得同样的稳定速度，问哪种回路的节流阀开度大？

2）在回油路节流调速系统中，节流阀开度最大、较小及工作结束后，液压缸有杆腔的压力是如何变化的？为什么？

3）三种调速方案中，哪种调速方案功率利用最合理？

任务二 快速运动回路组成原理及油路连接

快速运动回路的功用是使液压执行元件获得所需的高速度，以提高生产率或充分利用功率。

学习目标
1. 了解液压执行元件实现快速运动的方法。
2. 掌握快速运动回路的组成原理及合理选用。

一、液压缸差动连接快速运动回路

如图 2-108 所示，当阀 1 和阀 3 在左位工作时，阀 3 将液压缸左右腔连通，并同时接通压力油，由于无杆腔面积大于有杆腔面积，液压缸活塞左端面上所受的油液作用力大于右端面上所受的作用力。因此，液压缸向左运动，此时液压缸有杆腔排出的油液和液压泵的供油合在一起进入液压缸无杆腔，使液压缸达到快速向左运动的目的；当阀 3 通电时，差动连接被切断，液压缸回油经过调速阀，实现工进。当阀 1 切换至右位后，液压缸快退。

这种连接方式可在不增加泵流量的情况下，提高执行元件的运动速度，其回路简单经济，应用较多。

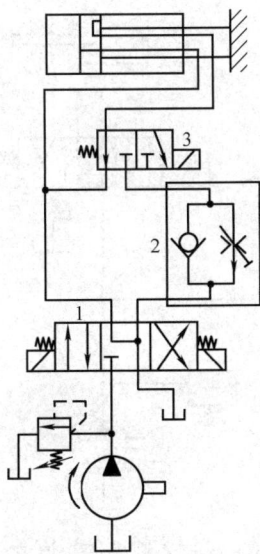

图 2-108 液压缸差动连接快速运动回路

> **注意**
>
> 在差动回路中，阀和管路应按合成流量来选择，否则压力损失过大，严重时会使溢流阀在快进时也开启，而达不到差动快进的目的。

二、双泵供油快速运动回路

如图 2-109 所示，泵 1 为低压、大流量泵，它和泵 2 的流量加在一起应等于快速运动时所需流量，液控顺序阀 3 的调整压力应比快速运动时所需压力大 0.8 MPa，且比溢流阀 5 的调定压力至少低 10%；泵 2 为高压、小流量泵，泵的流量按工作进给速度需要选取，工作压力由溢流阀 5 调定。在快速运动时，由于负载小，系统压力低于液控顺序阀 3 的调定压力，阀口关闭。泵 1 输出的油液经单向阀 4 与泵 2 输出的油液共同向系统供油，以实现快速运动；工作进给时，系统压力升高，打开液控顺序阀 3（卸荷阀），使泵 1 卸荷，此时单向阀 4 关闭，由泵 2 单独向系统供油，实现工作进给。

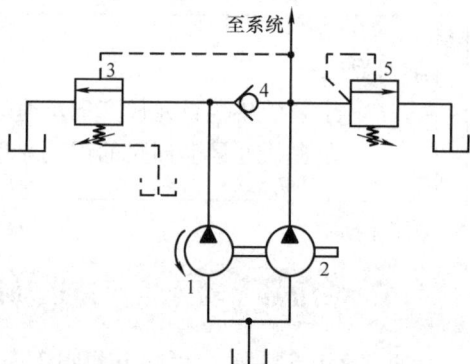

图 2-109　双泵供油快速运动回路

这种回路系统效率高，功率利用合理，其缺点是回路比较复杂，故常用在执行元件快进和工进速度相差较大的场合。

三、采用蓄能器的快速运动回路

如图 2-110 所示，采用蓄能器的目的是利用小流量液压泵使执行元件获得快速运动。

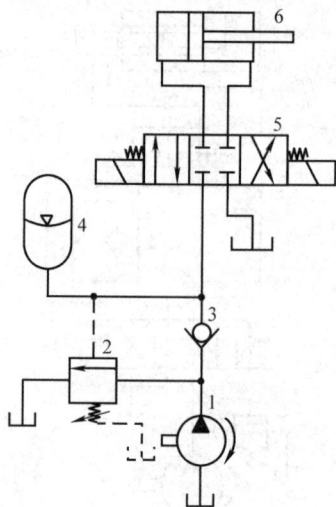

图 2-110　采用蓄能器的快速运动回路

当系统停止工作时，换向阀 5 处在中间位置，这时泵经单向阀 3 向蓄能器充液，蓄能器压力升高，达到液控顺序阀（卸荷阀）调定压力后，阀口打开，使泵卸荷。当系统中短期需要大流量时，换向阀 5 处于左位或右位，由泵 1 和蓄能器 4 共同向液压缸 6 供油，使液压缸实现快速运动。

> **注意**
>
> 系统在整个工作循环中要有足够的向蓄能器充液的时间。

任务三　速度换接回路组成原理及油路连接

速度换接回路的功能是使液压执行元件在一个工作循环中从一种运动速度变换到另一种运动速度。实现这种功能的回路应具有较高的速度换接平稳性。

> **学习目标**
>
> 1. 了解液压执行元件实现速度换接的方法。
> 2. 掌握速度换接回路的组成原理、特性及合理选用。

一、快速与慢速的换接回路

图 2-111 所示为用行程阀的快慢速换接回路。

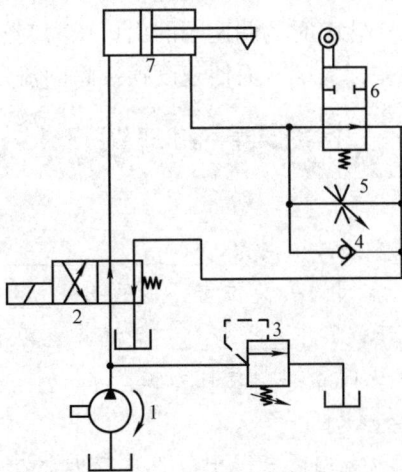

图 2-111　用行程阀的速度换接回路

在图示状态下，液压缸快进，当活塞杆上的挡块压下行程阀 6 时，行程阀关闭，液压缸右腔的油液只能通过节流阀 5 流回油箱，液压缸由快进变换为慢速工进；当电磁换向阀通电换向时，压力油经单向阀 4 进入液压缸右腔，活塞向左快速返回。用行程阀的快慢速切换回路，由于切换时行程阀的阀口是逐渐关闭的，故这种回路快慢速换接比较平稳，换接点的位置比较准确，其缺点是行程阀安装位置不能任意改变，管路连接较复杂。若将行程阀改为电磁阀，安装连接比较方便，但速度换接平稳性、可靠性及换接精度都较差。

二、两种工进速度的换接回路

某些机床要求工作行程有两种进给速度，第一工进速度较大，多用于粗加工；第二工进速度较小，多用于半精加工或精加工。为实现两次工进速度，常采用两个调速阀串联或并联在油路中，用换向阀进行切换。

图 2-112a 所示为两个调速阀串联来实现两次进给速度的换接回路，调速阀 B 的开口小于调速阀 A 的开口。当电磁阀断电时，压力油经调速阀 A 进入液压缸左腔，实现第一工进，进给速度由调速阀 A 控制；当电磁阀通电时，压力油经调速阀 A，再经调速阀 B 进入液压缸左腔，速度由调速阀 B 控制，实现第二工进。这种回路只能用于第二工进速度小于第一工进速度的场合，但速度换接平稳性较好。

图 2-112b 所示为两个调速阀并联来实现两次进给速度的换接回路，此回路两种进给速度可以分别调节，两个调速阀的开口大小不受限制。此

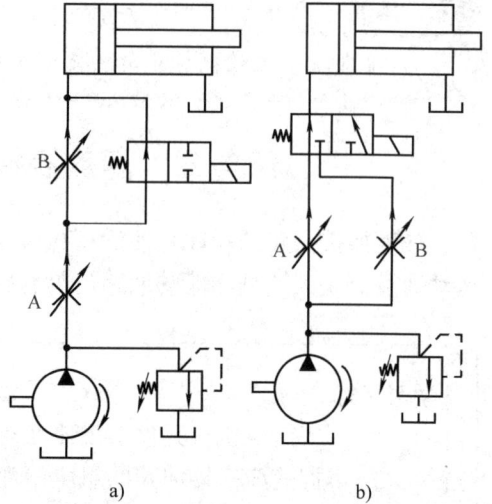

图 2-112　调速阀串、并联速度换接回路
a）调速阀串联回路　b）调速阀并联回路

回路在两种进给速度的切换过程中，容易使运动部件产生突然前冲，这是因为当其中一个调速阀工作时另一个调速阀无油液通过，调速阀的进、出口压力相等，则调速阀中的定差减压阀阀口全开；当将其换接至工作状态时，调速阀的出口压力突然下降，阀中的减压阀阀口还未关小前，节流阀前、后压力差很大，从而使速度换接瞬间流量增大，造成前冲现象。

思考题和习题

2-66　填空

（1）液压系统有三种调速方法，分别为_____、_____、_____。

（2）在液压系统中，按节流阀的安装位置不同可分_____节流调速、_____节流调速、_____节流调速；其中_____节流调速其速度-负载特性最差。

（3）变量泵和定量马达组成的容积调速称为恒_____调速；定量泵和变量马达组成的容积调速称为恒_____调速。

2-67　图 2-98 所示回油路节流调速系统中，当负载 F 很小时，有杆腔的油压 p_2 有可能超过泵的压力 p_P 吗？若 $A_1 = 50 \text{cm}^2$，$A_2 = 25 \text{cm}^2$，$p_P = 3 \text{MPa}$，试求当负载 $F = 0$ 时，有杆腔油压 p_2 可能比泵压力 p_P 高多少？

2-68　在图 2-113 中，已知 $A_1 = 20 \text{cm}^2$，$A_2 = 10 \text{cm}^2$，$F = 5 \text{kN}$，$q_P = 16 \text{L/min}$，$q_T = 0.5 \text{L/min}$，$p_y = 5 \text{MPa}$，若不计管路损失，问电磁铁断电时，p_1、p_2、v 各为多少？当电磁铁通电时，p_1、p_2、v 各为多少？溢流阀的溢流量 q_y 为多少？

2-69　图 2-114 所示回路中，液压缸无杆腔面积 $A_1 = 125 \text{cm}^2$，有杆腔面积 $A_2 = 90 \text{cm}^2$，负载 $F = 22 \text{kN}$，背压阀调整压力 $p_2 = 0.4 \text{MPa}$，溢流阀调整压力 $p_y = 5 \text{MPa}$，不计管路压力损

失，试计算

(1) 液压缸无杆腔压力 p_1；

(2) 调速阀两端压力差 Δp；

(3) 溢流阀的调定压力是否合理？为什么？

2-70　图 2-115 所示为某一容积调速回路，已知液压泵输出压力 $p_P = 10\mathrm{MPa}$，机械效率 $\eta_{Pm} = 0.95$，容积效率 $\eta_{PV} = 0.9$，泵的排量 $V_P = 10\mathrm{mL/r}$，泵的转速 $n_P = 1450\mathrm{r/min}$，液压马达的排量 $V_M = 10\mathrm{mL/r}$，机械效率 $\eta_{Mm} = 0.95$，容积效率 $\eta_{MV} = 0.9$。试求

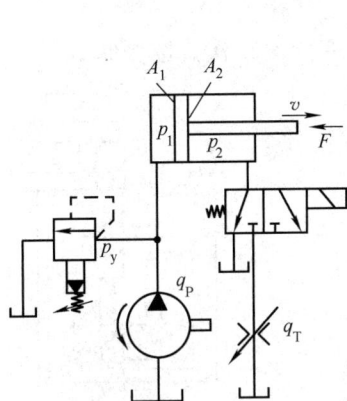

图 2-113　题 2-68 图　　　　图 2-114　题 2-69 图　　　　图 2-115　题 2-70 图

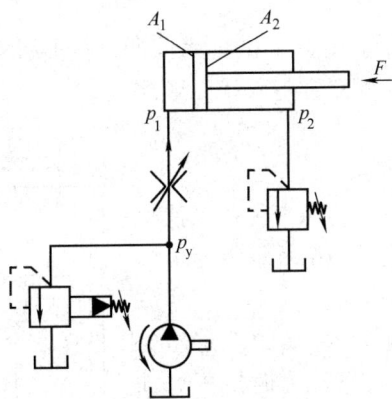

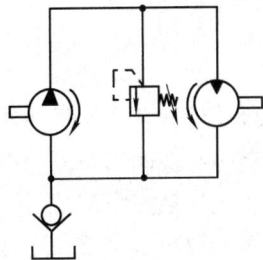

(1) 液压泵的输出功率 P_o；

(2) 驱动泵的电动机的功率 P_i；

(3) 液压马达的输出转矩 T_M；

(4) 液压马达的输出转速 n_M；

(5) 液压马达的输出功率 P_M。

2-71　图 2-107 所示的限压式变量泵和调速阀的容积节流调速回路中，若变量泵的拐点坐标为（$2\mathrm{MPa}$，$10\mathrm{L/min}$），且在 $p_P = 2.8\mathrm{MPa}$ 时，$q_P = 0$，液压缸的 $A_1 = 50\mathrm{cm}^2$，$A_2 = 25\mathrm{cm}^2$，调速阀的最小压力差 $\Delta p_{\min} = 0.5\mathrm{MPa}$，背压阀的调整值为 $0.4\ \mathrm{MPa}$，试问：

(1) 调速阀通过流量 $q_1 = 5\mathrm{L/min}$，且速度稳定时，能推动的最大负载为多少？

(2) 液压缸的运动速度为多少？

(3) 调速阀通过 $q_1 = 5\mathrm{L/min}$ 流量时，回路的效率为多少？

单元六　多执行元件控制回路

在液压系统中，由一个油源向多个执行元件供油，各执行元件会因回路中压力、流量的彼此影响而在动作上受到牵制。我们可以通过压力、流量、行程控制来实现多个执行元件预定动作的要求。

学习目标

　　1. 掌握多执行元件控制回路的结构组成及控制原理。

　　2. 学会多执行元件控制回路中的压力调整。

任务一　顺序动作回路组成原理及油路连接

　　顺序动作回路的功用在于使多个执行元件严格按照预定顺序依次动作，按控制方式不同，分为压力控制顺序动作回路和行程控制顺序动作回路两种。

　　1. 压力控制顺序动作回路

　　利用液压系统工作过程中的压力变化来使执行元件按顺序先后动作。图 2-116 所示是用单向顺序阀控制的顺序动作回路。

　　当换向阀左位工作且顺序阀 D 的调定压力大于液压缸 A 的最大进给工作压力时，压力油先进入 A 缸左腔，实现动作①；当缸 A 行至终点后，压力升高到顺序阀 D 的调定压力时，顺序阀 D 打开，压力油进入 B 缸左腔，实现动作②；同理，当换向阀右位工作，且顺序阀 C 的调定压力大于缸 B 的最大返回工作压力时，两缸则按③和④的顺序返回。

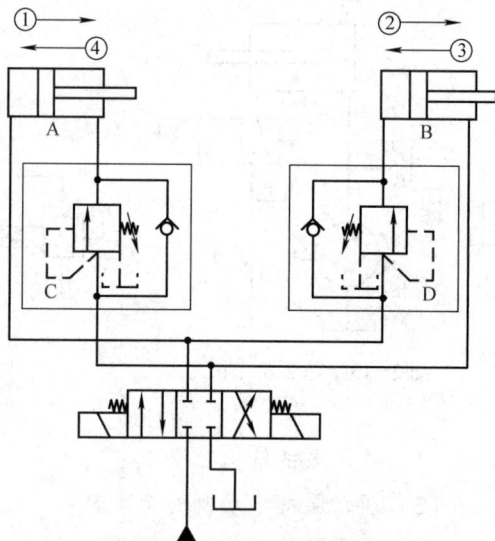

图 2-116　用单向顺序阀控制的顺序动作回路

　　图 2-117 所示是用压力继电器控制的顺序动作回路。按启动按钮，1YA 通电，缸 1 活塞向右运动，实现动作①；当缸 1 行至终点后，回路压力升高，当油压超过压力继电器 1KP 的调定压力值时，压力继电器 1KP 发出电信号，使电磁铁 3YA 通电，缸 2 活塞向右运动，实现动作②；按返回按钮，1YA、3YA 断电，4YA 通电，缸 2 活塞向左退回，实现动作③；缸 2 活塞退到原位后，回路压力升高，当油压超过压力继电器 2KP 的调定压力值时，压力继电器 2KP 发出电信号，使 2YA 通电，缸 1 活塞后退完成动作④。

　　显然以上两种回路动作的可靠性取决于顺序阀和压力继电器的性能及其调定值，即它的调定压力应

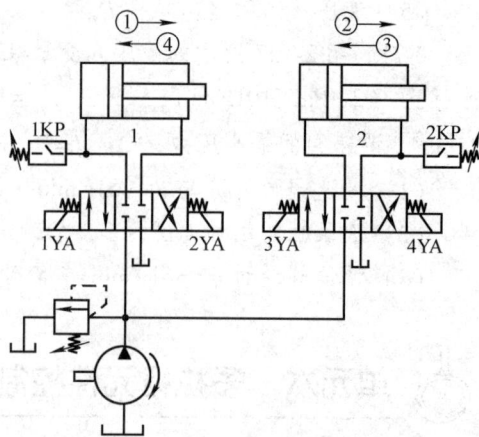

图 2-117　压力继电器控制的顺序动作回路

比先动作缸的最高压力高 10% ~ 15%，以免管路中的压力冲击或波动造成误动作。这种回路只适用于系统中执行元件数目不多、负载变化不大的场合。

2. 行程控制顺序动作回路

图 2-118a 所示是用行程阀控制的顺序动作回路。在图示状态下，A、B 两液压缸活塞均在右端，当扳动手柄使阀 C 左位工作，缸 A 左行，完成动作①；当挡块压下行程阀 D 后，缸 B 左行，完成动作②；手动换向阀复位后，缸 A 先复位，实现动作③；随着挡块后移，阀 D 复位，缸 B 退回，实现动作④。这种回路工作可靠，但要改变动作顺序较困难。

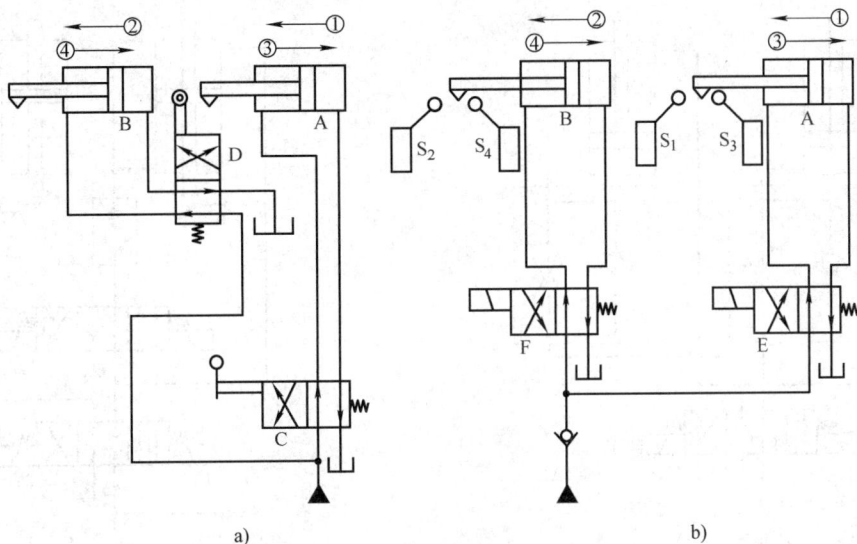

图 2-118 行程控制顺序动作回路

a) 用行程阀控制的顺序动作回路 b) 用行程开关控制的顺序动作回路

图 2-118b 所示是用行程开关控制的顺序动作回路。当阀 E 通电时，缸 A 左行完成动作①后触动行程开关 S_1 使阀 F 通电换向，缸 B 左行完成动作②；当缸 B 左行至触动行程开关 S_2 时，阀 E 断电，缸 A 返回，实现动作③后触动 S_3，使阀 F 断电，缸 B 返回，完成动作④，最后触动 S_4 时，使泵卸荷，完成一个工作循环。这种回路调整行程大小和改变动作顺序方便灵活，应用较广。

总之，在一个液压系统中，几种实现顺序动作的控制方法可以联合起来使用，从而获得满意的控制效果。

任务二 同步回路组成原理及油路连接

同步回路的功用是使系统中多个执行元件在运动中的位移相同或以相同的速度运动。

1. 用调速阀的同步回路

图 2-119 所示为用调速阀的同步回路，其中包括两个并联液压缸，两个调速阀分别调节两个液压缸活塞的运动速度。由于调速阀具有当负载变化时能保持流量稳定这一特点，所以只要仔细调整两个调速阀开口的大小，就能使两个液压缸保持同步。这种回路结构简单，但调整比较麻烦，同步精度不高，不宜用于偏载或负载变化频繁的场合。

2. 串联液压缸同步回路

图 2-120 所示为带补偿装置的串联液压缸同步回路。当两缸活塞同时下行时，若缸 5 活

塞先到达行程端点，则挡块压下行程开关 S_1，电磁铁 3YA 通电，换向阀 3 左位接入回路，压力油经换向阀 3 和液控单向阀 4 进入缸 6 上腔，进行补油，使其活塞继续下行到达行程端点。如果缸 6 活塞先到达行程端点，行程开关 S_2 使电磁铁 4YA 通电，换向阀 3 右位接入回路，压力油进入液控单向阀 4 的控制口，打开阀 4，缸 5 下腔与油箱接通，使其活塞继续下行到达行程端点，从而消除积累误差。

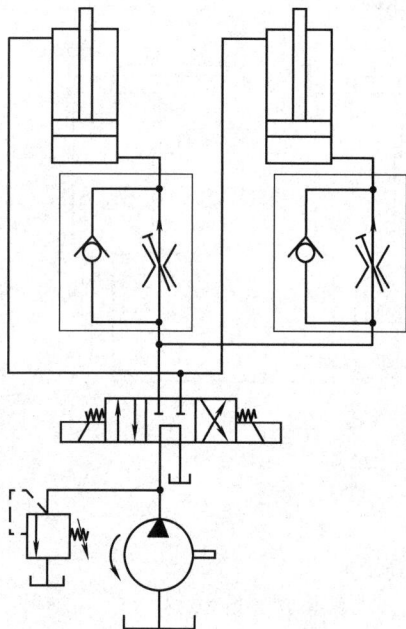

图 2-119 用调速阀的同步回路

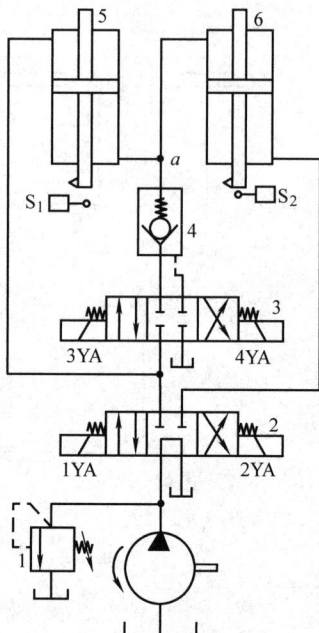

图 2-120 带补偿装置的串联缸同步回路

活动 8 顺序动作回路安装试运行实训

【实训目的】

1）通过亲自装拆，了解利用顺序阀实现多执行元件顺序动作回路的组成及特点。

2）学会系统压力和顺序阀压力的合理调整。

【实训内容】

连接用顺序阀实现两液压缸顺序动作回路，并进行调试。

【实训步骤】

1）识读给定的顺序动作回路原理图（图 2-121）。顺序动作要求：液压缸 A 活塞杆先向右运动，到达终点后，B 缸活塞杆再向右运动。A 缸、B 缸向左退回时无顺序动作要求。

按给定的动作顺序，填写电磁铁动作及油液流动情况表。

2）参照图 2-121，选择好各元件，在实训台上连接用顺序阀实现两液压缸顺序动作回路，并检查回路连接是否正确。

3）全部打开溢流阀，关闭单向顺序阀，使三位四通电磁换向阀处中位。起动定量泵，

表 2-5 实训记录表

动 作 顺 序	电 磁 铁	油 液 走 向	
A 缸右行		进油路：	
		回油路：	
B 缸右行		进油路：	
		回油路：	
A、B 缸左退		进油路：	
		回油路：	

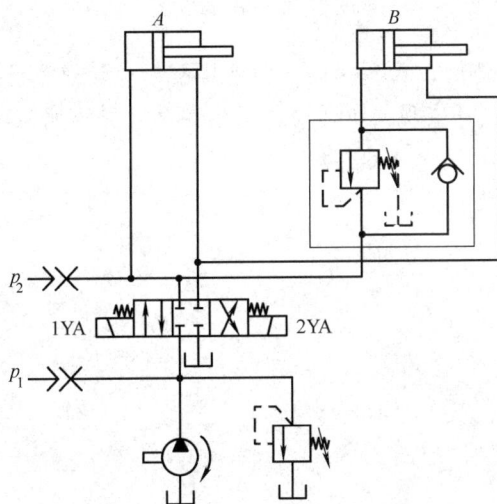

图 2-121 顺序动作液压系统原理图

调节溢流阀和顺序阀的压力。为使顺序阀动作可靠，溢流阀的调整压力 p_1 应大于顺序阀的调整压力 p_2。

4）让电磁铁 1YA 通电，两缸实现顺序动作。待 B 缸到达终点后，使 2YA 通电，两缸快退。使两缸顺序动作重复 2～3 次，并注意观察两缸顺序动作情况。

5）实训完毕，旋松溢流阀手柄，关闭液压泵，确认回路中压力为零后方可将管路及元件拆下，并放回原位。

【思考题】

1）回路工作时，如何保证顺序动作的可靠性？

2）如果要求两缸退回时也有顺序要求，回路应如何设计？画一回路进行安装调试。

思考题和习题

2-72 在一泵多缸系统中实现顺序动作的方法有哪些？

2-73 在图 2-122 所示回路中，两液压缸的结构尺寸完全相同，液压缸 1 的负载比液压缸 2 的大，如不考虑泄漏、摩擦等因素，试问

（1）两液压缸是否先后动作？运动速度是否相等？

（2）如将回油路中的节流阀阀口全部打开，使该处压降为零，两液压缸的动作顺序及

运动速度有何变化？

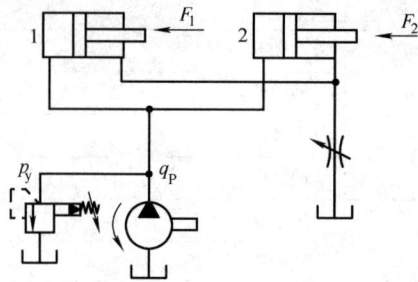

图 2-122　题 2-73 图

（3）如将回路中的节流阀改为调速阀，两液压缸的运动速度是否相等？

2-74　两液压缸串联也可实现同步运动，画出油路，并说明应具备什么条件才能实现两缸同步运动？

项目三

液压传动系统实例

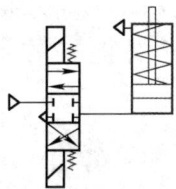

液压传动系统是根据机械设备的工作要求，选用适当的液压基本回路并将其有机组合而成的，其工作原理一般用液压系统图来表示。液压系统图是用标准图形符号绘制的，原理图仅表示各个液压元件及它们之间的连接与控制方式，并不代表它们的实际尺寸大小和空间位置。

正确、快速地读懂和分析液压系统图，对于液压设备的设计、分析、调整、使用、维护和故障排除均有重要的指导作用。

本项目通过对几台设备的液压系统进行实例分析，进而使学生学会阅读和分析液压系统图的方法和步骤。

阅读和分析一个较复杂的液压系统图可按以下方法和步骤进行：

（1）了解设备的功用及对液压系统动作和性能的要求。

（2）初步分析液压系统图，并按执行元件数将其分解为若干个子系统。

（3）对每个子系统进行分析，了解组成子系统的基本回路及各液压元件的作用，按执行元件的工作循环分析实现每步动作的进油和回油路线。

（4）根据设备对系统中各子系统之间的顺序、同步、互锁、防干扰等要求，分析各子系统之间的联系，读懂整个液压系统的工作原理。

（5）归纳总结液压系统的特点，以加深对整个液压系统的理解。

任务一　组合机床动力滑台液压系统

学习目标

1. 学会读懂液压系统原理图。
2. 能够分析液压系统的组成及各元件在系统中的作用。
3. 初步学会分析液压系统的特点。

组合机床是由按系列化、标准化、通用化原则设计的通用部件以及按工件形状和加工工艺要求而设计的专用部件所构成的高效专用机床。液压动力滑台是组合机床上用以实现进给运动的一种通用部件，其运动是靠液压缸驱动的，滑台台面上可安装动力箱、多轴箱及各种专用主轴头，可实现钻、扩、铰、镗、铣、刮端面及攻螺纹等加工工艺。它对液压系统性能的主要要求是速度换接平稳，进给速度稳定，功率利用合理，效率高，发热小。下面以

YT4543 型液压动力滑台为例，分析其工作原理和特点。

该滑台最大进给力为 45kN，快进速度约为 6.5m/min，进给速度范围为 6.6~600mm/min，它完成的典型工作循环为：快进→一工进→二工进→死挡铁停留→快退→原位停止，其工作循环图如图 3-1 所示。

一、YT4543 型动力滑台液压系统的工作原理

1. 快进

如图 3-1 所示，按下起动按钮，电磁铁 1YA 通电，电液换向阀 6 的先导阀左位工作，由泵 1 输出的压力油经先导阀进入液动换向阀的左侧，使其也处于左位工作，这时的主油路为

进油路：泵 1→单向阀 2→换向阀 6→行程阀 11→液压缸左腔。

回油路：液压缸右腔→换向阀 6→单向阀 5→行程阀 11→液压缸左腔。

由此形成液压缸差动连接，实现快进。

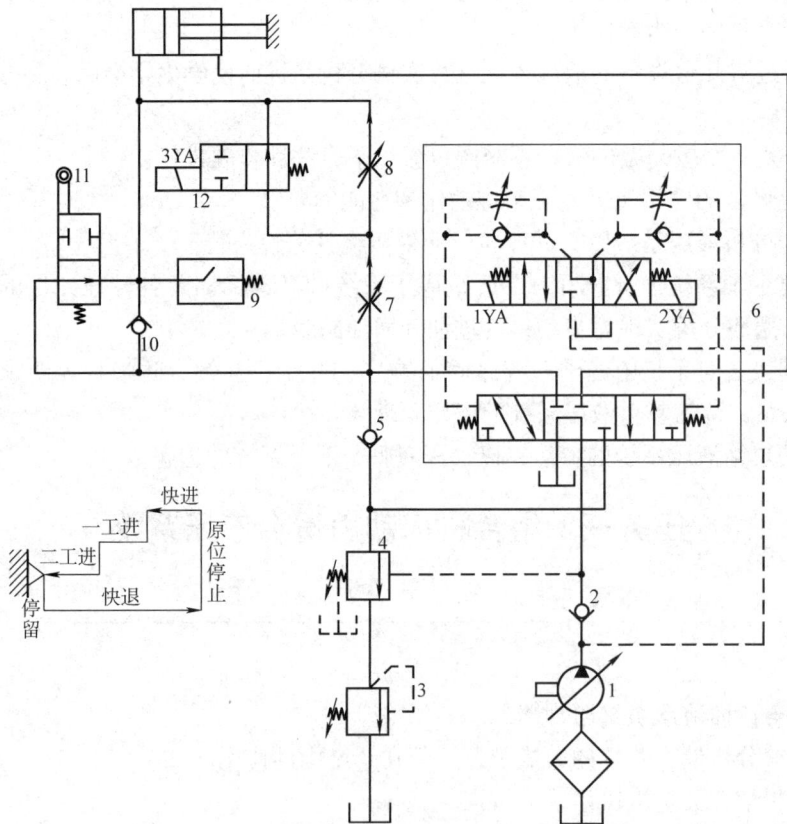

图 3-1　YT4543 型动力滑台液压系统图

2. 第一次工作进给

在快进终了时，挡块压下行程阀 11，切断该通路，使压力油必须经调速阀 7 进入液压缸左腔，系统压力升高，打开液控顺序阀 4，此时单向阀 5 关闭，切断了液压缸的差动连接回路。其主油路为

进油路：泵1→单向阀2→换向阀6→调速阀7→换向阀12→液压缸左腔。

回油路：液压缸右腔→换向阀6→顺序阀4→背压阀3→油箱。

因为工作进给时系统压力升高，所以变量泵1的输油量便自动减小，以适应工作进给的需要，进给量大小由调速阀7调节。

3. 第二次工作进给

第一次工作进给终了时，挡块压下行程开关使3YA通电，二位二通换向阀将通路切断，进油必须经调速阀7、8才能进入液压缸，所以滑台作第二次工作进给，进给量大小由调速阀8调节。

4. 死挡铁停留

当滑台工作进给完毕挡块碰到死挡铁后，液压系统的压力进一步升高，使压力继电器9发出信号给时间继电器，在未到达延时时间前，滑台停留。

5. 快退

滑台停留时间结束时，时间继电器经延时发出信号，2YA通电，1YA、3YA断电，主油路为

进油路：泵1→单向阀2→换向阀6→液压缸右腔。

回油路：液压缸左腔→单向阀10→换向阀6→油箱。

6. 原位停止

当滑台退回到原位时，挡块压下行程开关，发出信号，使2YA断电，换向阀处于中位，滑台停止运动。液压泵输出的油液经换向阀6直接回油箱，泵卸荷。

表3-1给出该系统的电磁铁和行程阀的动作顺序。表中"+"号表示电磁铁通电或行程阀压下；"-"号表示电磁铁断电或行程阀复位。

表 3-1　电磁铁和行程阀的动作顺序

元件 工况	1YA	2YA	3YA	行程阀
快进	+	-	-	-
一工进	+	-	-	+
二工进	+	-	+	+
死挡铁停留	+	-	+	+
快退	-	+	-	±
原位停止	-	-	-	-

二、YT4543动力滑台液压系统的特点

1）采用了限压式变量叶片泵和调速阀组成的容积节流调速回路，能获得稳定的低速、较好的速度-负载特性以及较大的调速范围。

2）进油调速在回油路上设置了背压阀，改善了运动的平稳性。

3）采用了限压式变量泵和液压缸差动连接，实现快进，功率利用合理。

4）采用了行程阀和液控顺序阀，实现快进与工进的转换，使速度换接平稳、可靠，且位置准确。

5）采用电液换向阀的换向回路，换向平稳、无冲击。

◆ 想一想

根据图3-1所示的YT4543型动力滑台液压系统图，分析回答下列问题：

（1）图中阀4和阀5在系统中起什么作用？

（2）当滑台进入工进状态，但切削刀具尚未接触被加工工件时，是什么原因使系统压力升高并将液控顺序阀4打开？

任务二　数控机床液压系统

随着机电技术的不断发展，特别是数控技术的飞速发展，机电设备的自动化程度和精度越来越高，液压与气压传动技术在数控机床、数控加工中心及柔性制造系统中得到了充分利用。下面以 MJ-50 数控车床为例，说明液压技术在数控机床上的应用。

MJ-50 数控车床卡盘夹紧与松开、卡盘夹紧力的高低压转换、回转刀架的松开与夹紧、刀架刀盘的正转和反转、尾座套筒的伸出与退回等，都是由液压系统驱动的。液压系统中各电磁铁的动作是由数控系统的 PLC 控制实现的。

图 3-2 所示为 MJ-50 数控车床液压系统图。液压系统采用变量泵供油，系统压力调至4MPa，其工作原理分析如下所述。

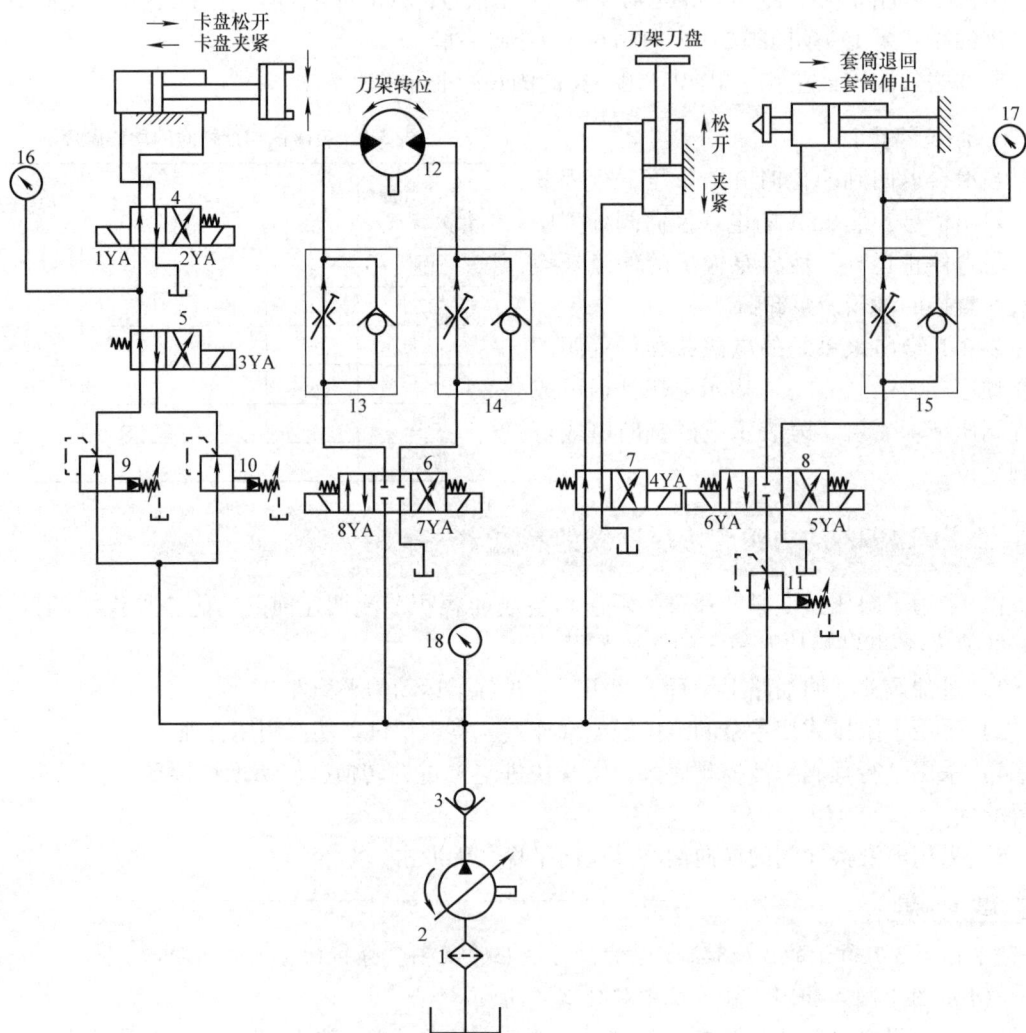

图 3-2　MJ-50 数控车床液压系统图

一、卡盘的夹紧与松开

主轴卡盘的夹紧与松开由二位四通电磁阀 4 控制。卡盘的高压夹紧与低压夹紧转换由二位四通电磁阀 5 控制。

当卡盘处于正卡（也称外卡）且在高压夹紧状态下，夹紧力的大小由减压阀 9 来调节。当 3YA 断电、1YA 通电时，系统压力油经阀 9→阀 5→阀 4→液压缸右腔；液压缸左腔的油液经阀 4 直接回油箱，活塞杆左移，卡盘夹紧。反之，当 2YA 通电时，系统压力油经阀 9→阀 5→阀 4→液压缸左腔；液压缸右腔的油液经阀 4 直接回油箱，活塞杆右移，卡盘松开。

当卡盘处于外卡且在低压夹紧状态下，夹紧力的大小由减压阀 10 来调节。当 1YA、3YA 通电时，系统压力油经阀 10→阀 5→阀 4→液压缸右腔；液压缸左腔的油→阀 4→油箱，活塞杠杆向左移动，卡盘夹紧。反之，当 2YA、3YA 通电时，系统压力油经阀 10→阀 5→阀 4→液压缸左腔；液压缸右腔的油→阀 4→油箱，卡盘松开。

二、回转刀架动作

回转刀架换刀时，首先是刀盘松开，之后刀盘转到指定的刀位，最后刀盘夹紧。刀盘的夹紧与松开由一个二位四通电磁阀 7 控制。刀盘可正、反转，由三位四通电磁阀 6 控制，其转速分别由单向调速阀 13 和 14 调节控制。

当 4YA 通电时，刀盘松开；当 8YA 通电时，系统压力油经阀 6→调速阀 13→液压马达 12，刀架正转。当 7YA 通电时，系统压力油经阀 6→调速阀 14→液压马达 12，刀架反转；当 4YA 断电时，刀盘夹紧。

三、尾座套筒伸缩动作

尾座套筒的伸出与退回由三位四通电磁阀 8 控制。当 6YA 通电时，系统压力油经减压阀 11→阀 8→液压缸左腔；液压缸右腔油液经单向调速阀 15→阀 8→油箱，套筒伸出。套筒伸出时的预紧力大小由减压阀 11 来调节，伸出速度由调速阀 15 控制。反之，当 5YA 通电时，系统压力油经减压阀 11→电磁阀 8→阀 15→液压缸右腔，这时液压缸左腔的油经电磁阀 8 直接回油箱，套筒退回。电磁铁动作顺序见表 3-2。

表 3-2 电磁铁动作顺序

动作		电磁铁	1YA	2YA	3YA	4YA	5YA	6YA	7YA	8YA
卡盘正卡	高压	夹紧	+	−	−					
		松开	−	+	−					
	低压	夹紧	+	−	+					
		松开	−	+	+					
卡盘反卡	高压	夹紧	−	+	−					
		松开	+	−	−					
	低压	夹紧	−	+	+					
		松开	+	−	+					

（续）

动作	电磁铁	1YA	2YA	3YA	4YA	5YA	6YA	7YA	8YA
回转刀架	刀架正转							−	+
	刀架反转							+	−
	刀盘松开				+				
	刀盘夹紧				−				
尾座	套筒伸出					−	+		
	套筒退回					+	−		

任务三　KT1300V 立式加工中心液压系统

KT1300V 立式加工中心液压系统主要用来实现机床的松、拉刀和机床高、低挡转速的转换。系统压力调至 3.5～5MPa，同时调整溢流阀的调整螺钉和泵的压力调节螺钉，使其达到系统使用压力。图 3-3 所示为 KT1300V 立式加工中心液压系统图，其工作原理分析如下。

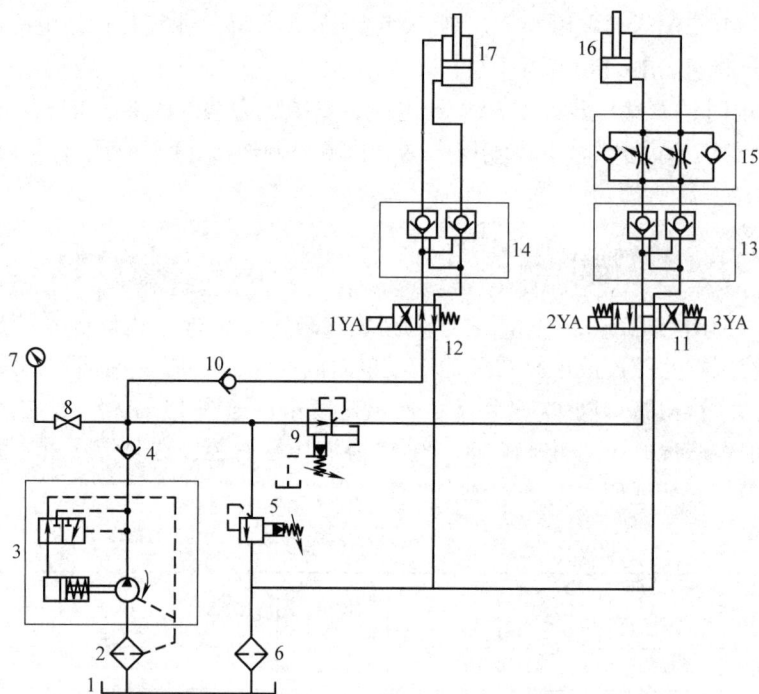

图 3-3　KT1300V 立式加工中心液压系统图

一、机床的松、拉刀

当电磁铁 1YA 通电时，电磁换向阀 12 换向，松刀液压缸 17 活塞杆伸出，作用在机床拉刀杆上，使机床刀具松开。当电磁铁 1YA 断电时，电磁换向阀 12 复位，松刀液压缸活塞杆缩回，与拉刀杆脱开，机床刀具被拉紧。

叠加式液控单向阀（液压锁）14 的作用是在液压系统由于某种原因突然失去压力或断电时，松刀液压缸仍能保持原来状态而不致发生危险。

单向阀 10 的作用是可以防止松刀液压缸因系统压力降低而产生油液倒流现象，避免因液压系统同时动作而产生相互影响。

二、机床的高、低挡转速转换

机床的高、低挡转速转换是靠减压阀 9 对换挡支路的压力进行二次调整，并使其支路的压力保持一个恒定值，确保系统正常工作。通过三位四通电磁换向阀 11 来控制高、低挡转换液压缸 16 的动作，从而实现机床高、低挡转速的转换。

当电磁铁 2YA 通电时，电磁阀 11 换向，使液压缸 16 无杆腔通压力油，液压缸活塞杆伸出，带动主轴箱里的齿轮移动并与大齿轮啮合，实现机床低速转换。

当电磁铁 3YA 通电时，电磁换向阀 11 换向液压缸活塞杆缩回，使主轴箱里的齿轮与大齿轮脱开而与小齿轮啮合，实现高速转换。

当电磁铁 2YA 和 3YA 都不通电时，系统压力油与回路沟通，使液压缸两腔压力相等，并由叠加式液控单向阀 13 将液压缸 16 锁定在原状态，同时液压锁还可以防止系统压力突然降低而产生误动作。

电磁铁动作顺序见表 3-3。

表 3-3 电磁铁动作顺序

元件 工况	1YA	2YA	3YA
刀具松开	+		
刀具拉紧	-		
主轴低速	-	+	-
主轴高速	-	-	+

三、KT1300V 立式加工中心液压系统的特点

1) 该系统采用柱塞式恒压变量泵和节流阀组成容积节流调速回路，使系统在保证负载压力不变的情况下，泵的排量与系统的需油量相适应，即当系统的需油量增加时，泵的排量也随之增加，反之亦然。

2) 泵的输出功率始终与负载相匹配，该系统无溢流损失，效率高，发热小，负载刚性好。

◈ 想一想

图 3-3 所示的数控加工中心液压系统中的高、低挡速度转换回路中，当电磁铁 2YA 或 3YA 通电后，机床转换为低速或高速，而电磁铁 2YA 或 3YA 断电后，机床仍能保持原低速或高速状态，为什么？

思考题和习题

3-1 图 3-4 所示系统中，液压缸直径 $D = 40\text{mm}$，活塞杆直径 $d = 25\text{mm}$，节流阀的最小

稳定流量为 $50mL/min$。若工进速度 $v=5.6cm/min$，问系统是否可以满足要求？若不能满足要求应作何改进？填写电磁铁动作顺序表（表3-4）。

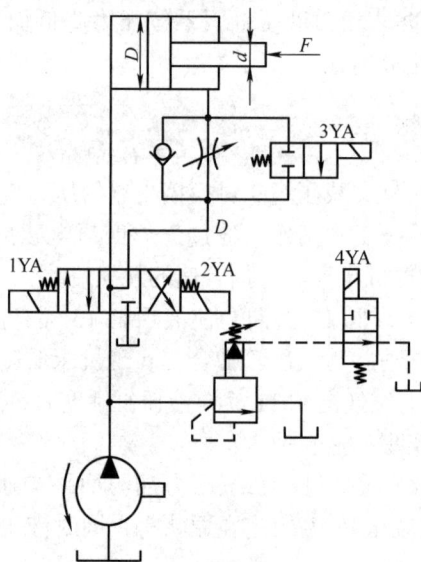

图 3-4　题 3-1 图

表 3-4　电磁铁动作顺序

工　况	电　磁　铁	1YA	2YA	3YA	4YA
	快进				
	工进				
	快退				
	停止				

3-2　某一系统如图 3-5 所示，试填写电磁铁动作顺序表（表3-5），并写出各工况的进、回油路。

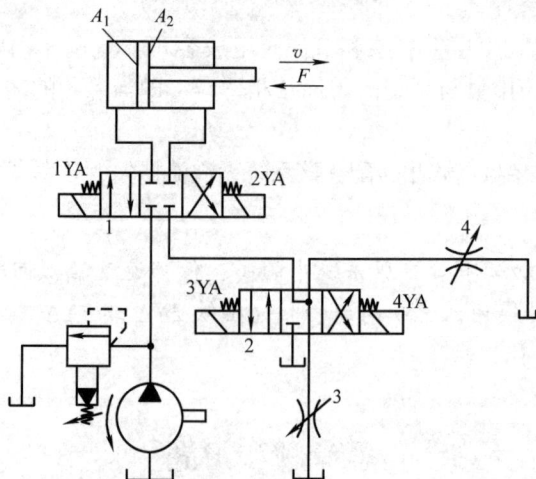

图 3-5　题 3-2 图

表 3-5　电磁铁动作顺序

工　况　＼电　磁　铁	1YA	2YA	3YA	4YA
快进				
一工进				
二工进				
快退				
停止				

3-3　图 3-6 所示系统中，液压缸活塞直径 $D=70\text{mm}$，活塞杆直径 $d=50\text{mm}$，工作负载 $F=15\text{kN}$，一切摩擦忽略不计，快进速度 $v_1=5\text{m/min}$，工进速度 $v_2=0.05\text{m/min}$，调速阀压差 $\Delta p=0.5\text{MPa}$，系统总的压力损失 $\sum\Delta p=0.5\text{MPa}$。试绘出其工作循环图、编制并填写电磁铁动作顺序表、计算并选择系统所需要的元件型号，指明该系统是由哪些基本回路构成的。

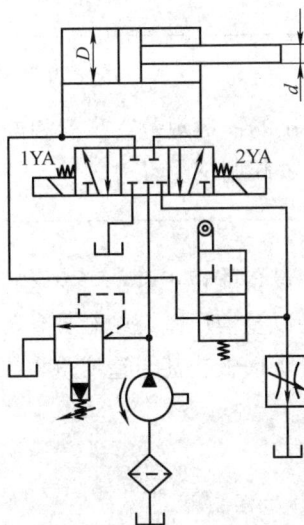

图 3-6　题 3-3 图

3-4　试设计一液压系统，要求执行元件为单出杆液压缸，并在任意位置能停机，快进、快退速度相等，采用进油调速方式；其工作循环为：快进→工进→死挡铁停留→快退→原位停止。

设计内容：画出执行元件动作循环图，画出液压系统原理图，编制电磁铁、压力继电器动作顺序表。

3-5　试设计一有顺序动作要求的一泵双缸液压系统，即夹紧、进给液压系统。

要求：两执行元件均选用单出杆液压缸，夹紧油路需要稳定的低压油，进给缸在任意位置能停止，工作循环为：夹紧→快进→工进→快退→松开→原位停止。

设计内容：绘制液压系统原理图，编制电磁铁、压力继电器动作顺序表。

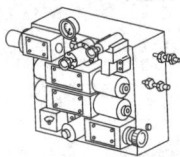

项 目 四

液压传动系统的安装调试和故障分析

本项目主要介绍液压系统的安装、调试和使用工作过程中应注意的问题，以及液压传动系统中常见故障的诊断和排除方法。

任务一　液压传动系统安装与调试

学习目标

1. 了解液压系统安装与调试的一般规范、步骤和方法。
2. 逐步学会液压系统的安装和调试。

液压系统的安装与调试是液压设备能否正常、可靠运行的一个重要环节。液压系统的安装工艺不合理，或出现安装错误，以及液压系统中有关参数调整得不合理，将会造成液压系统无法运行，给生产带来巨大的经济损失，甚至造成重大事故。因此，必须重视液压系统安装与调试这一环节。

一、液压装置的配置形式

一个能完成一定功能的液压系统是由若干个液压元件经管道、管接头和油路等有机地连接而成的。液压阀的安装连接形式与液压系统的结构形式和元件的配置形式有关。液压装置的结构形式有集中式和分散式两种。

集中式结构是将液压系统的动力源、阀类元件集中安装在主机外的液压泵站上，其优点是安装与维修方便，并能消除动力源振动和油温对主机工作的影响。

分散式结构是将液压系统的动力源、阀类元件分散在设备各处，如以机床床身或底座作油箱，把控制调节元件设置在便于操作的地方。这种结构形式的优点是结构紧凑，占地面积小；其缺点是动力源的振动、发热等都对设备的工作精度产生不利影响。对于生产线液压装置的结构形式属于分散式、生产线设备较多以及液压系统较庞大的情况，一般不设置集中泵站，而是以工位为基本单元自带油源装置，阀类元件通过连接板配置在本工位的设备上，这样便于安装、调试及维修。

二、液压阀的连接

液压阀的连接方式有管式连接、板式连接、集成块式及叠加阀式等。

1. 管式连接

管式连接是将管式液压阀用管接头及油管将各阀连接起来，流量大的则用法兰连接。管式连接不需要其他专门的连接元件，其优点是系统中各阀间油液走向一目了然；缺点是结构分散，所占空间较大，管路交错，不便于装拆、维修，管接头处易漏油和侵入空气，而且易产生振动和噪声，故目前很少采用。

2. 板式连接

板式连接是将板式液压阀统一安装在连接板上。所采用的连接板有以下几种形式。

（1）单层连接板 如图4-1所示，阀类元件装在竖立的连接板的前面，阀间油路在板后用油管连接。这种连接板简单，检查油路方便，但板上管路多，装拆不方便，占用空间也大。

（2）双层连接板 在两板间加工出连接阀的油路，两块板再用黏结剂或螺钉固定在一起，工艺简单，结构紧凑，但系统压力高时易出现漏油串腔问题。

（3）整体连接板 如图4-2所示，在板中钻孔或铸孔作为连接油路，工作可靠，但钻孔工作量大，工艺较复杂，如用铸孔则清砂又较困难。

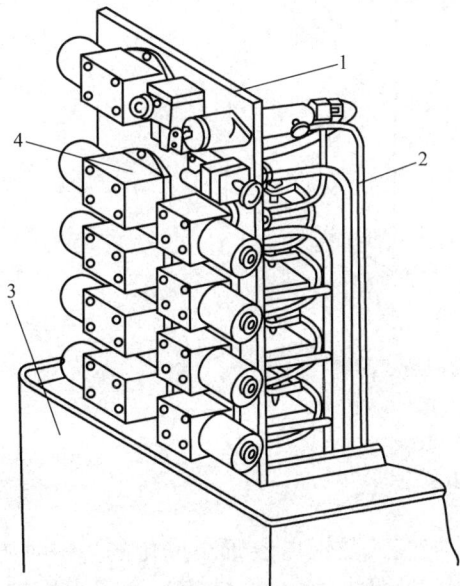

图4-1 液压元件单层板式配置
1—连接板 2—油管 3—油箱 4—阀

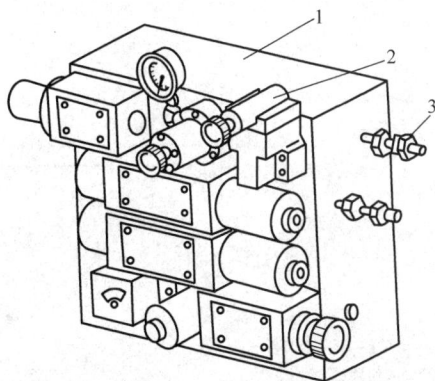

图4-2 液压元件整体式配置
1—油路板 2—阀 3—管接头

3. 集成块式

图4-3所示为集成块式液压装置示意图。将板式液压元件安装在集成块周围的三个面上，另外一面则安装管接头，通过油管连接到液压执行元件。在集成块内，根据各控制油路设计加工出所需的油路通道，从而取代了油管连接。集成块的上、下面是块与块的接合面，在接合面加工有相同位置的进油孔、回油孔、泄漏油孔以及安装螺栓孔。集成块与装在其周围的元件构成一个集成块组，可以完成一定典型回路的功能，如调压回路块、调速回路块等。将所需的几种集成块叠加在一起，就可构成整个集成块式的液压传动系统。其优点是结构紧凑，占地面积小，便于装卸和维修，抗外界干扰性好，节省大量油管，并具有标准化、系统化产品，可以选用并组合成液压系统。因此，它被广泛应用于各种中高压和中低压

液压系统中。

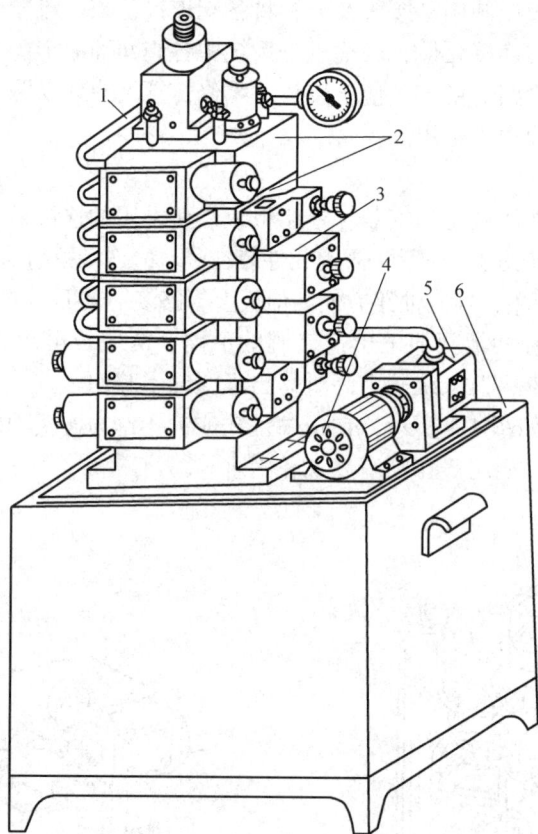

图 4-3　液压元件集成块式配置
1—油管　2—回油块　3—阀　4—电动机
5—液压泵　6—油箱

4. 叠加阀式

图 4-4 所示为叠加阀式液压装置示意图。叠加阀式是液压装置集成化的另一种方式，是由叠加阀互相直接连接而成的，不需要另外的连接体，以它自身的阀体作为连接体直接叠加成所需的液压传动系统。此装置一般在最下边为底板，在底板上有进油口、回油口以及通向液压执行元件的孔口，向上依次叠加各种压力阀和流量阀，最上层为换向阀，一个叠加阀组一般控制一个液压执行元件。若系统中的几个液压执行元件需要集中控制，可将几个竖向叠加阀组并排安装在多联底板块上。用叠加阀组成的液压系统，元件间油路的连接不用油管，也不用其他连接体，因而结构紧凑，体积小，改变液压系统设计更为方便。叠加阀为标准元件，液压系统设计仅需按工艺要求绘制出叠加阀式液压系统图即可进行组装，因而设计工作量小，目前得到了广泛应用。

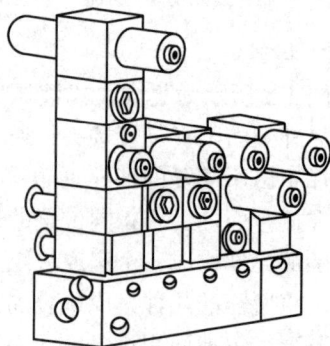

图 4-4　液压元件叠加阀式配置

三、液压系统的安装

液压系统是由各种液压元件、辅助元件组成的，各元件之间由管路、管接头、连接体等零件有机地连接起来，组成一个完整的液压系统。液压系统安装得正确与否，直接影响设备的工作性能和可靠性。

1. 安装前的准备工作与要求

1）认真分析液压系统图、管道连接图以及有关液压元件的使用说明书。

2）按图样准备好所需的液压元件、部件和辅件，并认真检查它们是否完好无损。

3）用煤油清洗液压元件，对专用件应进行必要的密封和耐压试验。

2. 液压元件的安装与要求

1）安装各种泵、阀时，必须注意各油口的位置不能接错；各油口要固紧，密封可靠，不得漏气和漏油。

2）液压泵轴与电动机轴的同轴度偏差不应大于$\phi0.1$mm，两轴中心线的倾角不应大于$1°$。

3）液压缸的安装应保证活塞（柱塞）的轴线与运动部件导轨面平行度的要求。

4）换向阀一般应水平安装，蓄能器应沿轴线安装。

3. 管路的安装与要求

1）系统管路先试装，之后用20%的硫酸或盐酸溶液进行酸洗，再用10%的苏打水中和10min，最后用温水冲洗，待干燥涂油后进行二次安装。

2）管路布置要整齐，短而平直，弯管的最小弯曲半径应不小于管外径的3倍。

3）泵的吸油高度要小于0.5m，保证管路密封良好。

4）吸油管与回油管不能离得太近，以免将温度较高的油液吸入系统。

5）各元件的泄油管最好单设回油管路。

6）吸油管路上应设过滤精度为0.1~0.2mm的过滤器，并有足够的通油能力。

7）回油管应插入油面以下足够的深度，以免油液飞溅而形成气泡。

四、液压系统的调试

1. 空载调试

空载调试的目的是全面检查液压系统各回路、各元件工作是否正常，工作循环或各种动作的自动转换是否符合要求。

1）将溢流阀的调压旋钮放松，使其控制压力能维持油液循环时的最低值。系统中如有节流阀、减压阀，则应将其调整到最大开度。

2）起动液压泵，先点动确定泵的旋向，而后检查泵在卸荷状态下的运转。

3）调整系统压力。在调整溢流阀时，压力从零开始逐步往高调，直至达到规定的压力值。

4）调整流量阀。先逐步关小流量阀，检查执行元件能否达到规定的最低速度及平稳性，然后按其工作要求的速度调整。

5）调整自动工作循环和顺序动作等，检查各动作的协调性和正确性。

6）在空载工况下，各工作部件按预定的工作循环连续运转2~4h后，检查油温是否在30~60℃范围内，检查系统所要求的各项精度。一切正常后，方可进行负载调试。

2. 负载调试

负载调试是在规定负载工况下运转，进一步检查系统能否满足各种参数和性能要求，如有无噪声、振动和外泄漏现象，以及系统的功率损耗和油液温升等。

负载调试时，一般应先在低于最大负载和速度的工况下试车，如果轻载试车一切正常，再逐渐将压力阀和流量阀调节到规定值。溢流阀的调整压力一般要大于执行元件所需工作压力的10%～25%；快速运动液压泵的压力阀，其调整压力一般大于所需压力的10%～20%；如以卸荷压力供给控制油路和润滑油路时，压力应保持在0.3～0.6MPa；压力继电器的调整压力一般应比供油压力低0.3～0.6MPa。进行最大负载试车，若系统工作正常便可交付使用。

五、液压系统的使用与维护

1. 液压系统的使用

1）保持油液清洁。油箱在灌油前要进行清洗，加油时油液要用120目的滤网过滤，油箱应加以密封并设置空气过滤器。对油液进行定期检查，一般半年至一年更换一次。

2）随时清除液压系统中的气体，以防系统产生爬行和引起油液变质。

3）油箱油温一般控制在30～60℃，温升过高时，可采取冷却措施。

4）设备若长期不用，应将各调节旋钮全部放松，防止弹簧产生永久变形而影响元件的性能。

2. 液压系统的维护保养

维护保养分日常维护、定期检查和综合检查三个阶段进行。

（1）日常维护　通常用目视、耳听及手触感觉等较简单的方法。在泵起动前、后和停止运转前，检查油量、油温、压力、漏油、噪声及振动等情况，并随之进行维护和保养，对重要的设备应填写"日常维护卡"。

（2）定期检查　包括调查日常维护中发现异常现象的原因并进行排除。对需要维修的部位，必要时进行分解检修。一般与过滤器的检修期相同，通常为2～3个月。

（3）综合检查　大约一年一次。其主要内容是检查液压装置的各元件和部件，判断其性能和寿命，并对产生故障的部位进行检修，对经常发生故障的部位提出改进意见。定期检查和综合检查均应做好记录，作为设备出现故障时查找原因或设备大修的依据。

任务二　液压系统故障分析与排除

学习目标

1. 学会分析液压系统的故障以及故障的排除方法。

2. 通过实训逐步学会排除液压系统的一般故障。

一、液压控制元件和液压系统常见故障

液压系统发生故障的概率随着时间而变化，大致可分为3个阶段、即初期故障阶段、正常工作阶段和寿命故障阶段。

初期故障阶段时间较短，但发生故障的概率较高。此阶段发生故障的主要原因，一是新系统设计可能存在一定问题，这时要根据系统的性能要求改进设计；二是系统安装工艺不合理及系统调试不当，对于此类故障，一般由泵站到执行元件依次进行诊断。保证安装精度，进行合理调试后，故障会逐渐减少，从而转入正常工作阶段。

在正常工作阶段中，系统故障只有偶然发生。对于此类故障，可根据发生故障的现象寻找造成故障的元件，给予修复或更换，不一定非得从液压泵开始依次查找。

由于液压元件的磨损和疲劳等原因，系统进入一个新的故障阶段，即寿命故障阶段。此阶段中，随着时间的延长，设备发生故障的概率越来越高。

总之，设备在运行中出现的故障大致有五类，即漏油、发热、振动、压力不稳定和噪声。

二、液压系统常见故障的排除方法

当液压系统发生故障时，应认真、仔细地分析，不仅要了解液压系统的工作原理，而且还要了解每个元件的结构原理及其作用。诊断方法有耳听、目测、手触感觉等方式，必要时可用专业仪器和试验设备进行检测。通过对理论知识的学习和不断的实践经验积累，便可逐渐学会液压系统故障的分析和排除方法。液压系统故障诊断流程如图4-5所示。液压系统常见故障及排除方法可见附录 G。

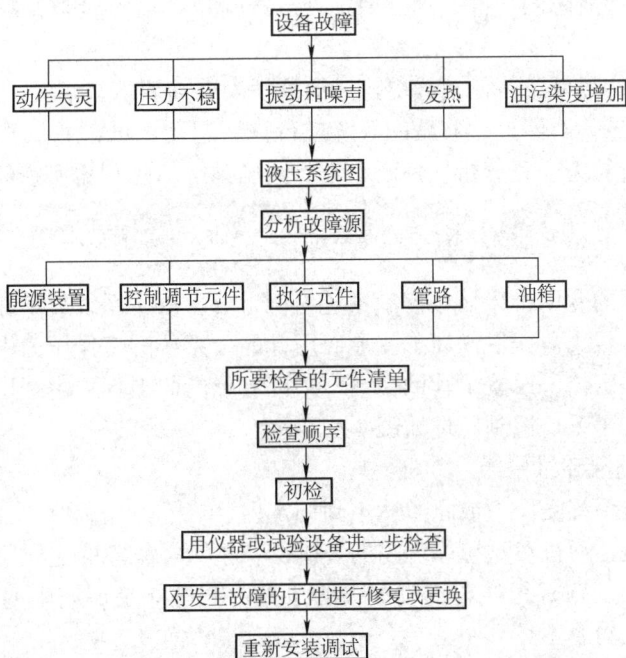

图 4-5　液压系统故障诊断流程图

液压系统故障的诊断必须遵循一定的程序进行，即根据液压系统的基本工作原理进行逻辑分析，减少怀疑对象，逐渐逼近，找出故障发生的部位和元件。

1）液压系统出现故障大致可归纳为五大问题，即动作失灵、振动和噪声、系统压力不稳定、发热及油液污染严重。

　　2）审核液压系统图。对于新系统在调试中出现的故障，首先要认真分析液压系统设计得是否合理，各压力阀及流量阀调节得是否合理；对于运行中的系统，要结合液压系统图检查各元件，确认其性能和作用，评定其质量状况。

　　3）分析故障源。大致有五大部分，即能源装置、控制调节元件、执行元件、管路和油箱。分析故障可用"四觉"诊断法，即指检修人员运用触觉、视觉、听觉和嗅觉来分析、判断液压系统的故障。

　　① 触觉，即检修人员根据手触感觉来判断油温的高低、元件及管道振动的大小。

　　② 视觉，即检修人员通过目测对执行元件无力、运动不稳定、泄漏和油液变色等现象做出一定的判断。

　　③ 听觉，即检修人员通过耳听，根据液压泵和液压马达的异常声响、溢流阀的尖叫声及油管的振动等，判断噪声和振动的大小。

　　④ 嗅觉，即检修人员通过嗅觉，判断油液变质和液压泵发热、烧结等故障。

　　4）列出与故障有关的元件清单。通过以上分析判断，将需要检修或更换的元件清单列出，但要注意，不要漏掉任何一个对故障有重要影响的元件。

　　5）对清单列出的元件，按其对引起故障的主次作用进行排队。

　　6）初步检查。判断元件的选用和装配是否合理，元件的外部信号是否合适，对外部的输入信号是否有反应等。并注意观察出现故障的先兆，如噪声、振动、高温和泄漏等现象。

　　7）未检查出引起故障的元件，则应用仪器或试验设备反复检查，以鉴定其性能参数是否合格。

　　8）对发生故障的元件进行修复或更换。应注意安装前要认真清洗。

　　9）重新安装调试。对经过检修后的系统进行重新起动调试，并认真总结系统出现故障的原因及排除的方法，为今后分析、判断和维修液压系统故障积累实践经验。

三、液压系统故障实例分析

　　以加工薄壳零件的专用机床液压控制系统为例，分析液压系统故障和排除方法。

　　该液压系统是为减小薄壳零件加工变形而设计的。系统的工作压力由溢流阀调定，为减小加工变形又不破坏定位，设置了辅助支承。辅助支承的向上推力由减压阀1保证，夹紧力由减压阀2保证。液压系统控制原理如图4-6所示。

　　1. 液压主系统的故障维修

　　故障现象：液压系统无压力或压力达不到调定值。

　　分析及处理过程：通过对系统原理图的分析，产生这类故障的主要原因有①系统的压力油路和溢流油路（回油路）短接或有较严重的泄露。②可能是油箱中的油液根本没有进入液压系统。③电动机功率不足。

　　第一步检查液压泵是否有油液输出。如无油液输出，则可能是液压泵转向不对，零件磨损或损坏，吸油阻力过大或漏气；也可能是电动机功率不足，使液压泵的输油压力达不到工作压力。

　　经过观察和手感，电动机和液压泵均工作正常，有油液输出，故初步判断故障不出自液压泵。

　　第二步检查各回油管，观察哪个部件有溢油，如溢流阀回油管溢油等。但若拧紧溢流阀

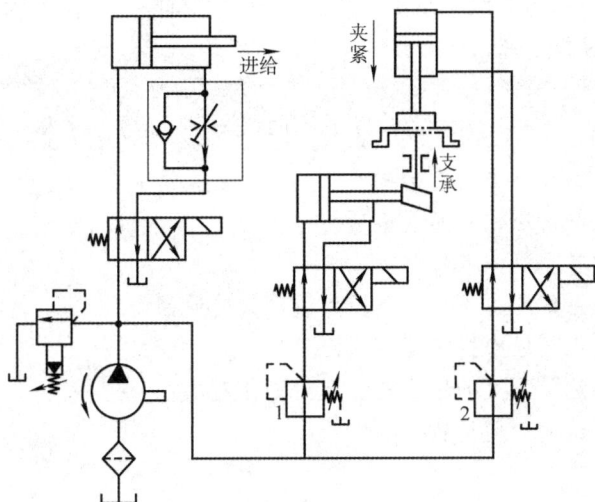

图 4-6　加工薄壳零件机床液压系统

的弹簧后，压力还是无变化，则其原因可能是溢流阀的阀芯有污物存在，阀芯锈蚀而卡死在开口位置，弹簧折断失效或阻尼孔被污物堵塞，这样液压泵输出的油液立即在低压下经溢流阀溢回油箱。由分析可知，故障可能出自溢流阀。关掉电动机，卸下并拆解溢流阀，经检查，弹簧完好，滑阀移动灵活。在进一步检查主阀阻尼孔时，发现阻尼孔不通，说明油液中有污物阻尼孔被堵塞了。

处理方法：过滤或更换液压油，清洗溢流阀，疏通阻尼孔，恢复其工作性能。

2. 进给回路的故障维修

故障现象：机床进给速度不稳定。

分析及处理过程：通过对系统原理图分析，产生这类故障的主要原因肯定出自单向调速阀。①可能是单向阀密封性不好。②阀与阀座处有污物。③调速阀中的弹簧失效变形或卡住。经检查发现弹簧完好，而发现单向阀与阀座处有污物。

处理方法：过滤或更换液压油，清洗单向调速阀。

3. 夹紧回路的故障维修

故障现象：在加工过程中，发现有些零件加工变形超出了允许范围。

分析及处理过程：通过对夹紧回路原理图的分析，产生这类故障的主要原因有①可能是辅助支承有时未起作用。②可能是夹紧力过大。其原因就出现在两个减压阀处。首先打开压力表开关，分别检测减压阀 1 和减压阀 2 的出口压力是否稳定在预先的调定值上。经观察发现减压阀 1 的出口压力波动较大。由此可见，辅助支承有时失去作用而造成一些零件加工变形。

减压阀 1 处故障原因有①弹簧变形或卡住。②滑阀移动不灵活或弹簧太软。③导阀与阀座孔配合不好或锥阀安装不正确。经拆解减压阀后发现，问题不是出现在滑阀处，而是锥阀安装偏斜。

处理方法：调整锥阀，重新安装。

最后将发生故障的元件进行修复或更换，并进行认真清洗，重新安装。对检修后的系统进行重新起动调试，并认真总结系统出现故障的原因及排除的方法，为今后分析、判断和维修液压系统故障积累实践经验。

思考题和习题

4-1   液压阀常用的连接方式有哪些？

4-2   使用液压系统时应注意哪些事项？

4-3   液压系统的常见故障有哪些？

4-4   试分析液压系统压力不稳定、压力波动大的原因是什么。

4-5   试分析液压系统压力提不高的原因是什么。

4-6   液压系统中流量不足的原因是什么？如何解决？

4-7   液压系统调试应如何进行？

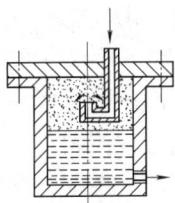

项目五

气压传动系统的工作原理及组成

单元一　气压传动的工作介质

学习目标

了解空气的基本性质，并掌握空气的这些基本性质对气压传动系统的影响。

一、空气的湿度

自然界中的空气是由多种成分组成的，其中 78% 是氮气（N_2），21% 是氧气（O_2），1% 为其他气体。此外，空气中常含有一定量的水蒸气，含有水蒸气的空气为湿空气，不含水蒸气的空气为干空气。大气中的空气基本上都是湿空气。在一定温度下，含水蒸气越多，空气就越潮湿。

空气作为传动介质，其干湿程度对传动系统的稳定性和寿命有直接影响。因此，各种元件对空气的含水量有明确规定，对一些要求较高的元件，还经常采取一些措施滤除空气中的水分。

二、空气的可压缩性

空气的体积受温度和压力的影响较大，有明显的可压缩性。温度越高、压力越大，空气的可压缩性就越大。只有在一定条件下，才能将空气看作是不可压缩的。

在实际工程中，管路内气体流速较低，温度变化不大，可将气体看作是不可压缩的，其误差很小。但在某些气压传动元件（如气缸、气马达）中，局部气体流速很高，则必须考虑气体的可压缩性。

三、气阻与气容

在气压传动系统中，为了控制运动（例如气缸的调速），常用气阻来调节压力和流量的大小。所谓气阻，就是指体积小、阻力大的流通部件，其形式很多，可以做成恒定值的，也可以做成可调值的。恒定值气阻是指在一定的压降和流量时，两者的比值为定值，不可调节。

气压传动系统中储存或放出气体的空间称为气容。管道、气缸、气罐等都是气容。气压传动系统的运行过程，实际上存在着无数次的充、放气过程。因此，在气压传动系统的设计、安装、调试及维修中，都必须考虑气容。例如，为了提高气压信号的传输速度，提高系统的工作频率和运行的可靠性，应限制管道气容，消除气缸等执行元件的气容对控制系统的影响。又如，为了延时、缓冲等目的，应在一定的部位设置适当的气容。特别是在调试及维修中，不适当的气容往往会造成系统工作不正常。

四、气体的高速流动及噪声

气压传动设备工作时，常出现气体的高速流动，如气缸、气阀的高速排气，冲击气缸喷口处的高速流动，气压传动传感器的喷流等。气压传动设备工作时的排气，由于出口处气体急剧膨胀，会产生刺耳的噪声。噪声的强弱随排气量、排气速度和排气通道形状的变化而变化，排气速度和功率越大，噪声也就越大。为了降低噪声，应合理设计排气口形状并降低排气速度。

> **想 一 想**
>
> （1）空气的湿度对气压传动系统有何影响？如何防止它的负面影响？
>
> （2）液压传动与气压传动相比较，哪种传动更为平稳？为什么？
>
> （3）家庭中常用的燃气灶、罐及相关的部件，哪些是气阻，哪些是气容？各有什么作用？
>
> （4）高速气流在经过排气通道排出时会发出刺耳的声音，你有什么办法可以降低噪声？方法越多越好。

单元二　气源装置

任务一　气源装置的作用和工作原理

学习目标
1. 掌握空气压缩机的原理、结构与选用。
2. 掌握压缩空气净化装置的原理、结构与作用。

一、气源装置的作用和工作原理

气源装置是气压传动系统的一个重要组成部分，它为气压传动系统提供具有一定压力和流量的压缩空气，同时要求提供的气体清洁、干燥。若不能完全满足以上条件，就会加速系统的中期老化过程。

一般气源装置由以下几个部分组成：

1）空气压缩机。

2）储存、净化压缩空气的装置和设备。

3）传输压缩空气的管路系统。

图 5-1 所示为气源装置组成示意图。图中空气压缩机 1 用以产生压缩空气，一般由电动机带动，其吸气口装有空气过滤器，用以过滤进入空气压缩机的气体中的杂质。后冷却器 2 用以冷却压缩空气，使汽化的水、油凝结出来。油水分离器 3 用以分离并排出冷却凝结的水滴、油滴、杂质等。气罐 4 用以储存压缩空气，稳定压缩空气的压力，并除去部分水分和油分。干燥器 5 用以进一步吸收或排出压缩空气中的水分及油分，使之变成干燥空气。空气过滤器 6 用以进一步过滤压缩空气中的灰尘、杂质等颗粒。气罐 4 输出的压缩空气可用于一般要求的气压传动系统，气罐 7 输出的压缩空气可用于较高要求的气压传动系统（如自动化仪表及射流元件组成的控制回路等）。

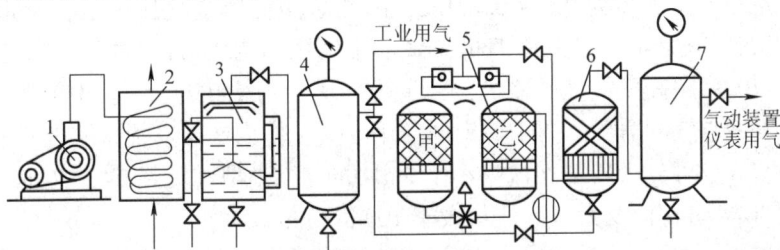

图 5-1　气源装置组成示意图

1—空气压缩机　2—后冷却器　3—油水分离器　4、7—气罐　5—干燥器　6—空气过滤器

二、空气压缩机

1. 空气压缩机的分类

空气压缩机是产生和输送压缩空气的装置，它将机械能转化为气体的压力能，按其工作原理的不同可划分为容积式空气压缩机和动力式空气压缩机两类。在气压传动系统中，一般都采用容积式空气压缩机。

容积式空气压缩机是通过机件的运动，使气缸容积的大小发生周期性变化，从而完成对空气的吸入和压缩过程。这种压缩机又分为几种不同的结构形式，其中活塞式空气压缩机是最常用的一种。

2. 空气压缩机的工作原理

容积式空气压缩机中常用的活塞式空气压缩机有卧式和立式两种结构形式。卧式空气压缩机的工作原理及实物如图 5-2 所示，它是利用曲柄滑块机构，将电动机的回转运动转变为活塞的往复直线运动。当活塞 3 向右运动时，气缸 2 的容积增大，压力降低，排气阀 1 关闭，外界空气在大气压的作用下，打开吸气阀 9 进入气缸内，此过程称为吸气过程。当活塞 3 向左运动时，气缸 2 的容积减小，空气受到压缩，压力逐渐升高而使吸气阀 9 关闭，排气阀 1 被打开，压缩空气经排气口进入气罐，这一过程称为压缩排气过程。单级单缸压缩机就是这样循环往复运动，不断产生压缩空气。实际生产中使用的大多数空气压缩机是多缸多活塞的组合。

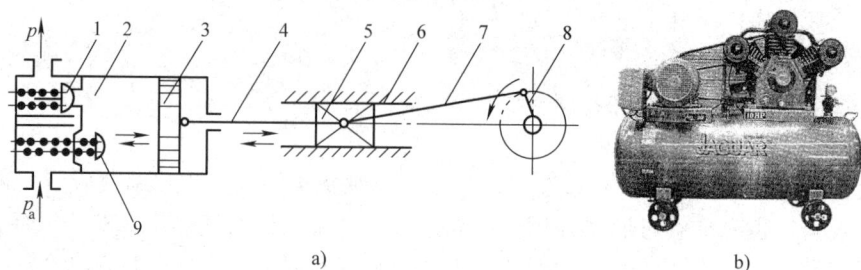

图 5-2 卧式空气压缩机工作原理及其实物

a）工作原理 b）实物

1—排气阀 2—气缸 3—活塞 4—活塞杆 5—滑块 6—滑道 7—连杆 8—曲柄 9—吸气阀

3. 空气压缩机的选用

空气压缩机的选用应以气压传动系统所需要的工作压力和流量两个参数为依据，一般气压传动系统需要的工作压力为 0.5 ~ 0.8MPa，因此选用低压空气压缩机，额定排气压力为 0.7 ~ 1MPa。此外，还有中压空气压缩机，额定排气压力为 1MPa；高压空气压缩机，额定排气压力为 10MPa；超高压空气压缩机，额定排气压力为 100MPa。输出流量要根据整个气压传动系统对压缩空气的需要，再加一定的备用余量，作为选择空气压缩机流量的依据。一般空气压缩机按流量可分为微型（流量小于 $1m^3/min$）、小型（流量在 1 ~ 10m³/min）、中型（流量在 10 ~ 100m³/min）及大型（流量大于 100m³/min）。

三、压缩空气的净化装置

空气压缩机输出的压缩空气，虽然能够满足一定的压力和流量的要求，但不能直接被气压传动装置使用。因为一般气压传动设备所使用的空气压缩机都是属于工作压力较低（小于 1MPa）、用油润滑的活塞式空气压缩机，它从大气中吸入含有水分和灰尘的空气，经压缩后空气温度升高到 140 ~ 170℃，这时压缩机气缸里的润滑油也部分成为气态。这样油分、水分以及灰尘便形成混合的胶体微雾及杂质，混合在压缩空气中一同排出。如果将此压缩空气直接送给气动装置使用，将会影响设备的寿命，严重时导致整个气压传动系统工作不稳定甚至失灵。因此，必须设置一些除油、除水、除尘并使压缩空气干燥的气源净化处理辅助设备，提高压缩空气质量。净化设备一般包括后冷却器、油水分离器、干燥器、空气过滤器和气罐等。

1. 后冷却器

后冷却器安装在空气压缩机出口管道上，空气压缩机排出温度为 140 ~ 170℃的压缩空气经过后冷却器冷却，温度降至 40 ~ 50℃。这样，就可使压缩空气中的油雾和水汽迅速达到饱和而使其余大部分油雾和水汽凝结析出。冷却器一般都是水冷式的换热器，其结构如图 5-3a、b 所示，可以是蛇管式或列管式，其实物如图 5-3c 所示。热的压缩空气经由管内流过，冷却水在管外的水套中流动进行冷却。为了提高降温效果，在安装使用时要特别注意冷却水与压缩空气的流动方向（图中箭头所示方向）。

2. 油水分离器

油水分离器安装在后冷却器后的管道上，它的作用是分离压缩空气中凝聚的水分、油分和灰尘等杂质，使压缩空气得到初步净化。其结构形式有撞击折回式、水浴式、旋转离心式、环形回转式及以上形式的组合等。

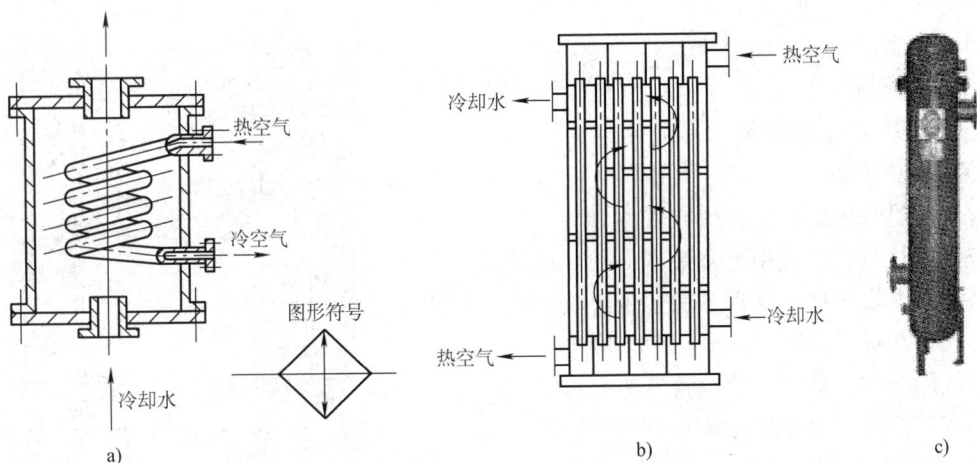

图5-3 后冷却器结构示意图及其实物

a) 蛇管式 b) 列管式 c) 实物

（1）撞击折回式油水分离器 其结构和图形符号如图5-4a、b所示，实物如图5-4c所示。当压缩空气由进气管4进入分离器壳体以后，气流先受到隔板2的阻挡，被撞击而折回向下（图中箭头所示方向）；之后又上升并产生环形回转，最后从输出管3排出。与此同时，在压缩空气中凝聚的水滴、油滴等杂质，受惯性力的作用而分离析出，沉降于壳体底部，由放油水阀6定期排出。

为了提高油水分离的效果，气流回转后上升的速度不能太快，一般不超过1m/s。通常油水分离器的高度H为其内径D的3.5~5倍。

（2）水浴式油水分离器 其结构如图5-5a所示。压缩空气从管道进入分离器底部以后，经水洗和过滤后从出口输出。其优点是可以清除压缩空气中大量的油分等杂质；其缺点是当工作时间稍长时，液面会漂浮一层油污，需要经常清洗和排除。

（3）旋转离心式油水分离器其结构如图5-5b所示。压缩空气从切向进入分离器后，产生强烈的旋转，使压缩空气中的水滴、油滴等杂质在惯性力作用下被分离出来而沉降到容器底部，再由排污阀定期排出。

在要求净化程度较高的气压传动系统中，可将水浴式与旋转离心式油水分离器串联组合使用，其结构如图5-5所示。这样可以显著增强净化效果。

3. 干燥器

干燥器的作用是进一步除去压缩空气中含有的少量的油分、

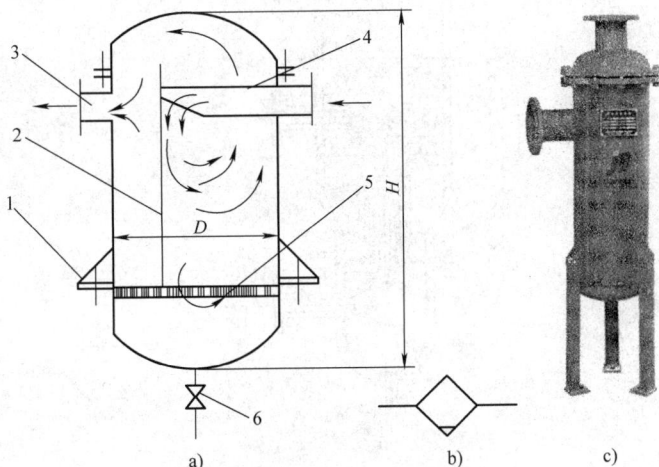

图5-4 撞击折回式油水分离器

a) 结构 b) 图形符号 c) 实物

1—支架 2—隔板 3—输出管

4—进气管 5—栅板 6—放油水阀

水分，使压缩空气进一步干燥，提供给要求气源质量较高的系统及精密气动装置使用。

压缩空气的干燥方法主要有机械法、离心法、冷冻法和吸附法等。目前使用最广泛的是冷冻法和吸附法。

冷冻法是利用制冷设备使空气冷却到一定的露点温度，析出空气中的多余水分，从而达到所需要的干燥程度。这种方法适用于处理低压、大流量并对干燥程度要求不高的压缩空气。压缩空气的冷却，除用制冷设备外，也可采用制冷剂直接蒸发或用冷却液间接冷却的方法。

图5-6所示为吸附式干燥器，它利用硅胶、活性氧化铝、焦炭或分子筛等具有吸附性能的吸附剂来吸附压缩空气中的水分，使其干燥，吸附法的除水效果最好。

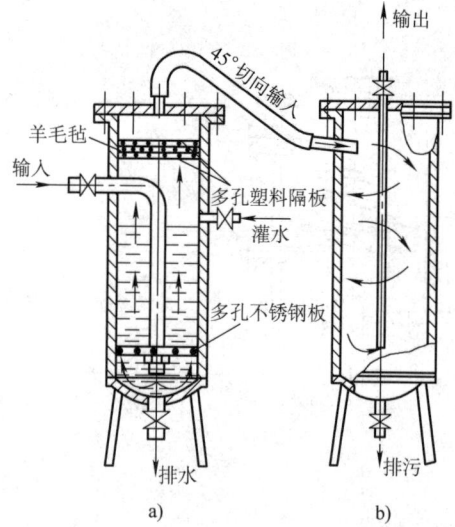

图5-5 水浴式与旋转离心式油水分离器串联结构

a）水浴式油水分离器 b）旋转离心式油水分离器

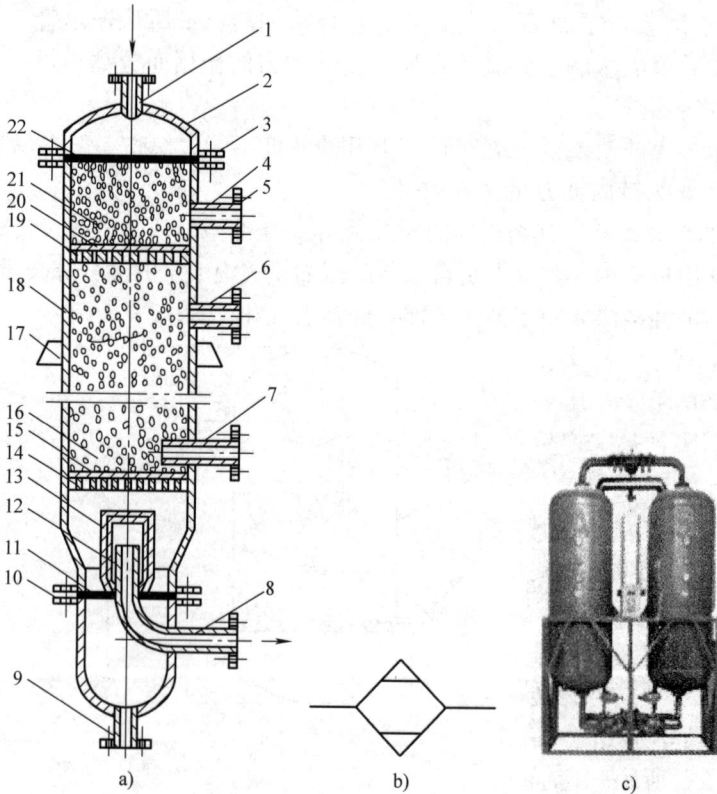

图5-6 吸附式干燥器

a）结构 b）图形符号 c）实物

1—湿空气进气管 2—顶盖 3、5、10—法兰 4、6—再生空气排气管 7—再生空气进气管
8—干燥空气输出管 9—排水管 11、22—密封垫 12、15、20—钢丝过滤网
13—毛毡 14—下栅板 16、21—吸附剂 17—支撑板 18—外壳 19—上栅板

　　由于水分和吸附剂之间没有化学反应，所以不需要更换吸附剂，但当干燥器使用一段时间后，吸附剂吸水达到饱和状态而失去吸附能力，因此需设法除去吸附剂中的水分，使其恢复干燥状态，以便继续使用，这就是吸附剂再生。其过程是先将干燥器的进、出气管关闭，使其脱离工作状态，然后从再生空气进气管 7 输入干燥的热空气（温度一般为 180 ~ 200℃）。热空气通过吸附层时将其所含水分蒸发成水蒸气并一起由再生空气排气管 4、6 排出。经过一定的再生时间后，吸附剂被干燥并恢复了吸湿能力。这时，将再生空气的进、排气管关闭，将压缩空气的进、出气管打开，干燥器便继续进入工作状态。因此，为保证供气的连续性，一般的气源系统设置两套干燥器，一套用于空气干燥，另一套用于吸附剂再生，两套交替工作。

4. 空气过滤器

　　空气的过滤是气压传动系统中的重要环节。不同的场合，对压缩空气的过滤要求也不同。空气过滤器的作用是进一步滤除压缩空气中的杂质。有些过滤器常与干燥器、油水分离器等做成一体。因此，过滤器的形式很多，常用的过滤器有一次空气过滤器和二次空气过滤器。

　　（1）一次空气过滤器　一次空气过滤器也称简易过滤器，其滤灰效率为 50% ~ 70%。图 5-7 所示为一种一次空气过滤器。气流由切线方向进入筒内，在惯性的作用下分离出液滴，然后气体由下向上通过多孔钢板、毛毡、硅胶、焦炭、滤网等过滤吸附材料，干燥清洁的压缩空气便从筒顶输出。

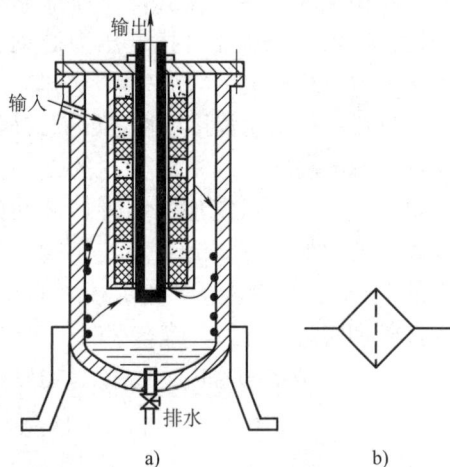

图 5-7　一次空气过滤器

a）结构　b）图形符号

　　（2）二次空气过滤器　二次空气过滤器的滤灰效率为 70% ~ 99%。**排水过滤器即属于二次空气过滤器。它和减压阀、油雾器称为气源处理装置**，是气压传动设备必不可少的辅助装置。普通排水过滤器的结构如图 5-8a 所示。其工作原理如下：压缩空气从输入口进入后，被引入旋风叶子 1，旋风叶子上有很多成一定角度的缺口，迫使空气沿切线方向运动产生强烈的旋转。夹杂在气体中较大的水滴、油滴等，在惯性力作用下与存水杯 3 内壁碰撞，并分离出来沉到杯底；而微粒灰尘和雾状水气则在气体通

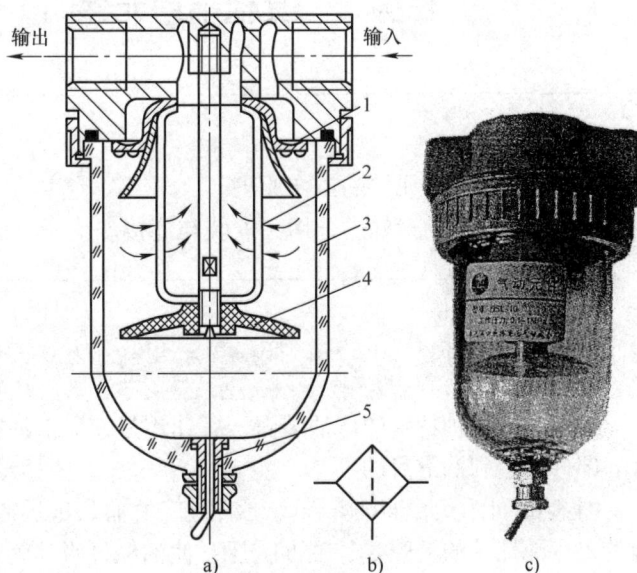

图 5-8　排水过滤器

a）结构　b）图形符号　c）实物

1—旋风叶子　2—滤芯　3—存水杯

4—挡水板　5—手动排水阀

过滤芯 2 时被拦截而滤去，洁净的空气便从输出口输出。为防止气体旋涡将杯中积存的污水卷起而破坏过滤作用，在滤芯下部设有挡水板 4。此外，为保证分水过滤器正常工作，必须将污水通过手动排水阀 5 及时放掉。图 5-8b、c 所示分别为其图形符号和实物。

5. 气罐

气罐的主要作用是储存一定数量的压缩空气，以解决空气压缩机的输出气量和气压传动设备耗气量之间的不平衡；减少气源输出气流脉动，保证输出气流的连续性和平稳性；减弱空气压缩机排气压力脉动引起的管道振动；进一步分离压缩空气中的水分和油分等。

气罐一般采用焊接结构，以立式居多，其结构如图5-9a所示。罐的高度 H 为其内径 D 的 2 ~ 3 倍。进气口在下，出气口在上，并尽可能加大两管口之间的距离，以利于充分分离空气中的杂质。罐上设安全阀，其调整压力为工作压力的110%；装设压力计指示罐内压力；底部设排放油、水的接管和阀门。选择气罐容积时，可参考下列经验公式

$$q < 0.1m^3/s 时, V_c = 0.2q$$
$$q = 0.1 ~ 0.5m^3/s 时, V_c = 0.15q$$
$$q > 0.5m^3/s 时, V_c = 0.1q$$

式中　q——压缩机的额定排气量，单位为 m^3/s；
　　　V_c——气罐容积，单位为 m^3。

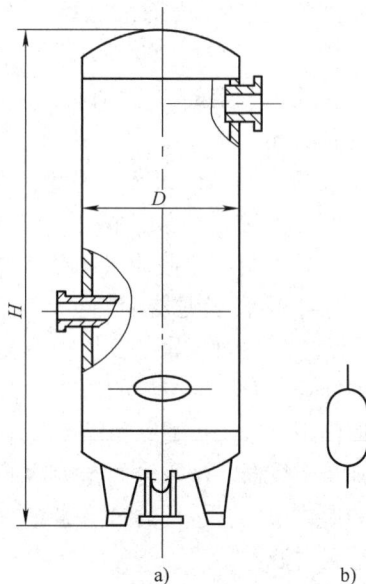

图 5-9　气罐
a) 结构　b) 图形符号

任务二　其他辅助元件的工作原理及选用

学习目标
1. 掌握辅助元件的工作原理。
2. 学会辅助元件的选用、安装与连接。

一、油雾器

油雾器是一种特殊的注油装置。其作用是使润滑油雾化后，随压缩空气一起进入需要润滑的部件，达到润滑目的。

图 5-10 所示是普通油雾器。压缩空气由输入口进入后，一部分由小孔 a 通过特殊单向阀进入存油杯 5 的上腔 c，油面受压，使油经过吸油管 6 将钢球 7 顶起，钢球 7 不能封住它到节流阀的通油孔，油可以不断地经节流阀 1 的阀口流入滴油管，再滴入喷嘴 11 中，然后被主通道中的高速气流引射出，雾化后从输出口输出。节流阀 1 可以在 0 ~ 120 滴/min 的范围内调节滴油量，可通过视油器 8 观察滴油情况。

图 5-10 所示的普通油雾器也称为一次油雾器。二次油雾器能使油滴在油雾器内进行两

次雾化，使油雾粒度更小、更均匀，输送距离更远。

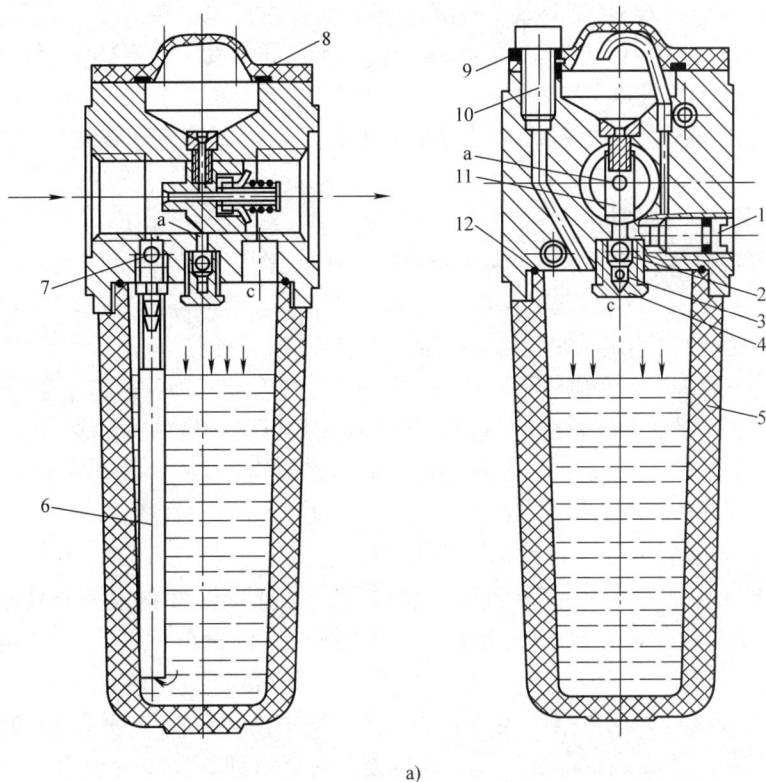

a)

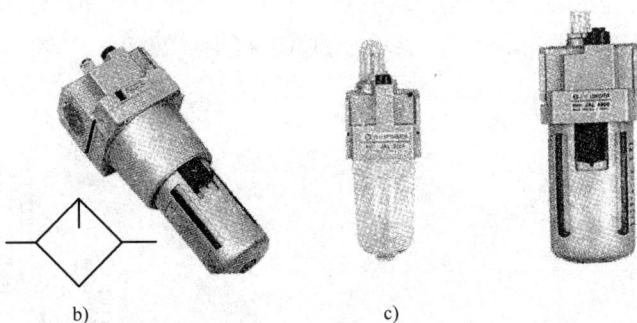

b)　　　　　c)

图 5-10　普通油雾器

a) 结构　b) 图形符号　c) 实物

1—节流阀　2、7—钢球　3—弹簧　4—阀座　5—存油杯
6—吸油管　8—视油器　9、12—密封垫　10—油塞　11—喷嘴

油雾器的供油量应根据气压传动设备的情况确定。一般情况下，以 $10m^3$ 自由空气供给 $1cm^3$ 润滑油为宜。

注意

　　油雾器的安装应尽量靠近换向阀，与换向阀的距离一般不应超过5m，但必须注意管径的大小和管道的弯曲程度。应尽量避免将油雾器安装在换向阀与气缸之间，以免造成润滑油的浪费。

二、消声器

气压传动系统一般不设排气管道，用后的压缩空气直接排入大气。这样因气体的体积急剧膨胀，会产生刺耳的噪声。排气的速度和功率越大，噪声也越大，一般可达 100～120dB。这种噪声使工作环境恶化，危害人体健康。一般说来，噪声高于 85dB 都要设法降低。消声器就是安装在换向阀的排气口用来降低排气噪声的。

常用的消声器有以下几种：

（1）吸收型消声器　这种消声器主要依靠吸音材料消声，其结构如图 5-11a 所示。消声罩 2 为多孔的吸音材料，一般用聚苯乙烯颗粒或铜珠烧结。当消声器的通径小于 20mm 时，多用聚苯乙烯作消声材料制成消声罩；当消声器的通径大于 20mm 时，消声罩多采用铜珠烧结，以增加强度。其消声原理是当有压气体通过消声罩时，气流受到阻力，声能量被部分吸收而转化为热能，从而降低了噪声强度。吸收型消声器结构简单，具有良好的消除中、高频噪声的性能，消声效果大于 20dB。在气压传动系统中，排气噪声主要是中、高频噪声，尤其是高频噪声较多，所以采用这种消声器是合适的。图 5-11b、c 所示分别为其图形符号及实物。

（2）膨胀干涉型消声器　这种消声器呈管状，其直径比排气孔大得多，气流在里面扩散反射，互相干涉，减弱了噪声强度，最后经过非吸音材料制成的开孔较大的多孔外壳排入大气。它的特点是排气阻力小，可消除中、低频噪声；缺点是结构较大，不够紧凑。

（3）膨胀干涉吸收型消声器　它是前两种消声器的综合应用，其结构如图 5-12 所示。当气流由斜孔引入，在 A 室扩散、减速、碰壁撞击后反射到 B 室，气流束相互撞击、干涉，进一步减速，从而使噪声减弱。然后，气流经过吸音材料的多孔侧壁排入大气，噪声被再次削弱，所以这种消声器的降低噪声效果更好，低频可消声 20dB，高频可消声约 45dB。

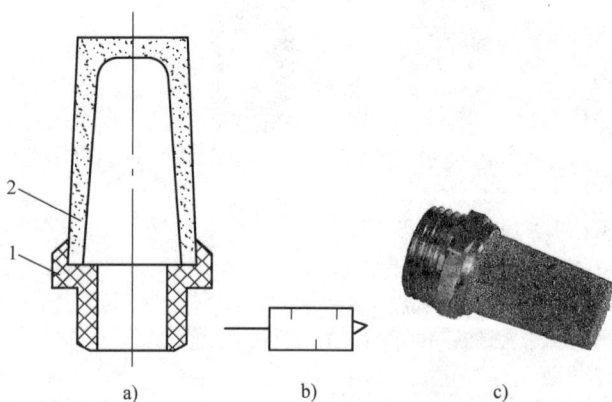

图 5-11　吸收型消声器
a）结构　b）图形符号　c）实物
1—连接件　2—消声罩

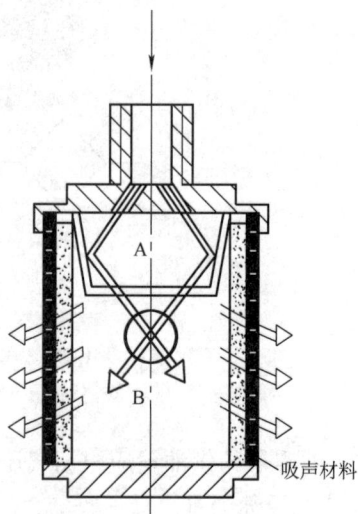

图 5-12　膨胀干涉吸收型消声器

选择消声器的主要依据是排气口直径的大小及噪声的频率范围。

三、气液转换器

在气压传动系统中，为了获得较平稳的速度，常用到气液阻尼缸或用液压缸作为执行元件，这就需要用气液转换器把气压信号转换成液压信号。

气液转换器主要有两种。一种是直接作用式，如图5-13 所示的气液直接接触式转换器，当压缩空气由上部输入管输入后，管道末端的缓冲装置使压缩空气作用在液压油面上，液压油就以与压缩空气相同的压力，由转换器主体下部的排油孔输出到液压缸，使其动作。气液转换器的储油量应不小于液压缸最大有效容积的 1.5 倍。另一种气液转换器是换向阀式，它是一个气控液压换向阀。采用气控液压换向阀时，需要另外备有液压源。

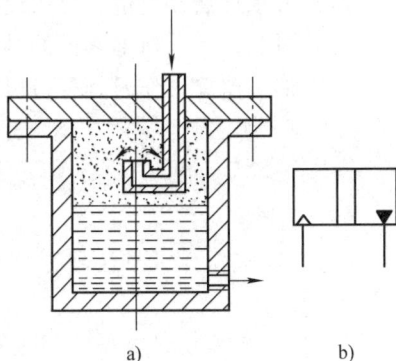

图 5-13　气液转换器
a）结构　b）图形符号

活动 1　气源装置和辅助元件认识及拆装实训

【实训目的】

1）通过对气源装置和辅助元件的拆装，使学生熟悉气源装置和辅助元件的结构，加深对气源装置和辅助元件工作原理的理解。

2）培养学生的动手能力。

【实训器材】

气源装置（冷却器、油水分离器、干燥器），气动辅助元件（过滤器、油雾器、消声器）。

【实训要求】

1）实训前要认真复习有关元件的工作原理及其特性。

2）对照书本中已有的结构图，预习结构知识。

3）拆装时注意不要散失小的零件，实训完要把每个元件装好。

4）每次实训后，由指导教师指定思考题作为本次实验报告内容。

【实训内容】

1）参照所选的气源装置元件、辅助元件的结构原理图，进行拆装。

2）观察所拆卸的气源装置元件及辅助元件各组成部分的结构。

3）清洗各组成部分的元件。

4）组装所拆卸的气源装置元件及辅助元件。

【实训方法】

本训练采用教师重点讲解，学生自己动手拆装为主的方法。学生以小组为单位，边拆装，边讨论并分析结构原理及特点。为便于思考，针对气源装置和各气动辅助元件提出以下思考题。

1）对照实物分析说明油水分离器的结构原理。

2）对照实物分析说明分水过滤器的结构、工作原理。

3）观察分水过滤器中旋风叶子上缺口的方向，其作用是什么？

4）分水过滤器的进、出口反接会有什么问题？为什么？

5）对照实物分析油雾器的结构原理及特殊单向阀的结构。

6）油雾器在工作时是否可以不拧紧油塞？

思考题和习题

5-1　填空

（1）空气压缩机按原理可分为_____与_____两种，在气压传动系统中都采用_____。

（2）冷却器安装在空气压缩机输出管路上，用于降低_____的湿度，并使压缩空气中的大部分水汽、油雾冷凝成为_____、_____，以便经油水分离器析出。

（3）目前使用的干燥方法是_____和_____。

（4）过滤器用以除去压缩空气中的_____、_____和_____等杂质。

（5）干燥器是为了进一步_____和_____空气中的水分、油分，使之变为干燥空气，以便为要求高的气压传动仪表、射流元件组成的系统使用。

（6）吸附法是利用_____、_____、_____、_____等吸附剂吸收压缩空气中的水分，使压缩空气得到干燥的方法。

（7）油水分离器主要是用_____、_____、_____等方法使压缩空气中凝聚的水分、油分等杂质从压缩空气中分离出来，让压缩空气中凝聚的水分、油分等杂质从压缩空气中分离出来，让压缩空气得到初步净化。

5-2　选择

（1）空气压缩机按输出压力可分为（　　）。

A　鼓风机、低压空压机、中压空压机、高压空压机、超高压空压机

B　鼓风机、低压空压机、中压空压机、高压空压机、微型空压机

C　低压空压机、中压空压机、高压空压机、超高压空压机、微型空压机

D　小型空压机、鼓风机、低压空压机、中压空压机、高压空压机

（2）过滤器可分为（　　）三种。

A　一次性过滤器、分水过滤器、高效过滤器

B　分水过滤器、二次性过滤器、高效过滤器

C　一次性过滤器、二次性过滤器、高效过滤器

D　一次性过滤器、二次性过滤器、分水过滤器

5-3　如图5-14所示，在图形符号下面写上相应的元件名称。

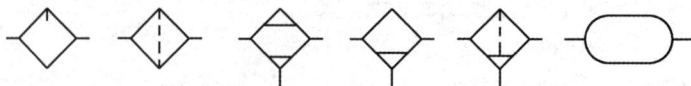

图5-14　题5-3图

5-4　如图5-14所示，哪些是气源处理装置？按正确的使用顺序把它们相应的图形符号连接起来。若气源处理装置的使用顺序颠倒了，将会产生什么问题？它们各自的作用是什么？

5-5　若把气液转换器的出、入口颠倒一下，将会出现什么样的情况？

单元三　气压传动执行元件

任务一　气缸组成原理及选用

学习目标

1. 了解气缸的结构、工作原理及特点。
2. 会根据生产实际需要选择合适的气缸。

一、气缸的分类

气缸是气压传动中使用的执行元件。其结构、形状有多种形式，分类方法也很多，常用的有以下几种：

（1）按压缩空气作用在活塞端面上的方向分类　可分为单作用气缸和双作用气缸。单作用气缸活塞只有一个方向的运动，是靠压缩空气，活塞的复位是靠弹簧力或重力；双作用气缸活塞的往返运动全都是靠压缩空气。

（2）按结构特点分类　可分为活塞式气缸、叶片式气缸、薄膜式气缸、气液阻尼缸等。

（3）按安装方式分类　可分为耳座式气缸、法兰式气缸、轴销式气缸和凸缘式气缸。

（4）按气缸的功能分类

1）普通气缸，主要指活塞式单作用气缸和双作用气缸。

2）特殊气缸，包括气液阻尼缸、薄膜式气缸、冲击式气缸、增压气缸、步进气缸、回转气缸等。

二、几种常见气缸的工作原理和用途

1. 单作用气缸

单作用气缸是指压缩空气仅在气缸的一端进气，并推动活塞运动，而活塞的返回则是借助于其他外力，如重力、弹簧力等，其结构原理如图5-15所示。

这种气缸的特点如下：

1）由于单边进气，所以结构简单，耗气量小。

2）由于用弹簧复位，使压缩空气的能量有一部分用来克服弹簧的反作用力，因而减小了活塞杆的输出推力。

3）缸体内因安装弹簧而减小了空间，缩短了活塞的有效行程。

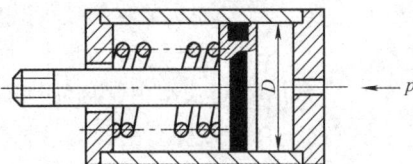

图 5-15　单作用气缸结构原理

4）气缸复位弹簧的弹力是随其变形大小而变化的，因此活塞杆的推力和运动速度在行程中是变化的。

因此，单作用活塞式气缸多用于短行程及对活塞杆推力、运动速度要求不高的场合，如定位和夹紧装置等。

气缸工作时，活塞杆上输出的推力必须克服弹簧的弹力及各种阻力，推力可用下式计算

$$F = \frac{\pi}{4} D^2 p \eta_C - F_s \qquad (5\text{-}1)$$

式中　F——活塞杆上的推力，单位为 N；

　　　D——活塞直径，单位为 m；

　　　p——气缸工作压力，单位为 Pa；

　　　F_s——弹簧力，单位为 N；

　　　η_C——气缸的效率，一般取 0.7～0.8，活塞运动速度 <0.2m/s 时取大值，活塞运动速度 >0.2m/s 时取小值。

气缸工作时的总阻力包括运动部件的惯性力和各密封处的摩擦阻力等，它与多种因素有关。综合考虑以后，以效率 η_C 的形式计入式（5-1）。

2. 双作用气缸

1）单活塞杆双作用气缸是使用得最为广泛的一种普通气缸，其结构如图 5-16 所示。这种气缸工作时活塞杆上的输出力用下式计算：

$$F_1 = \frac{\pi}{4} D^2 p \eta_C \qquad (5\text{-}2)$$

$$F_2 = \frac{\pi}{4} (D^2 - d^2) p \eta_C \qquad (5\text{-}3)$$

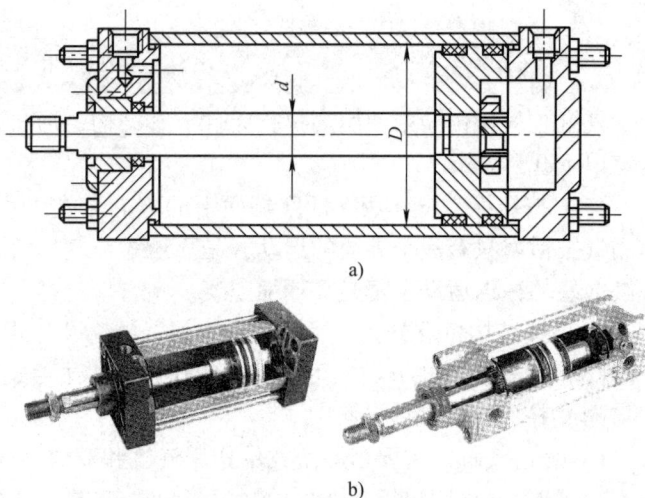

图 5-16　双作用气缸

a）结构　b）实物

式中　F_1——当无杆腔进气时活塞杆上的输出力，单位为 N；

　　　F_2——当有杆腔进气时活塞杆上的输出力，单位为 N；

　　　D——活塞直径，单位为 m；

　　　d——活塞杆直径，单位为 m；

　　　p——气缸工作压力，单位为 Pa；

　　　η_C——气缸的效率，一般取 0.7～0.8，活塞运动速度 <0.2m/s 时取大值，活塞运动速度 >0.2m/s 时取小值。

2）双活塞杆双作用气缸使用得较少，其结构与单活塞杆双作用气缸基本相同，只是活塞两侧都装有活塞杆。因两端活塞杆直径相同，所以活塞往复运动的速度和输出力均相等，其输出力用式（5-3）计算。这种气缸常用于气动加工机械及包装机械设备上。

3. 薄膜式气缸

薄膜式气缸利用压缩空气通过膜片推动活塞杆作往复运动，它具有结构紧凑、简单、制造容易、成本低、维修方便、寿命长、泄漏少、效率高等优点，适用于气压传动夹具、自动调节阀及短行程场合，主要由缸体、膜片和活塞杆等零件组成。它可以是单作用式的，也可以是双作用式的，其结构如图 5-17 所示。其膜片有盘形膜片和平膜片两种，膜片材料为夹织物橡胶、钢片或磷青铜片。薄膜式气缸与活塞式气缸相比，因膜片的变形量有限，故其行程较短，一般不超过 40 ~ 50mm。其最大行程 L_{max} 与缸径 D 的关系为

$$L_{max} = (0.12 ~ 0.25)D$$

因膜片变形要吸收能量，所以活塞杆上的输出力随着行程的增大而减小。

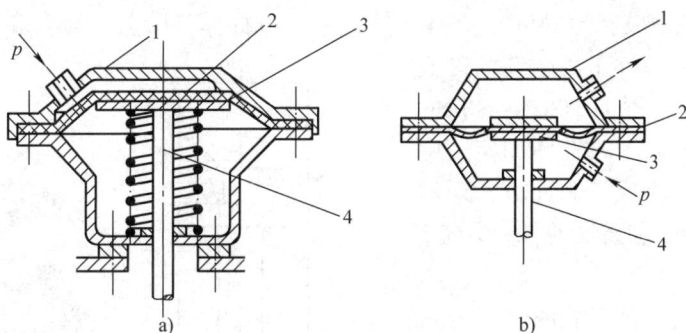

图 5-17 薄膜式气缸结构

a）单作用式 b）双作用式

1—缸体 2—膜片 3—膜盘 4—活塞杆

4. 气液阻尼缸

普通气缸工作时，由于气体可压缩性大，当负载变化较大时会产生"爬行"或"自走"现象，使气缸的工作不平稳。气液阻尼缸是由气缸和液压缸组合而成的，它以压缩空气为动力，并利用油液的不可压缩性来获得活塞的平稳运动。

图 5-18a 所示为气液阻尼缸的工作原理。它将液压缸和气缸串联成一个整体，两个活塞固定在一根活塞杆上。当气缸右腔供气时，活塞克服外载并带动液压缸活塞向左运动。此时

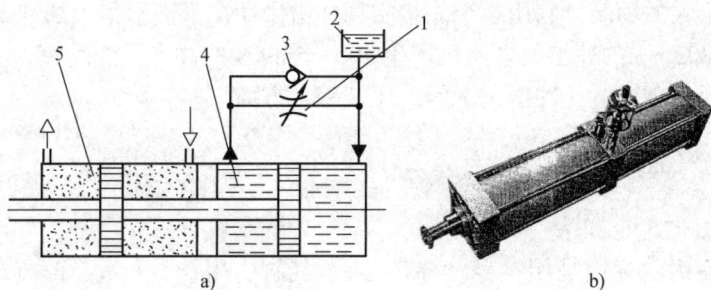

图 5-18 气液阻尼缸

a）工作原理 b）实物

1—节流阀 2—油箱 3—单向阀 4—液压缸 5—气缸

液压缸左腔排油，油液只能经节流阀 1 缓慢流回右腔，对整个活塞的运动起到阻尼作用。因此，调节节流阀，就能达到调节活塞运动速度的目的。当压缩空气进入气缸左腔时，液压缸右腔排油，此时单向阀 3 开启，活塞能快速返回。油箱 2 的作用只是用来补充液压缸因泄漏而减少的油量，因此改用油杯就可以了。

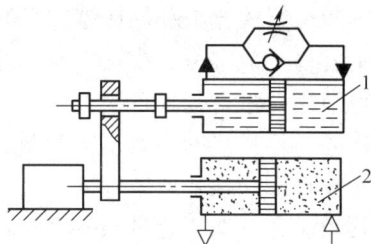

图 5-19 并联型气液阻尼缸
1—液压缸 2—气缸

图 5-18b 所示为串联型气液阻尼缸实物，它的缸体长，加工与装配的工艺要求高，且两缸间可能产生油气互串现象。而图 5-19 所示的并联型气液阻尼缸，其缸体短，两缸直径可以不同且两缸不会产生油气互串现象。

5. 冲击气缸

冲击气缸是一种较新型的气动执行元件，主要由缸体、中盖、活塞和活塞杆等零件构成，如图 5-20 所示。冲击气缸在结构上比普通气缸增加了一个具有一定容积的蓄能腔和喷嘴，中盖 5 与缸体固定，中盖和活塞把气缸分隔成三个部分，即活塞杆腔 1、活塞腔 2 和蓄能腔 3。中盖 5 的中心开有喷嘴口 4。

当压缩空气进入蓄能腔时，其压力只能通过喷嘴口小面积作用在活塞上，还不能克服活塞杆腔的排气压力所产生的向上的推力以及活塞与缸体间的摩擦力，喷嘴处于关闭状态，从而使蓄能腔的充气压力逐渐升高。当充气压力升高到能使活塞向下移动时，活塞的下移使喷嘴口开启，聚集在蓄能腔中的压缩空

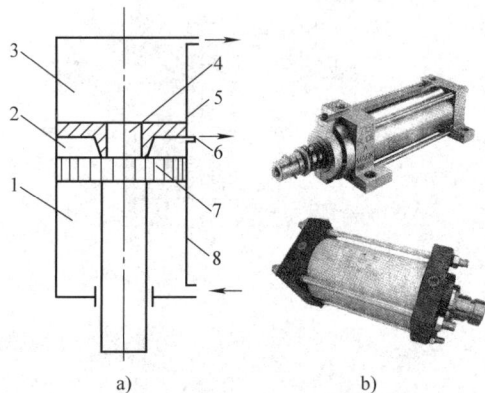

图 5-20 冲击气缸
a) 结构原理 b) 实物
1—活塞杆腔 2—活塞腔 3—蓄能腔
4—喷嘴口 5—中盖 6—泄气口
7—活塞 8—缸体

气通过喷嘴口突然作用于活塞的全面积上。高速气流进入活塞腔进一步膨胀并产生冲击波，冲击波的阵面压力可高达气源压力的几倍到几十倍，给予活塞很大的向下的推力。此时活塞杆腔内的压力很低，活塞在很大的压差作用下迅速加速，在很短的时间内以极高的速度向下冲击，从而获得很大的动能。利用这个能量实现冲击做功，可产生很大的冲击力。例如，内径 230mm、行程 403mm 的冲击气缸，可产生 400 ~ 500kN 的冲击力。

冲击气缸广泛用于锻造、冲压、下料、压坯等各方面。

三、标准化气缸简介

1. 标准化气缸的标记和系列

标准化气缸使用的标记是用符号"QG"表示气缸，用符号"A、B、C、D、H"表示五种系列，具体的标记方法为

| QG | ABCDH | | 缸径 | × | 行程 |

五种标准化气缸系列为

QGA—无缓冲普通气缸　　　　　　QGB—细杆（标准杆）缓冲气缸

QGC—粗杆缓冲气缸　　　　　　　　QGD—气液阻尼缸

QGH—回转气缸

例如，QGA100×125 表示直径为 100mm、行程为 125mm 的无缓冲普通气缸。

2. 标准化气缸的主要参数

标准化气缸的主要参数是缸筒内径 D 和行程 L。因为在一定的气源压力下，缸筒内径标志气缸活塞杆的理论输出力，行程标志气缸的作用范围。

标准化气缸系列有 11 种规格。

缸径 D（mm）：40、50、63、80、100、125、160、200、250、320、400

行程 L（mm）：对无缓冲气缸，$L = (0.5 \sim 2) D$

　　　　　　　　对有缓冲气缸，$L = (1 \sim 10) D$

任务二　气马达组成原理及选用

学习目标

　　1. 了解气马达的结构、工作原理及特点。

　　2. 会根据生产实际需要选择合适的气马达。

气马达属于气动执行元件，它是把压缩空气的压力能转换为机械能的转换装置。它的作用相当于电动机或液压马达，即输出力矩，驱动机构做旋转运动。

一、气马达的分类和工作原理

最常用的气马达有叶片式气马达、活塞式气马达、薄膜式气马达三种。

图 5-21a 所示是叶片式气马达的工作原理。压缩空气由 A 孔输入后，分为两路，一路经定子两端密封盖的槽进入叶片底部（图 5-21a 中未示）将叶片推出，叶片就是靠此气压推力和转子转动的离心力作用而紧密地贴紧在定子内壁上的；另一路经 A 孔进入相应的密封工作空间，压缩空气作用在两个叶片上。由于两叶片伸出长度不等，就产生了转矩，因而叶片与转子按逆时针方向旋转。做功后的气体由定子上的孔 C 排出，剩余残气经孔 B 排出。若改变压缩空气输入方向，则可改变转子的转向。图 5-21d 所示为叶片式气马达实物。

图 5-21b 所示是径向活塞式气马达的工作原理。压缩空气经进气口进入配气阀后再进入气缸，推动活塞及连杆组件运动，迫使曲轴旋转，同时带动固定在曲轴上的配气阀同步转动，使压缩空气随着配气阀角度位置的改变而进入不同的缸内，依次推动各个活塞运动。由各活塞及连杆带动曲轴连续运转，与此同时，与进气缸相对应的气缸则处于排气状态。

图 5-21c 所示是薄膜式气马达工作原理。它实际上是一个薄膜式气缸，当它作往复运动时，通过推杆端部的棘爪使棘轮作间歇性转动。

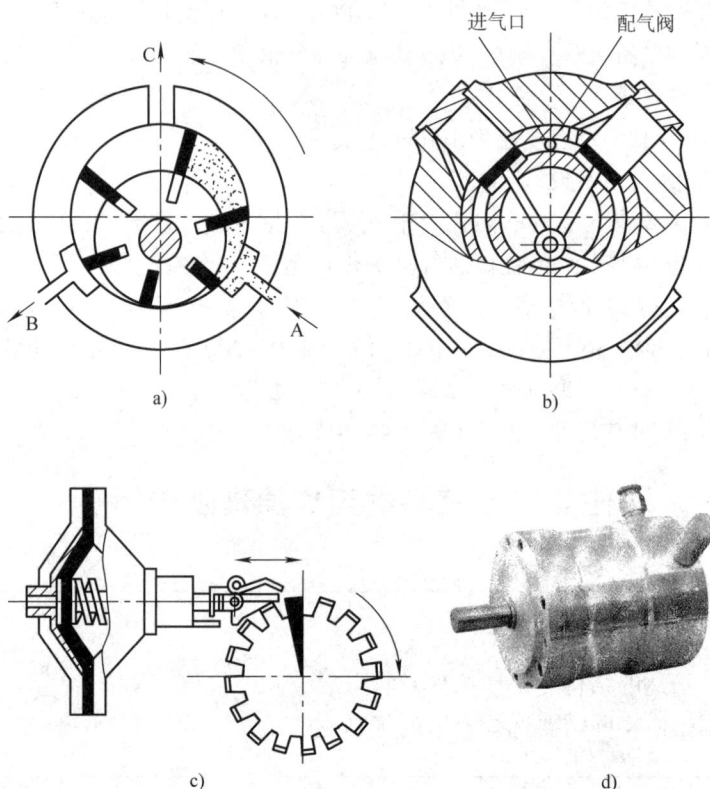

图 5-21　气马达工作原理

a）叶片式　b）活塞式　c）薄膜式　d）叶片式气马达设备

二、气马达的特点

1）工作安全　可以在易燃、易爆、高温、振动、潮湿、灰尘等恶劣环境下工作，同时不受高温及振动的影响。

2）具有过载保护作用　可长时间满载工作，而温升较小，过载时马达只是降低转速或停机，当过载解除后，立即可重新正常运转。

3）可以实现无级调速　通过控制调节节流阀的开度来控制进入气马达的压缩空气的流量，就能控制调节马达的转速。

4）具有较高的起动转矩，可以直接带负载起动，起动、停止迅速。

5）功率范围及转速范围均较宽　功率小至几百瓦，大至几万瓦；转速可从每分钟几转到上万转。

6）结构简单、操纵方便、可正反转，维修容易、成本低。

其缺点是速度稳定性较差、输出功率小、耗气量大、效率低、噪声大。

三、气马达的选择及使用要求

（1）气马达的选择　不同类型的气马达具有不同的特点和适用范围，参见附录 H。因此，主要从负载的状态要求来选择适当的气马达。

（2）气马达的使用要求 应特别注意的是，润滑是气马达正常工作不可缺少的一个环节。气马达在得到正确、良好润滑的情况下，可在两次检修之间至少运转 2500～3000h。一般应在气马达的换向阀前安装油雾器，以进行不间断的润滑。

活动2 气缸和气马达拆装实训

【实训目的】

1）进一步了解气缸和气马达的结构特点和工作原理。

2）培养拆装气动元件的动手能力。

【实训器材】

各种气缸、叶片式和径向活塞式气马达。

【实训要求】

1）实训前要认真复习有关元件的工作原理及其特性。

2）对照书本中已有的结构图，预习结构知识。

3）拆装时注意不要散失小的零件，实训完要把每个元件装好。

4）每次实训后，由指导教师指定思考题作为本次实训报告内容。

【实训内容】

1）参照气缸和气马达的结构原理图，进行拆卸。

2）观察所拆卸的气缸和气马达各组成部分的结构。

3）清洗各组成部分的元件。

4）组装所拆卸的气缸和气马达。

【实训方法】

本训练采用教师重点讲解，学生自己动手拆装为主的方法。学生以小组为单位，边拆装，边讨论分析结构原理及特点。为便于思考，针对气缸和气马达提出以下思考题。

1）各种气缸由哪些部分组成？与液压缸相比，气缸有哪些特点？

2）活塞与缸体、端盖与缸体，活塞杆与端盖间的密封形式有哪些？

3）叶片式气马达是如何使叶片紧密地压在定子的内壁上以保证密封的？

4）结合拆装体验，说一说径向活塞式气马达的工作原理。

思考题和习题

5-6 已知单杆双作用气缸的内径 $D = 100mm$，活塞杆直径 $d = 30mm$，工作压力 $p = 0.5MPa$，气缸的效率为 0.7，求气缸往复运动时的输出力各为多少？

5-7 气缸如何维修保养？

5-8 气缸如何选用？

5-9 气压马达与和它起同样作用的电动机相比，有什么优缺点？与液压马达相比呢？

5-10 如何选用气压马达？

单元四　气压传动控制元件及基本回路

任务一　气压传动控制元件工作原理及选用

一、压力控制阀

在气压传动系统中，用于控制压缩空气压力的元件，称为压力控制阀。这类阀的共同特点是利用作用于阀芯上的压缩空气的压力和弹簧力相平衡的原理来进行工作的。压力控制阀按其控制功能可分为减压阀、溢流阀、顺序阀等。

1. 减压阀

气压传动设备或装置的气源，一般都来自压缩空气站。它所提供的压缩空气的压力通常都高于每台设备和装置所需的工作压力，且压力波动较大，因此需要用调节压力的减压阀来降低空气站的空气压力，使其适合每台气压传动设备或装置实际需要的压力，并保持该压力值的稳定。

图 5-22a 所示为 QTY 型直动式减压阀的结构。当阀处于工作状态时，调节旋钮 1，压缩弹簧 2、3 及膜片 5 使阀芯 8 下移，进气阀口 10 被打开，气流从左端输入，经进气阀口 10 节流减压后从右端输出。输出气流的一部分，由阻尼管 7 进入膜片气室 6，在膜片 5 的下面产生一个向上的推力，这个推力总是企图把阀口开度关小，使其输出压力下降。当作用在膜片上的推力与弹簧力互相平衡后，减压阀的输出压力便保持一定值。

当输入压力发生波动时，如输入压力瞬时升高时，输出压力也将随之升高，作用在膜片 5 上的气体推力也相应增大，破坏了原来的力平衡，使膜片 5 向上移动。有少量气体经溢流孔 12、排气孔 11 排出。在膜片上移的同时，因复位弹簧 9 的作用，使阀芯 8 也向上移动，进气阀口开度减小，节流作用增大，使输出压力下降，直至达到新的平衡为止。重新平衡后的输出压力又基本上恢复至原值。反之，输入压力瞬时下降，输出压力相应下降，膜片下移，进气阀口开度增大，节流作用减小，输出压力又基本上回升至原值。调节旋钮 1，使弹簧 2、3 恢复自由状态，输出压力降至零，阀芯 8 在复位弹簧 9 的作用下，关闭进气阀口 10。这样，减压阀便处于截止状态，无气流输出。图 5-22b、c 所示分别为其图形符号及实物。

QTY 型直动式减压阀的调压范围为 0.05~0.63MPa。为限制气体流过减压阀所造成的压力损失，规定气体通过阀内通道的流速在 15~25m/s 范围内。

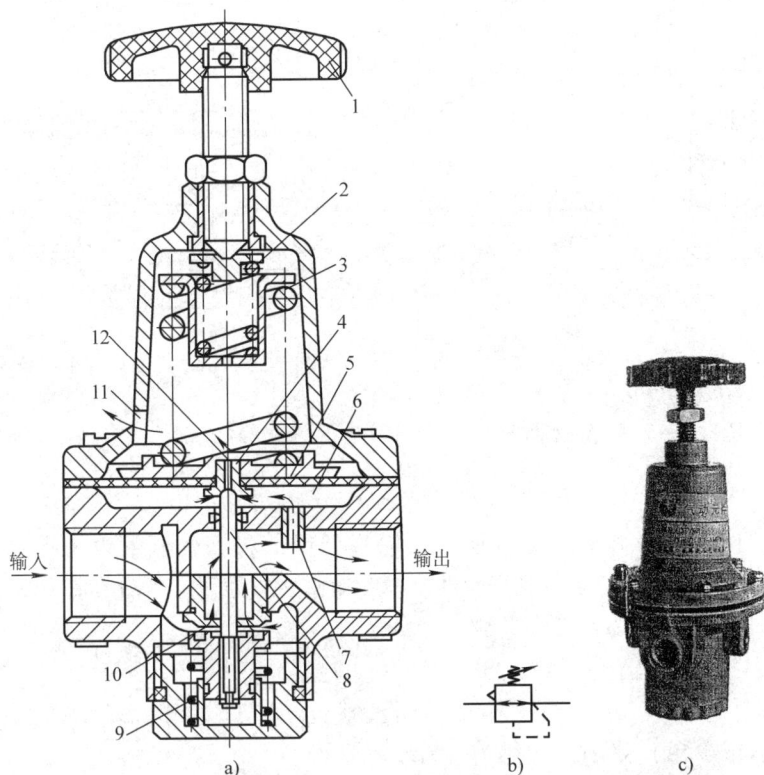

图 5-22　QTY 型直动式减压阀

a) 结构　b) 图形符号　c) 实物

1—旋钮　2、3—弹簧　4—溢流阀座　5—膜片　6—膜片气室　7—阻尼管
8—阀芯　9—复位弹簧　10—进气阀口　11—排气孔　12—溢流孔

> **注意**
>
> 　　安装减压阀时，要按气流的方向和减压阀上所示的箭头方向，依照分水滤气器→减压阀→油雾器的安装次序进行安装。调压时应由低向高调，直至规定的调压值为止。阀不用时应把旋钮放松，以免膜片变形。

2. 溢流阀

当回路中气压上升到所规定的调定压力以上时，气流需经溢流阀排出，以保持输入压力不超过设定值。溢流阀按控制形式分为直动式溢流阀和先导式溢流阀两种。

直动式溢流阀的结构如图 5-23a 所示，当气体作用在阀芯 3 上的作用力小于弹簧 2 的作用力时，阀处于关闭状态。当系统压力升高，作用在阀芯 3 上的作用力大于弹簧作用力时，阀芯向上移动，阀开启并溢流，使气压不再升高。当系统压力降至低于调定值时，阀又重新关闭。图 5-23b 所示为其图形符号。

先导式溢流阀的工作原理如图 5-24 所示，用一个小型直动式减压阀或气动定值器作为它的先导阀。工作时，经由减压阀减压后的空气从上部 C 口进入阀内，从而代替了弹簧控制，故不会因调压弹簧在阀不同开度时的不同弹簧力而使调定压力产生变化，使阀的流量特性变好，但需一个减压阀。先导式溢流阀适用于大流量和远距离控制的场合。

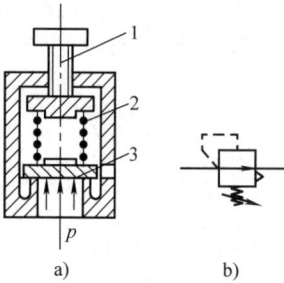

图 5-23　直动式溢流阀
a）结构　b）图形符号
1—调节杆　2—弹簧　3—阀芯

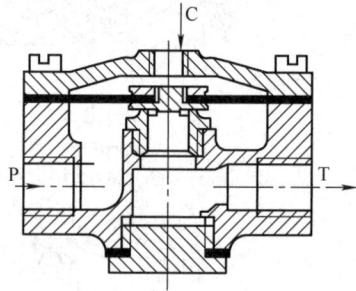

图 5-24　先导式溢流阀工作原理

3. 顺序阀

顺序阀的工作原理如图 5-25a、b 所示，它根据调节弹簧的压缩量来控制其开启压力，是依靠气路中压力的变化来控制各执行元件按顺序动作的压力阀。当输入压力达到顺序阀的调整压力时，阀口打开，压缩空气从 P 到 A 才有输出，反之，A 无输出。图 5-25c 所示为其图形符号。

顺序阀一般很少单独使用，往往与单向阀组合在一起构成单向顺序阀。图 5-26a、b 所示为单向顺序阀的工作原理。当压缩空气进入气腔 4 后，作用在活塞 3 上的气压超过压缩弹簧 2 上的力时，将活塞顶起。压缩空气从 P 经气腔

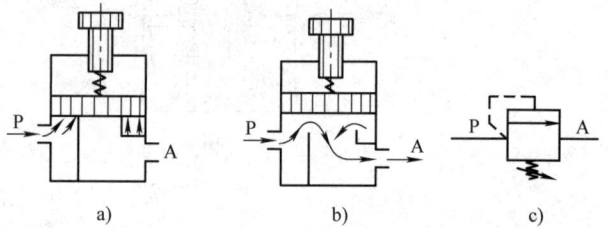

图 5-25　顺序阀
a）关闭状态　b）开启状态　c）图形符号

4、5 到 A 输出，如图 5-26a 所示。此时单向阀 6 在压力差及弹簧力的作用下处于关闭状态。反向流动时，输入侧 P 变成排气口，输出侧压力将顶开单向阀 6 由 T 口排气，如图 5-26b 所示。调节旋钮 1 就可改变单向顺序阀的开启压力，以便在不同的开启压力下，控制执行元件的顺序动作。图 5-26c 所示为其图形符号。

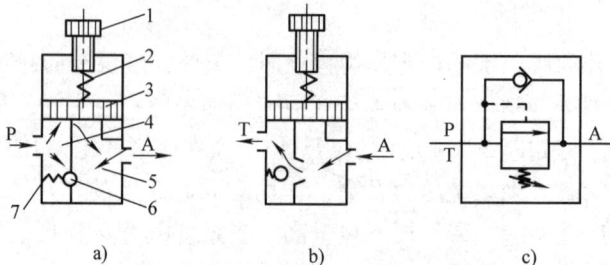

图 5-26　单向顺序阀
a）开启状态　b）关闭状态　c）图形符号
1—旋钮　2、7—弹簧　3—活塞　4、5—气腔　6—单向阀

二、方向控制阀

方向控制阀是气压传动系统中通过改变压缩空气的流动方向和气流的通断来控制执行元件起动、停止及运动方向的气压传动元件。

1. 气压控制换向阀

气压控制换向阀是利用压缩空气的压力推动阀芯移动，使换向阀换向，从而实现气路换向或通断的。气压控制换向阀有单气控换向阀和双气控换向阀两种。气压控制换向阀适用于易燃、易爆、潮湿、灰尘多的等场合，操作安全可靠。

（1）单气控换向阀　图5-27a、b所示为单气控截止式换向阀的工作原理。其中，图5-27a所示是无气控信号K时阀的状态，即常态。此时阀芯1在弹簧2的作用下处于上端位置，使阀口A与T接通。图5-27b所示是有气控信号K而动作时的状态，由于气压力的作用，阀芯1压缩弹簧2下移，使阀口A与T断开，P与A接通。图5-27c、d所示为单气控换向阀的图形符号和实物。

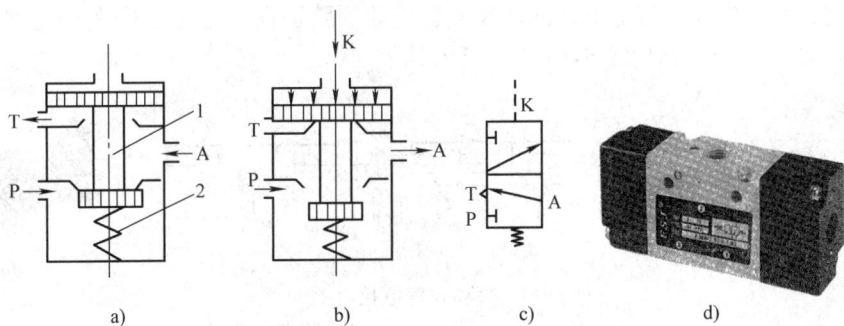

图5-27　单气控截止式换向阀
a）无气控信号　b）有气控信号　c）图形符号　d）实物
1—阀芯　2—弹簧

（2）双气控换向阀　图5-28a、b所示为双气控滑阀式换向阀的工作原理。图5-28a所示为有气控信号K_1时阀的状态，此时阀芯停在左边，其通路状态是P与A、B与T_2相通。图5-28b所示为有气控信号K_2时阀的状态（信号K_1已不存在），阀芯换位，其通路状态变为P与B，A与T_1相通。双气控滑阀具有记忆功能，即气控信号消失后，阀仍能保持在有信号时的工作状态。图5-28c所示为其图形符号。

2. 电磁控制换向阀

电磁控制换向阀是利用电磁力的作用来实现阀的切换以控制气流的流动方向的。图5-29a、b所示为直动式单电控电磁阀的工作原理，它只有一个电磁铁。图5-29a所示为电磁线圈不通电状态，此时阀在复位弹簧的作用下处于上端位置，其通路状态为A与T相通，阀处于排气状态。当线圈通电时，电磁铁1推动阀芯2向下移，气路换向，其通路状态为P与A相通，阀处于进气状态，如图5-29b所示。其图形符号及实物

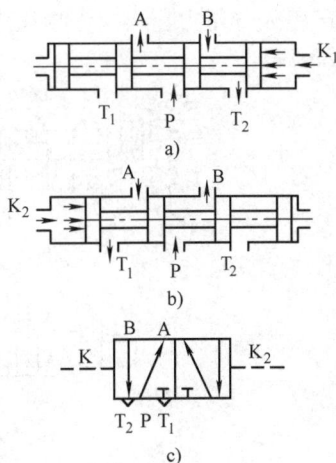

图5-28　双气控滑阀式换向阀
a）有气控信号K_1　b）有气控信号K_2
c）图形符号

如图5-29c、d所示。

图5-30a、b所示为直动式双电控电磁阀的工作原理。它分别有两个电磁线圈。当电磁线圈1通电、2断电时，如图5-30a所示，阀芯3被推向右端，其通路状态是P与A、B与T_2相通，A口进气，B口排气。当电磁线圈1断电时，阀芯仍处于电磁线圈1断电前的工作状态，即具有记忆功能。当电磁线

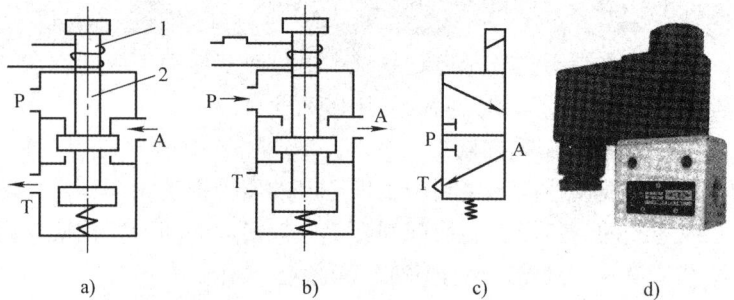

图5-29 直动式单电控电磁阀
a）电磁线圈不通电 b）电磁线圈通电 c）图形符号 d）实物
1—电磁铁 2—阀芯

圈2通电、1断电时，如图5-30b所示，阀芯被推向左端，其通路状态为P与B、A与T_1相通，B口进气、A口排气。若电磁线圈2断电，气流通路仍保持电磁线圈2断电前的工作状态。其图形符号及实物分别如图5-30c、d所示。

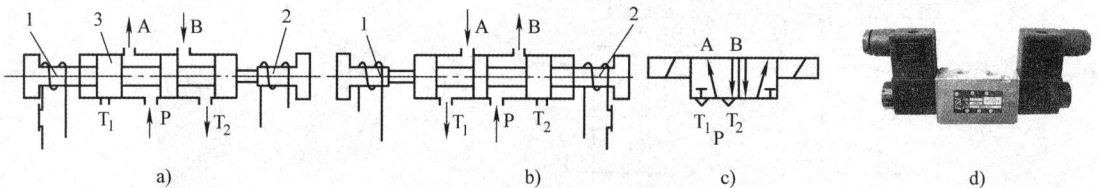

图5-30 直动式双电控电磁阀
a）阀芯向右移 b）阀芯向左移 c）图形符号 d）实物
1、2—电磁线圈 3—阀芯

3. 先导式电磁换向阀

先导式电磁换向阀由电磁先导阀和主阀两部分组成。用先导阀的电磁铁首先控制气路，产生先导压力，再由先导压力去推动主阀阀芯，使其换向。图5-31a、b所示为先导式双电

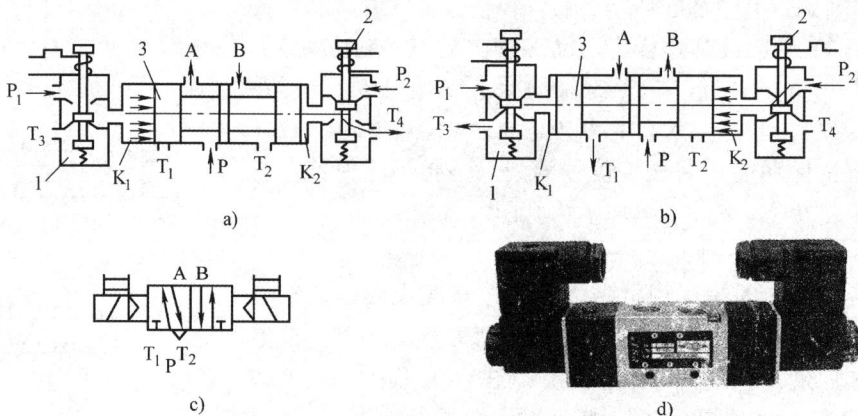

图5-31 先导式双电控换向阀
a）主阀阀芯向右移 b）主阀阀芯向左移 c）图形符号 d）实物
1、2—电磁先导阀 3—主阀

控换向阀的工作原理。当电磁先导阀 1 的线圈通电、电磁先导阀 2 断电时，如图 5-31a 所示，主阀 3 的 K_1 腔进气，K_2 腔排气，使主阀阀芯向右移动，此时 P 与 A、B 与 T_2 相通，A 口进气，B 口排气；当电磁先导阀 2 通电，而电磁先导阀 1 断电时，如图 5-31b 所示，主阀 K_2 腔进气，K_1 腔排气，主阀阀芯向左移动，此时 P 与 B，A 与 T_1 相通，B 口进气，A 口排气。先导式双电控换向阀具有记忆功能，即通电时换向，断电时并不返回原位。为保证主阀正常工作，两个电磁阀不能同时通电，电路中要考虑互锁。先导式电磁换向阀便于实现电、气联合控制，所以应用广泛。其图形符号及实物分别如图 5-31c、d 所示。

4. 人力控制换向阀

人力控制换向阀有手动及脚踏两种操纵方式。手动阀的主体部分与气控阀类似，其操作方式有按钮式、旋钮式、锁式及推拉式等多种形式。

图 5-32 所示为推拉式手动阀。当用手压下阀芯，如图 5-32b 所示，则 P 与 A、B 与 T_2 相通。手放开，阀芯依靠定位装置保持状态不变。当用手将阀芯拉出时，如图 5-32a 所示，则 P 与 B、A 与 T_1 相通，气路方向改变，并能维持该状态不变。图 5-32c、d 分别为其结构及实物。

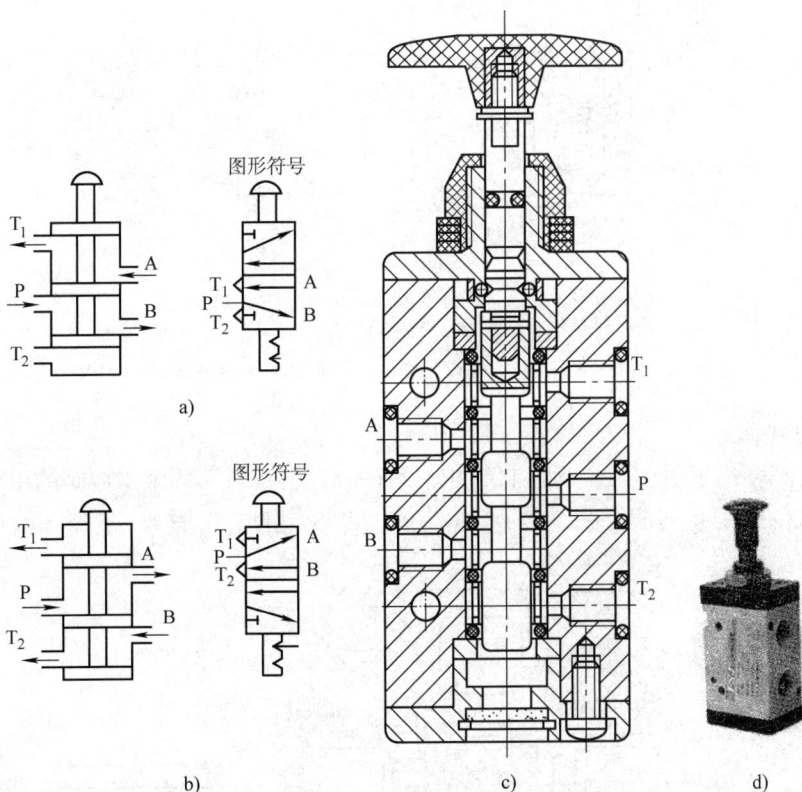

图 5-32　推拉式手动阀

a）拉起阀芯　b）压下阀芯　c）结构　d）实物

5. 机械控制换向阀

机械控制换向阀多用于行程控制系统（又称行程阀），作为信号阀使用，常依靠凸轮、撞块或其他机械外力推动阀芯，使阀换向。图 5-33a 所示为杠杆滚轮式机控换向阀的结构。

当凸轮或撞块直接与滚轮 1 接触后，通过杠杆 2 使阀芯 5 换向。其优点是减少了顶杆 3 所受的侧向力；同时，通过杠杆传力也减小了外部的机械压力。其图形符号及实物分别如图 5-33b、c 所示。

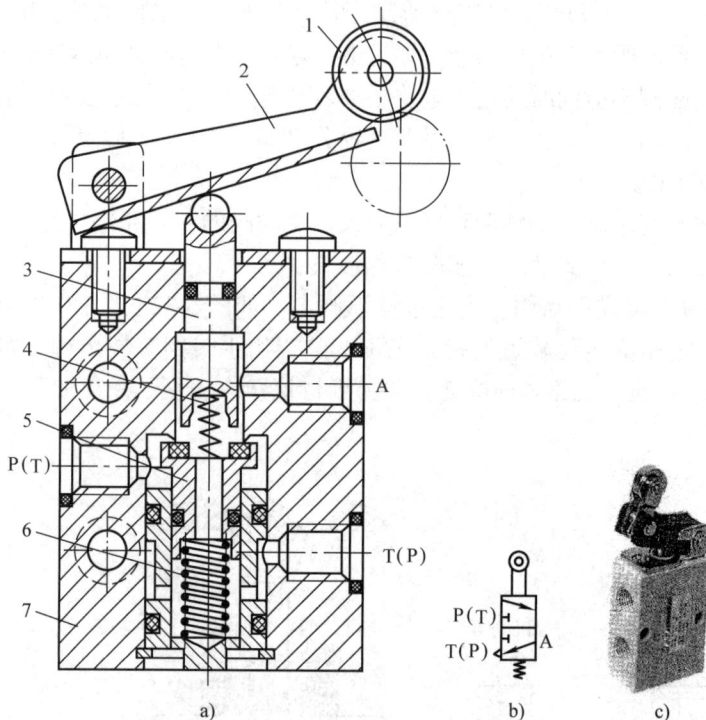

图 5-33　杠杆滚轮式机控换向阀

a) 结构　b) 图形符号　c) 实物

1—滚轮　2—杠杆　3—顶杆　4—缓冲弹簧　5—阀芯　6—密封弹簧　7—阀体

6. 或门型梭阀

或门型梭阀多用于手动与自动控制的并联回路中，它相当于两个单向阀的组合阀，其作用相当于"或门"逻辑功能。图 5-34a 所示为或门型梭阀的工作原理，图 5-34b 所示为其结

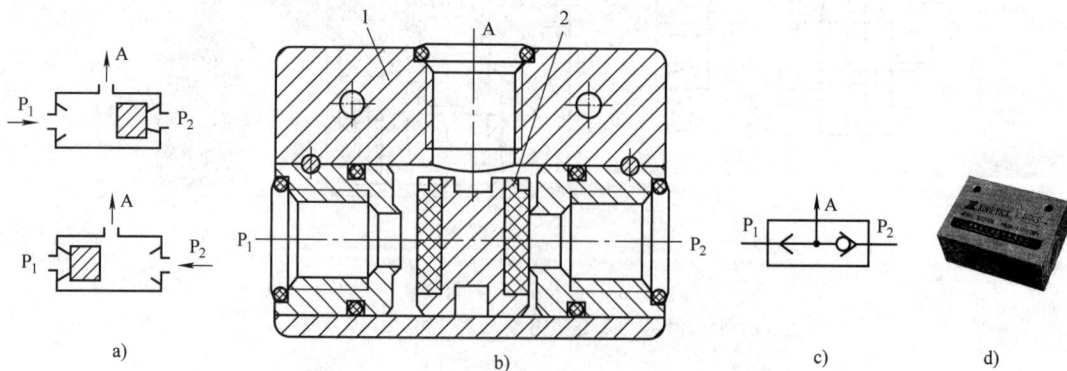

图 5-34　或门型梭阀

a) 工作原理　b) 结构　c) 图形符号　d) 实物

1—阀体　2—阀芯

构。或门型梭阀有两个进气口 P_1 和 P_2，一个工作口 A，阀芯 2 在两个方向上起单向阀的作用。其中 P_1 和 P_2 口都可以与 A 口相通，但 P_1 与 P_2 不相通，当 P_1 进气时，阀芯 2 右移，封住 P_2 口，使 P_1 与 A 相通，A 口进气。当 P_2 进气时，阀芯 2 左移，封住 P_1 口，使 P_2 与 A 相通，A 口也进气。若 P_1 与 P_2 都进气时，阀芯就可能停在任意一边。若 P_1 与 P_2 不等，则高压口的通道打开，低压口则被封闭，高压气流从 A 输出。其图形符号及实物分别如图 5-34c、d 所示。

7. 快速排气阀

快速排气阀常安装在换向阀和气缸之间，如图 5-35 所示，它使气缸的排气不用通过换向阀而直接快速排出，加快气缸往复运动速度，缩短工作周期。图 5-36a、b 所示为快速排气阀工作原理。进气口 P 进入压缩空气，并将密封活塞迅速上推，开启阀口 2，同时关闭排气口 T，使进气口 P 和工作口 A 相通，如图 5-36a 所示。图 5-36b 所示是 P 口没有压缩空气进入时，在 A 口和 P 口压力差作用下，密封活塞迅速下降，关闭 P 口，使 A 口通过 T 口快速排气。其图形符号及实物分别如图 5-36c、d 所示。

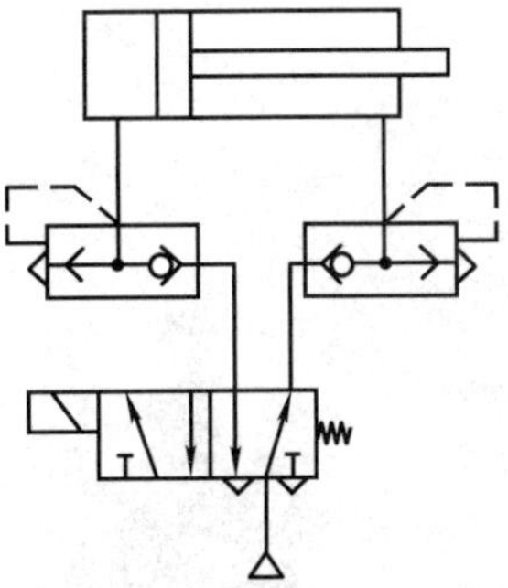

图 5-35　快速排气阀的使用

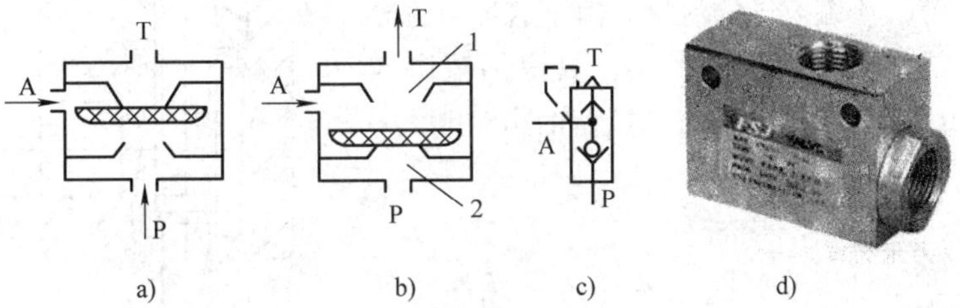

图 5-36　快速排气阀
a）进气　b）排气　c）图形符号　d）实物
1—排气口　2—阀口

8. 气压延时换向阀

延时换向阀的作用相当于时间继电器。图 5-37 所示为二位三通常断延时接通型换向阀。

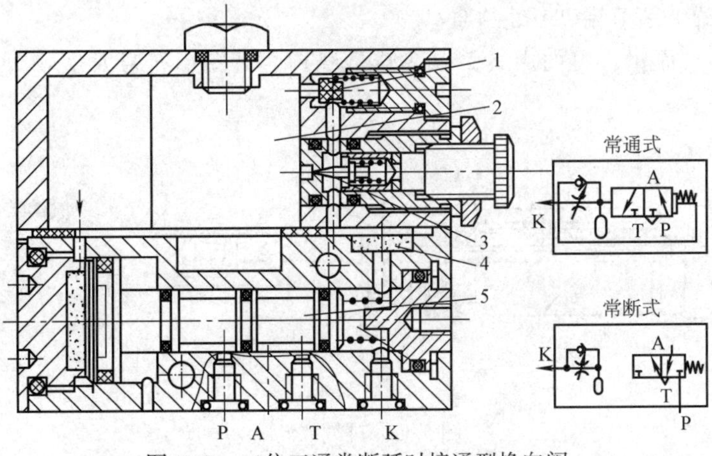

图 5-37　二位三通常断延时接通型换向阀
1—单向阀　2—气容　3—节流阀　4—过滤塞　5—阀芯

它由延时元件和换向阀两大部分组成。当有气控信号 K 时，控制气流经过滤塞 4、节流阀 3 节流后到气容 2 内。由于节流后的气流量较小，气容 2 中气体的压力增长缓慢。经过一定时间后，气容 2 中气体压力升到一定值时，使阀芯 5 向右移，气路换向，P 与 A 相通，A 口进气。气控信号消失后，气容内的气体经单向阀 1 至 K 口迅速排空，阀芯 5 在复位弹簧的作用下左移，使 A 与 T 相通，A 口排气。调节节流阀 3，可获得 0~20s 的延时。如果将 P、T 口换接，则可变成二位三通常通延时断开型换向阀。

三、流量控制阀

气压传动系统中的流量控制阀是通过改变阀的通流面积来实现流量控制的元件。流量控制阀包括节流阀、排气节流阀、单向节流阀等。

1. 节流阀

图 5-38a 所示为圆柱斜切型节流阀的结构。压缩空气由 P 口进入，经过节流后，由 A 口流出。旋转阀芯螺杆，就可改变节流口的开度，这样就调节了压缩空气的流量。由于这种节流阀的结构简单，体积小，故应用范围较广，其图形符号及实物如图 5-38b、c 所示。

2. 排气节流阀

排气节流阀是装在执行元件排气口处，调节排入大气中气体流量的一种控制阀。它不仅能调节执行元件的运动速度，还常带有消声结构，所以也能起降低排气噪声的作用。图 5-39a 所示为排气节流阀结构。其工作原理和节流阀相类似，靠调节节流口 1 处的通流面积来调节排气流量，由消声套 2 减少排气噪声，其图形符号及实物分别如图 5-39b、c 所示。

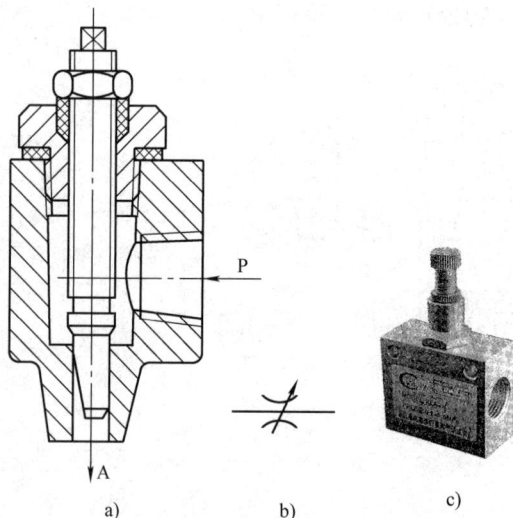

图 5-38　圆柱斜切型节流阀
a）结构　b）图形符号　c）实物

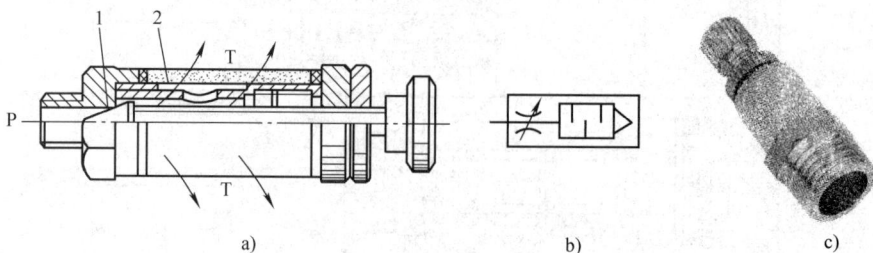

图 5-39　排气节流阀
a）结构　b）图形符号　c）实物
1—节流口　2—消声套

练 一 练

1. 分析下图中换向阀的工作原理，并画出图形符号。

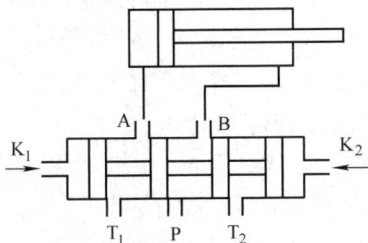

图 5-40　题 1 图

2. 下列符号各是什么阀？它们有何异同？

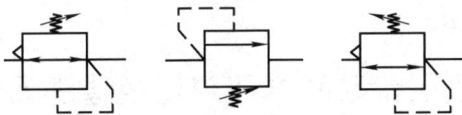

图 5-41　题 2 图

3. 溢流阀和节流阀都能作为背压阀用，二者有何区别？

4. 顺序阀是依靠回路中_____变化来控制顺序动作的。

🧭 活动 3　气动控制阀拆装实训

【实训目的】

1）进一步熟悉方向控制阀、压力控制阀和流量控制阀的结构和工作原理。

2）培养拆装气动元件的动手能力。

【实训器材】

方向控制阀（单向阀、各种换向阀、或门型梭阀、双压阀任选），压力控制阀（减压阀、顺序阀、安全阀任选），流量控制阀（节流阀、单向节流阀、排气节流阀任选）。

【实训要求】

1）实训前要认真复习有关元件的工作原理及其特性。

2）对照书本中已有的结构图，预习结构知识。

3）拆装时注意不要散失小的零件，实训完要把每个元件装好。

4）每次实训后，由指导教师指定思考题作为本次实训报告内容。

【实训内容】

1）参照所选的方向控制阀、压力控制阀和流量控制阀的结构原理图，进行拆卸。

2）观察所拆卸的气动控制阀各个组成部分的结构。

3）清洗各组成部分的元件。

4）组装所拆卸的气动控制阀。

【实训方法】

本训练采用教师重点讲解，学生自己动手拆装为主的方法。学生以小组为单位，边拆装，边讨论并分析结构原理及特点。为便于思考，针对各气动阀提出以下思考题。

1）直动式减压阀与先导式减压阀在结构上有什么不同？在性能上有什么不同？

2）常用的节流阀阀芯节流部分的形状有哪些？

3）或门型梭阀、双压阀结构上有什么不同？在气动系统中各起什么作用？

4）气动方向控制阀、压力控制阀和流量控制阀与液压阀相比在结构原理上有何异同？

5）单向节流阀进、出口对调使用能起到调速作用吗？

6）观察阀芯与阀体采用的是什么密封？为什么？

7）先导式溢流阀控制膜片的作用是什么？

8）调压弹簧为什么采用双弹簧结构？在什么情况下两弹簧串联？在什么情况下两弹簧并联？两弹簧串联和并联有什么不同？

任务二   气压传动基本回路组成原理及气路连接

学习目标

1. 理解方向、速度、压力控制基本回路控制原理。
2. 掌握方向、速度、压力控制基本回路的安装调试。
3. 了解基本回路的应用。

气压传动系统中，有很多基本控制回路。**所谓基本回路就是以相同的形式在不同的回路中重复出现的回路，其功能是一致的。**

一、方向控制回路

方向控制回路是通过进入执行元件压缩空气的通、断或变向来实现气压传动系统执行元件的起动、停止和换向作用的回路。

1. 单作用气缸换向回路

图5-42所示为单作用气缸换向回路。其中，图5-42a所示是用二位三通电磁阀控制的单作用气缸换向回路，在该回路中，当电磁铁通电时，活塞杆向上伸出，当电磁铁断电时，活塞杆在弹簧作用下返回。图5-42b所示为三位四通电磁阀控制的单作用气缸换向和停止回路，该阀在两电磁铁均断电时，在弹簧的作用下换向阀在中位，使气缸可以停在任意位置，但定位精度不高。

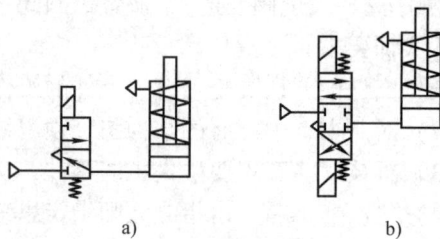

图5-42   单作用气缸换向回路

a）用二位三通电磁阀控制

b）用三位四通电磁阀控制

2. 双作用气缸换向回路

图 5-43 所示为各种双作用气缸的换向回路，其中图 5-43a 所示是比较简单的换向回路。在图 5-43b 所示的回路中，当有气控信号 K 时活塞杆推出，反之，活塞杆退回。图 5-43c 所示为二位五通气控阀和手动二位三通阀控制的换向回路。当手动阀换向时，由手动阀控制的压缩空气推动二位五通气控换向阀换向，气缸活塞外伸；松开手动阀，则活塞杆返回。图 5-43d、e、f 所示的两端控制电磁铁线圈或按钮不能同时操作，否则将出现误动作，其回路相当于双稳的逻辑功能。图 5-43f 所示还有中位停止位置，但中位停止定位精度不高。

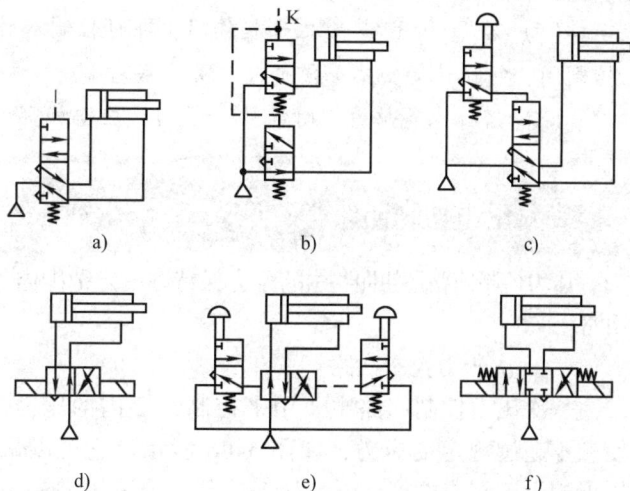

图 5-43　双作用气缸换向回路

练一练

压缩空气经过由气源经分水滤气器和调压阀、截止阀向系统供气，气压设定为 0.5MPa，利用一个手动二位三通换向阀控制一个单作用气缸活塞杆的伸出。单作用气缸控制原理图如图 5-44 所示，完成该气路的控制训练。

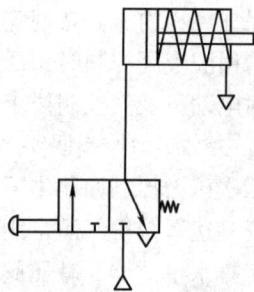

图 5-44　单作用气缸控制原理图

画一画

（1）若上述手动二位三通换向阀更换为电磁控制二位三通换向阀应如何更改气路，试设计能实现上述功能的电气控制电路。

（2）压缩空气经过由气源经分水滤气器和调压阀、截止阀向系统供气，系统气压设定为 0.5MPa，气压传动控制原理如图 5-45 所示，由两个手动二位三通换向阀 T_1 和 T_2、一个机动换向阀 S_1、一个双压阀、一个双气控二位四通换向阀，完成双作用气缸的伸出与缩回的控制。试说明双压阀的作用。

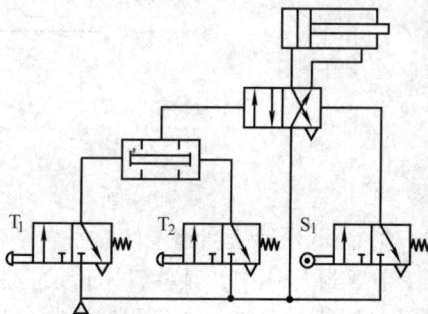

图 5-45　气压传动控制原理图

想 一 想

（1）若 T_1 和 T_2 其中之一起作用，即可控制双作用缸活塞杆伸出，应该更换哪一个控制阀，气压传动回路如何更改，并完成控制。

（2）若要求气缸返回时能快速返回，应增加哪种控制阀，试重新设计气路。

二、压力控制回路

压力控制回路是使回路中的压力保持在一定范围内，或是使回路得到高、低不同压力的基本回路。

1. 一次压力控制回路

一次压力控制回路主要用来控制气罐内的压力，使它不超过规定的压力，如图 5-46 所示。它可以采用外控溢流阀或电接点压力计来控制。当采用溢流阀控制时，若气罐内压力超过规定压力值，则溢流阀接通，压缩机输出的压缩空气由溢流阀 1 排入大气，使气罐内压力保持在规定范围内。当采用电接点压力计 2 进行控制时，可直接控制压缩机的停止或转动，这样来保证气罐内压力在规定的范围内。

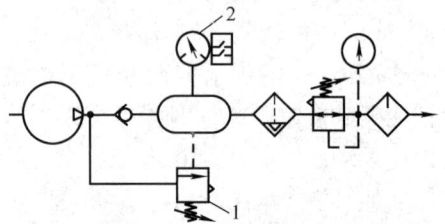

图 5-46　一次压力控制回路
1—溢流阀　2—压力计

采用溢流阀控制时，回路结构简单、工作可靠，但气量浪费大；采用电接点压力计控制时，对电动机及其控制要求较高，常用于小型空气压缩机。

2. 二次压力控制回路

二次压力控制回路主要是对气压传动控制系统的气源压力进行控制。图 5-47 所示是气缸、气马达系统中气源常用的压力控制回路。输出压力的大小由溢流式减压阀调整。在该回路中，排水过滤器、减压阀、油雾器经常联合使用，并且已有组合件生产。

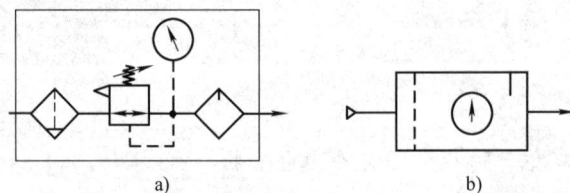

a)　　　　　　　　　　　b)

图 5-47　二次压力控制回路及其图形符号
a）控制回路　b）图形符号

3. 高低压转换回路

在实际应用中，某些气压传动控制系统需要有高、低压力的选择。图 5-48a 所示为高低压转换回路，该回路由两个减压阀分别调出 p_1、p_2 两种不同的压力，气压传动系统就能得到所需要的高压和低压输出。图 5-48b 所示是利用两个减压阀和一个换向阀构成的高低压力 p_1 和 p_2 的自动转换回路。

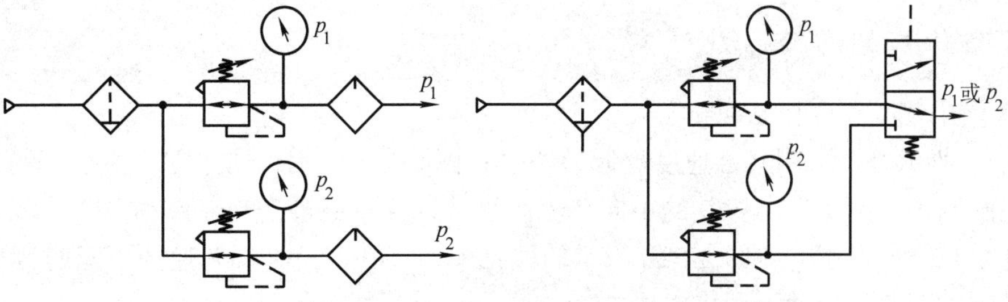

图 5-48　高低压转换回路
a）由减压阀控制高低压转换回路　b）用换向阀选择高低压回路

想 一 想

（1）压缩空气经过由气源经排水过滤器和调压阀、截止阀向系统供气，气压设定为0.6MPa，控制气动原理如图 5-49 所示，通过减压阀和手动二位三通换向阀的控制，改变气动马达输出转矩。若采用双向气动马达，应使用何种形式的换向阀？

（2）按照图 5-50 所示的气压传动原理图连接气路，系统气压设定为0.6MPa，顺序阀设定压力为0.5MPa，当驱动按钮阀动作时，气缸活塞杆伸出并对工件进行加工。当系统压力达到顺序阀设定压力时，气缸复位。

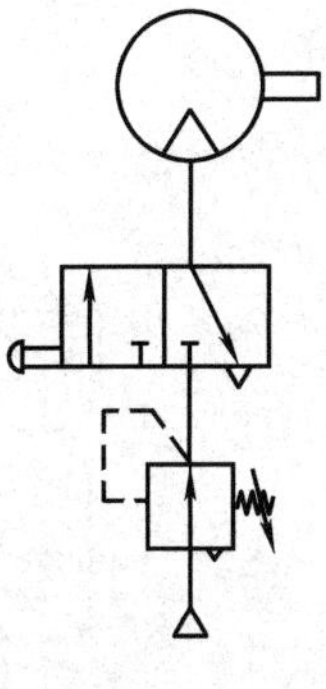

图 5-49　气动马达控制原理

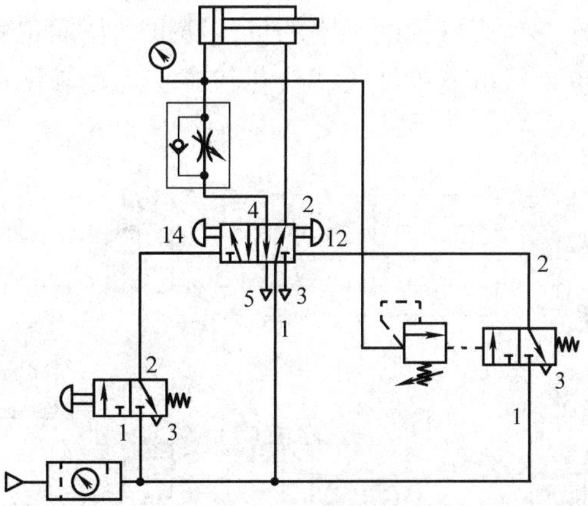

图 5-50　气压传动控制原理

（3）根据图 5-51 所示的三种气压传动控制回路图，试比较气缸输出力控制的不同。

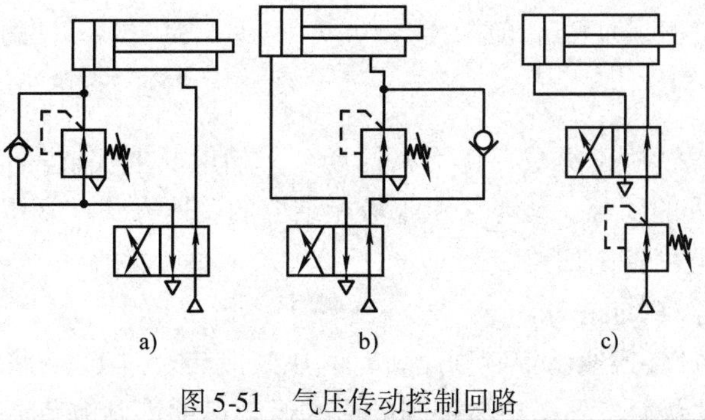

a）　　　　　　b）　　　　　　c）

图 5-51　气压传动控制回路

三、速度控制回路

1. 单作用气缸速度控制回路

图 5-52 所示为单作用气缸速度控制回路，在图 5-52a 所示的回路中，活塞杆的升、降均通过节流阀调速，两个反向安装的单向节流阀可分别实现通过进气节流和排气节流来控制活塞杆的伸出及缩回速度。在图 5-52b 所示的回路中，气缸上升时可调速，下降时则通过快速排气阀排气，使气缸快速返回。

2. 双作用气缸速度控制回路

双作用气缸有进气节流和排气节流两种调速方式。图 5-53a 所示为进气节流调速回路，当气控换向阀在图示位置时，气流经过节流阀进入气缸 A 腔，B 腔排出的气体直接经换向阀排气。进气节流的不足是：当负载方向与活塞运动方向相反时，活塞运动易出现不平稳现象，即"爬行"现象；当负载方向与活塞运动方向一致时，由于排气经换向阀排气，几乎没有阻尼，负载易产生"跑空"现象，即使气缸失去控制。因此，进气节流回路多用于垂直安装的气缸。对于水平安装的气缸，其速度控制回路一般采用图 5-53b 所示的排气节流调速回路，当气控换向阀在图示位置时，压缩空气经气控换向阀直接进入气缸的 A 腔，而 B 腔排出的气体经节流阀、气控换向阀排入大气，因而 B 腔中的气体就具有一定的背压力。此时，活塞在 A 腔与 B 腔的压力差作用下前进，从而减少了"爬行"发生的可能性。调节节流阀的开度，就可控制不同的排气速度，从而也就控制了活塞的运动速度。排气节流调速回路的特点是气缸速度随负载变化较小，运动较平稳，能承受负值负载。

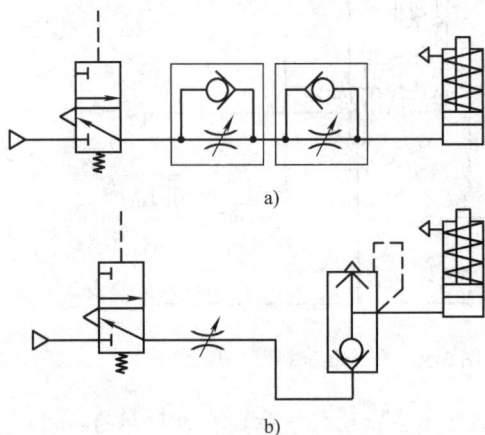

图 5-52 单作用气缸速度控制回路

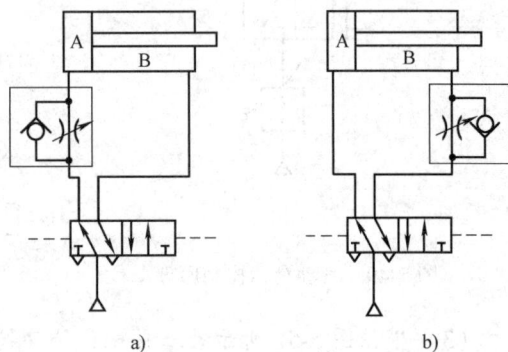

图 5-53 双作用气缸速度控制回路
a）节流进气回路 b）节流排气回路

以上速度控制回路适用于负载变化不大的场合。如果要求气缸具有准确而平稳的速度，特别是在负载变化较大的场合，就要采用气液相结合的调速方式。常用的有气液转换速度控制回路和气液阻尼缸速度控制回路。

3. 气液转换速度控制回路

图 5-54 所示为气液转换速度控制回路，它利用气液转换器 1、2 将气压变成液压，利用液压油驱动液压缸 3，从而得到平稳易控制的活塞运动速度。调节节流阀的开度，就可改变

活塞的运动速度。这种回路充分发挥了气压传动供气方便和液压速度容易控制的特点。

4. 气液阻尼缸速度控制回路

图 5-55 所示为气液阻尼缸速度控制回路。其中，图 5-55a 所示为慢进快退回路，改变单向节流阀的开度，即可控制活塞的前进速度；活塞返回时，气液阻尼缸中液压缸无杆腔的油液通过单向阀快速流入有杆腔，故返回速度较快，高位油箱起补充泄漏油液的作用。图 5-55b 所示为实现快进→工进→快退动作的回路。当有 K_2 信号时，五通阀换向，活塞向左运动，液压缸无杆腔中的油液通过 a 口进入有杆腔，气缸快速向左前进；当活塞将 a 口关闭时，液压缸无杆腔中的油液被迫从 b 口经节流阀进入有杆腔，活塞工作进给；当 K_2 信号消失，有 K_1 输入信号时，五通阀换向，活塞向右快速返回。

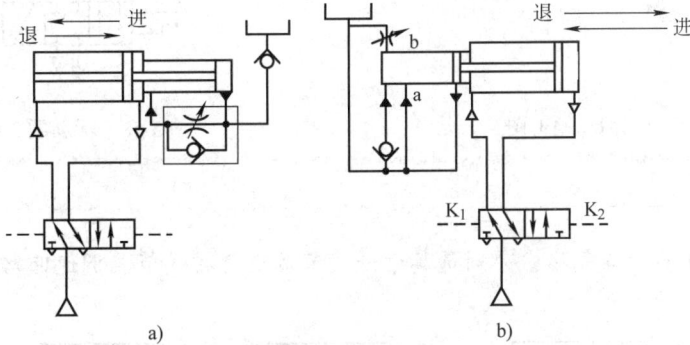

图 5-54 气液转换速度控制回路

1、2—气液转换器 3—液压缸

图 5-55 气液阻尼缸调速回路

a) 慢进快退回路 b) 快进快退回路

5. 缓冲回路

气压传动执行元件动作速度较快，当活塞惯性力较大时，可采用图 5-56 所示的缓冲回路。当活塞向右运动时，右腔的气体经行程阀及三位五通阀排掉，当活塞前进到预定位置压下行程阀时，气体就只能经节流阀排除，这样使活塞运动速度减慢，达到了缓冲目的。调整行程阀的安装位置就可以改变缓冲的开始时间。此种回路常用于惯性力较大的气缸。

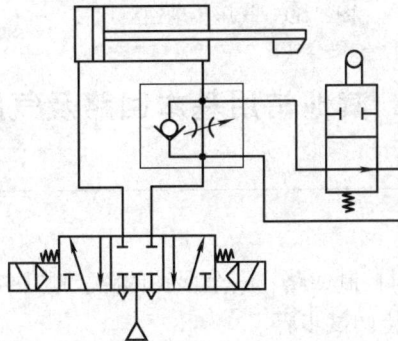

图 5-56 缓冲回路

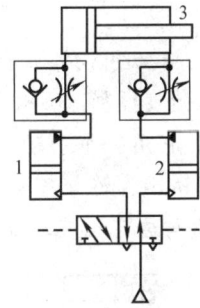

练 一 练

1. 根据图 5-57 所示系统，增加手动换向控制阀，来实现单作用气缸和双作用气缸伸出、缩回及速度控制，画出完整控制原理图并连接气路、实现气缸运行控制。思考各节流阀作用。

2. 利用一个手动三位四通换向阀实现气动马达的转向控制，气压传动控制原理图如图5-58所示，连接气动马达控制气路，完成马达的两种转速的控制。说明梭阀的作用，并说明马达可否实现正反转的控制。

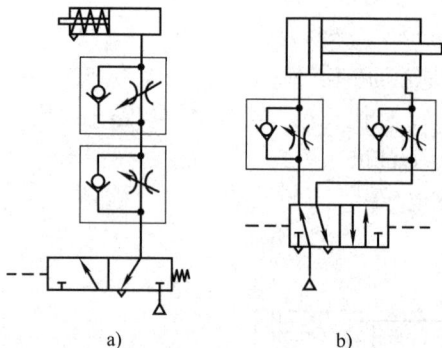

a)   b)

图 5-57　活动题 1 图

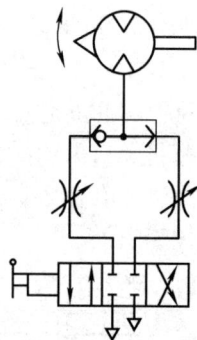

图 5-58　活动题 2 图

想 一 想

比较图 5-59 所示各气路，分别是属于进气节流还是排气节流调速回路？并分析其各自的工作特点。

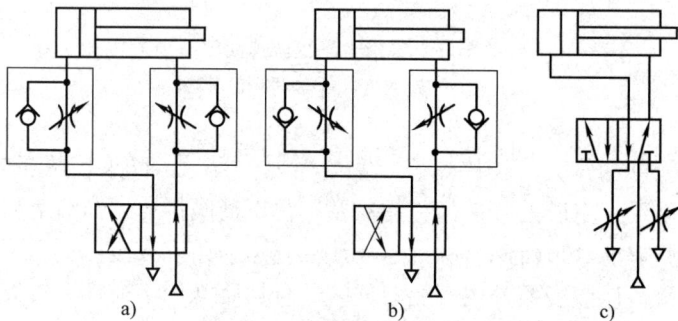

a)   b)   c)

图 5-59　气压传动回路比较

任务三　其他常用基本回路及气路连接

学习目标

1. 理解增压回路、延时控制回路、安全保护回路、顺序控制回路的组成和工作原理。
2. 掌握一般回路的安装调试步骤。

一、增压回路

当气压系统中局部需要较高压时，可采用高压泵，但其成本较高，故一般采用增压回路。

增压回路有多种形式，图 5-60 所示是由气液转换器和增压器组成的增压回路。图中 C 为带有冲头的工作缸，其工作循环为快进→工进→快退，工进时需要克服较大的负载。

当电磁铁 1YA 通电，气源输出的压缩空气进入气液转换器 B，并使之输出低压油液，低压油液进入工作缸 C 上腔，使活塞杆快速运动，当冲头接触负载后，C 缸上腔压力增加，压力继电器动作输出信号，使电磁铁 2YA、3YA 通电。此时增压器 A 输出高压油进入 C 缸上腔，使其完成工进动作。二位二通电磁阀的作用是防止高压油进入气

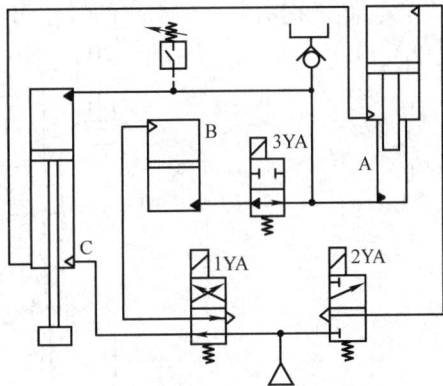

图 5-60　增压回路

液转换器。当 1YA、2YA、3YA 都断电时，压缩空气进入 C 缸下腔，使活塞杆快速退回。

二、延时控制回路

图 5-61a 所示为延时断开气压传动回路。当按下阀 A 后，阀 B 立即换向，活塞杆伸出，同时压缩空气经节流阀进入气容 C，经过一段时间气容 C 中气压升高到一定值后，阀 B 自动换向，活塞返回。图 5-61b 所示为延时接通气压传动回路。按下阀 A，压缩空气经阀 A 和节流阀进入气容 C，经过一段时间，气容 C 中压力升高到一定值后，B 阀才换向，使气路接通压缩空气。拉出阀 A，阀 B 换向，气路排气。

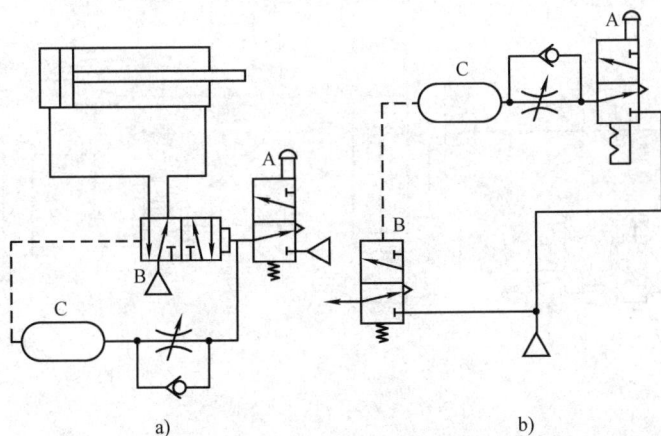

图 5-61　气压传动延时回路

a）延时断开气压传动回路　b）延时接通气压传动回路

三、互锁回路

图 5-62 所示为互锁回路，主要利用梭阀 1、2、3 及换向阀 4、5、6 进行互锁。该回路

能防止各缸的活塞同时动作，而保证只有一个活塞动作。例如，当换向阀 7 被切换，则换向阀 4 也换向，使 A 缸活塞杆伸出。与此同时，A 缸进气管路的气体使梭阀 1、2 动作，把换向阀 5、6 锁住。所以此时即使换向阀 8、9 有气控信号，B、C 缸也不会动作。如要改变缸的动作，必须把前一个动作缸的气控阀复位才行，以此达到互锁的目的。

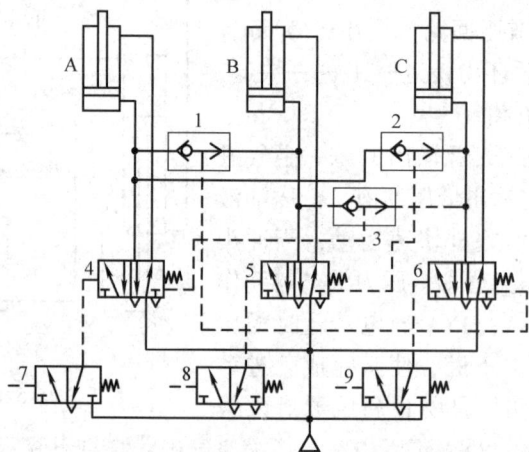

图 5-62　互锁回路

四、双手同时操作回路

图 5-63a 所示回路，只有两手同时操作手动阀 1、2 切换主阀 3 时，气缸活塞才能下落。实际上给阀 3 的控制信号是阀 1、2 相"与"的信号。在此回路中，如果阀 1 或阀 2 的弹簧折断而不能复位，单独按下一个手动阀，气缸活塞也可下落，所以此回路并不十分安全。

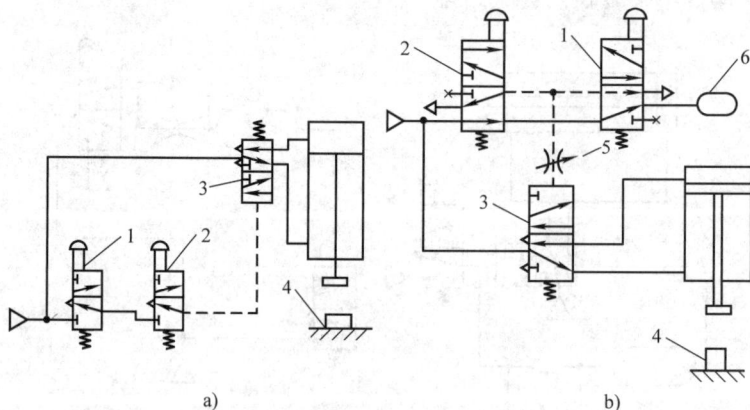

图 5-63　双手同时操作回路
1、2—手动阀　3—主控阀　4—工件　5—气阻　6—气容

图 5-63b 所示回路，需要两手同时按下手动阀 1、2 时，气容 6 中预先充满的压缩空气才能经手动阀 1 及气阻 5 节流延迟一定时间后切换主控阀 3，此时活塞才能下落。如果两手不同时按下手动阀 1、2，或因其中任一个手动阀因弹簧折断不能复位，气容 6 内的压缩空气都将通过手动阀 2 的排气口排空，这样由于建立不起控制压力，主控阀 3 就不能被切换，活塞也就不能下落。

> **注意**
>
> 在双手同时操作回路中，两个手动阀必须安装在单手不能同时操作的距离上。

五、顺序动作回路

顺序动作是指在气压传动回路中，各个气缸按一定程序完成各自的动作。例如单缸有单往复动作、二次往复动作、连续往复动作等；双缸及多缸有单往复及多往复顺序动作等。

1. 单缸往复动作回路

单缸往复动作回路可分为单缸单往复动作回路和单缸连续往复动作回路。单往复指输入一个信号后，气缸只完成一次往复动作；连续往复指输入一个信号后，气缸的往复动作可连续进行。

图 5-64 所示为三种单往复动作回路，其中图 5-64a 所示为行程阀控制的单往复动作回路。当按下阀 1 的手动按钮后，压缩空气使阀 3 换向，活塞杆伸出，当滑块压下行程阀 2 时，阀 3 复位，活塞杆返回，完成一次循环。图 5-64b 所示为压力控制的单往复动作回路，按下阀 1 的手动按钮后，阀 3 的阀芯右移，气缸无杆腔进气，活塞杆伸出，当活塞行程到达终点时，无杆腔气压升高，打开顺序阀 2，使阀 3 换向，气缸返回，完成一次循环。图 5-64c 所示是利用阻容回路形成的时间控制单往复动作回路，当按下阀 1 的按钮后，阀 3 换向，气缸活塞杆伸出，当压下行程阀 2 后，需经过一定的时间后阀 3 才能换向，使气缸返回完成一次循环动作。由上述可知，在单往复回路中，每按动一次按钮，气缸可完成一次伸出和缩回的工作循环。

图 5-65 所示为连续往复动作回

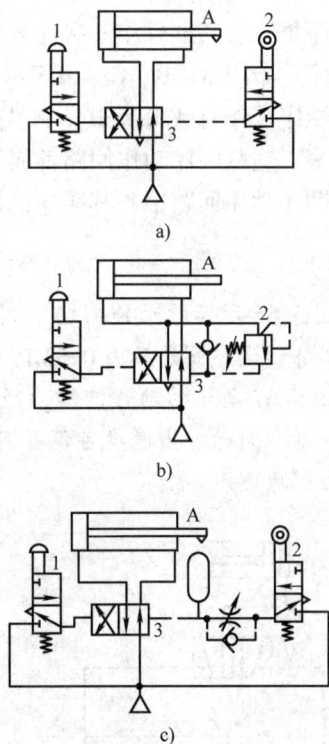

图 5-64　单往复动作回路
a）行程阀控制　b）压力控制
c）利用阻容回路形成的时间控制

路。当按下阀 1 的按钮后，阀 4 换向，活塞向前运动，这时由于阀 3 复位将气路封闭，使阀 4 不能复位，活塞继续前进。到达行程终点压下行程阀 2，使阀 4 控制气路排气，并在弹簧作用下使阀 4 复位，气缸返回；当压下阀 3 时，阀 4 换向，活塞再次向前，形成了伸出和缩回的连续往复动作，当提起阀 1 的按钮后，阀 4 复位，活塞返回而停止运动。

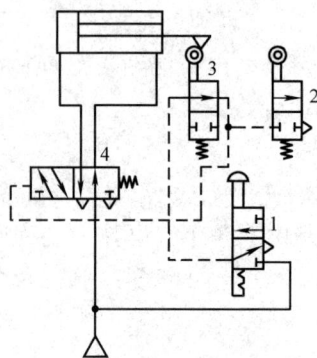

图 5-65　连续往复动作回路

2. 多缸顺序动作回路

多缸顺序动作回路指两个、三个或多个气缸按一定顺序动作的回路，它的应用较广泛，在一个循环顺序里，若气缸只作一次往复，称之为单往复顺序，若某些气缸作多次往复，就称为多往复顺序。若用 A、B、C……表示气缸，用下标 1、0 表示活塞的伸出和缩回，则两个气缸的基本顺序动作有 $A_1B_1A_0B_0$、$A_1A_0B_1B_0$ 和 $A_1B_0A_0B_1$ 三种。而三个气缸的基本动作，就有十五种之多。这些顺序动作回路都属于单往复顺序，即在每一个程序里，气缸只作一次往复。多往复顺序动作回路中，其顺序的形成方式将比单往复顺序多得多。

练一练

1. 按照图 5-66 所示的动作回路，利用时间延时器控制单作用缸的单往复运动，进行连接气路训练，设定气源压力 0.5MPa，说明延时器的控制原理。

2. 按照图 5-67 所示的动作回路，通过起动一个两位三通按钮开关使一个双作用气缸自动往返运动，同时伸出速度可调并且返回速度根据控制要求应尽可能快。通过连接训练，说明控制原理。

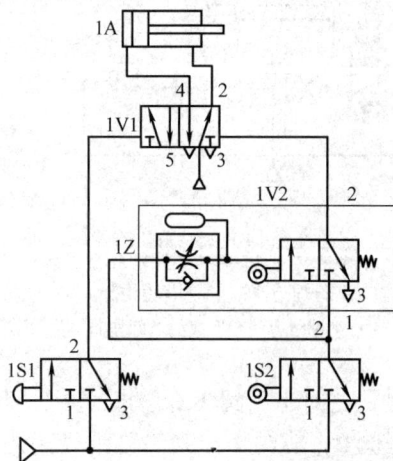

图 5-66　带行程检测的时间控制回路

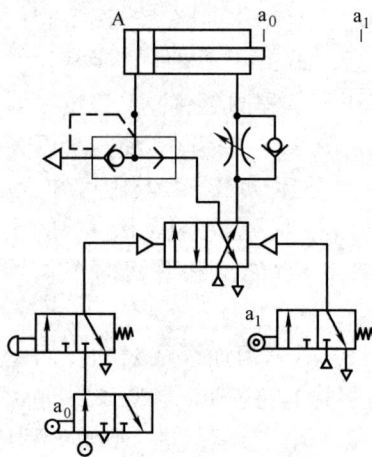

图 5-67　自动往复动作回路

想 一 想

按照图 5-68 所示的冲压回路控制原理图，分析冲压工作过程。

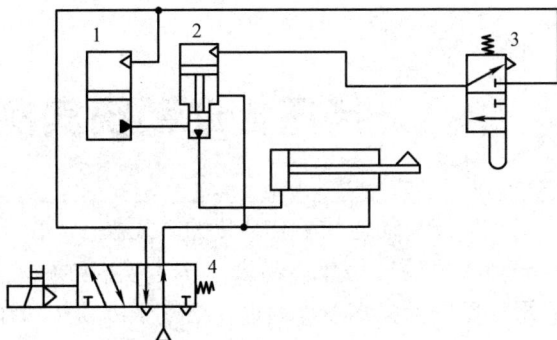

图 5-68　冲压回路控制原理

思考题和习题

5-11　气动换向阀与液压换向阀的主要区别有哪些？

5-12　试分析比较气压传动与液压传动中的节流阀在原理、结构和使用上有何异同。

5-13　要求气缸活塞左右换向，可以任意位置停止，并使左右运动速度可调，试设计绘出气压控制原理图。

5-14　试用一单电控二位五通换向阀、一个单向节流阀和一个快速排气阀，设计出一个可使双作用气缸快速返回的控制回路。

5-15　试利用两个双作用气缸、一个气动顺序阀、一个二位四通单电控制换向阀组成顺序动作回路。

5-16　用一个二位三通换向阀能否控制一个双作用气缸的换向？

项目六

气压传动系统实例

气压传动技术是实现工业生产自动化和半自动化的方式之一。由于气压传动系统使用安全、可靠,可以在高温、振动、腐蚀、易燃、易爆、多尘埃、强磁、辐射等恶劣环境下工作,所以气压传动技术应用日益广泛。本项目通过介绍气压传动技术在实际生产中的应用实例,进而学会阅读和分析气压传动系统。

任务一 气动机械手气压传动系统

学习目标

1. 读懂气压传动系统原理图。
2. 分析机械手气压传动系统的组成及各元件在系统中的作用。
3. 分析气压传动系统的工作程序及其特点。

机械手是自动生产设备和生产线上的重要装置之一,它可以根据各种自动化设备的工作需要,模拟人手的部分动作,按着预定的控制程序、轨迹和工艺要求实现自动抓取、搬运,完成工件的上料、卸料和自动换刀等动作。因此,在机械加工、冲压、锻造、铸造、装配和热处理等生产过程中被广泛应用,以减轻工人的劳动强度。气压传动机械手是机械手的一种,它具有结构简单,重量轻,动作迅速、平稳、可靠,节能和不污染环境等优点。

图6-1所示为气压传动机械手的结构示意图。该系统由 A、B、C、D 四个气缸组成,实现手指夹持、手臂伸缩、立柱升降和立柱回转四个动作。

其中,A 缸为抓取工件的松紧缸;B 缸为实现手臂伸出与缩回动作的伸缩缸;C 缸为立柱升降缸;D 缸为立柱回转缸,该气缸为齿轮齿条缸,它有两个活塞,分别装在带

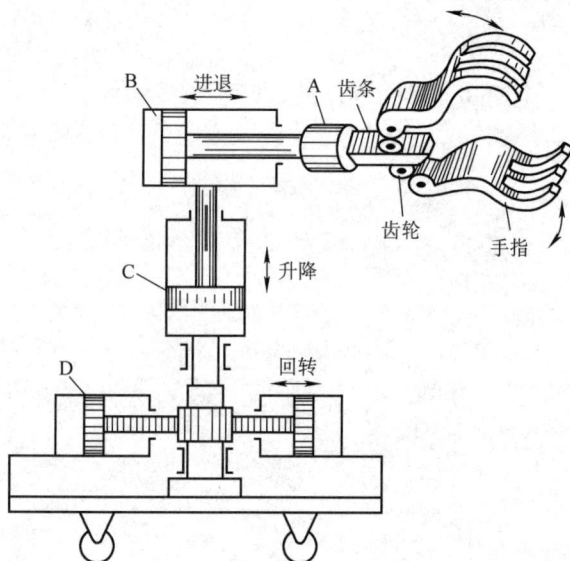

图6-1 气动机械手结构示意图

齿条的活塞杆两端，齿条的往复运动带动立柱上的齿轮旋转，从而实现立柱及手臂的回转。图 6-2 所示为一种通用机械手的气压传动系统工作原理图。此机械手手指部分为真空吸头，即无 A 气缸部分，要求其完成的工作循环为立柱上升→伸臂→立柱顺时针转→真空吸头取工件→立柱逆时针转→缩臂→立柱下降，其电磁铁动作顺序见表 6-1。

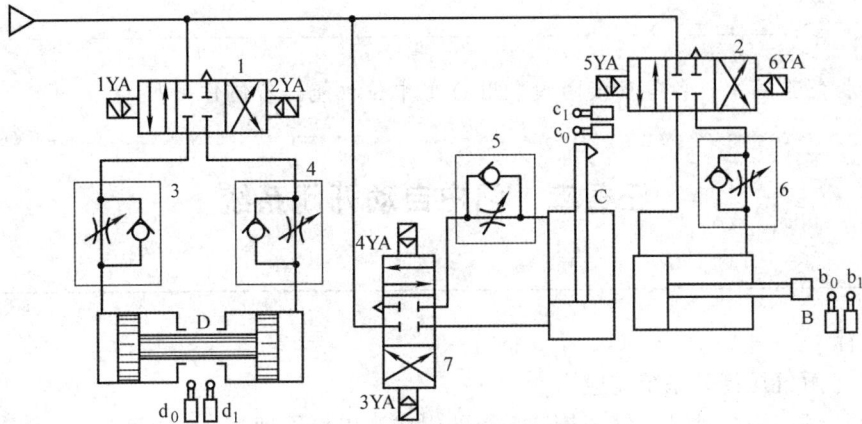

图 6-2　通用机械手气压传动系统原理

表 6-1　电磁铁动作顺序表

电磁铁　　动作	1YA	2YA	3YA	4YA	5YA	6YA
立柱上升				+		
手臂伸出				−	+	
立柱转位	+					
立柱复位	−	+				
手臂缩回		−				+
立柱下降			+			−

气动机械手工作循环为

按下起动按钮，4YA 通电，阀 7 处于上位，压缩空气进入垂直气缸 C 下腔，活塞杆（立柱）上升。

当缸 C 活塞杆上的挡块碰到电气行程开关 c_1 时，4YA 断电，5YA 通电，阀 2 处于左位，水平气缸 B 活塞杆（手臂）伸出，带动真空吸头进入工作点并吸取工件。

当缸 B 活塞上的挡块碰到电气行程开关 b_1 时，5YA 断电，1YA 通电，阀 1 处于左位，回转缸 D（立柱）顺时针方向回转，使真空吸头进入卸料点卸料。

当回转缸 D 活塞杆上的挡块压下电气行程开关 d_1 时，1YA 断电，2YA 通电，阀 1 处于右位，回转缸 D 复位。回转缸复位时，其上的挡块碰到电气行程开关 d_0 时，6YA 通电，2YA 断电，阀 2 处于右位，水平气缸 B 活塞杆（手臂）缩回。

水平缸 B 活塞杆（手臂）缩回时，挡块碰到电气行程开关 b_0，6YA 断电，3YA 通电，阀 7 处于下位，垂直缸 C 活塞杆（立柱）下降，到达原位时，碰到电气行程开关 c_0，使 3YA 断电，至此完成一个工作循环。如再给起动信号，可进行同样的工作循环。

根据需要，只要改变电气行程开关的位置，调节单向节流阀的开度，即可改变各气缸的行程和运动速度。

想 一 想

气动控制系统中，各气动换向阀采用 O 形中位机能，有何作用？

任务二　门户自动开闭系统

学习目标

1. 了解气压传动系统的应用。
2. 读懂门户自动开闭气压传动系统的组成和工作原理。
3. 学会分析系统的性能特点。

门的形式多种多样，有推门、拉门、屏风式的折叠门、左右门扇的旋转门以及上下关闭的门等。下面就以拉门自动开闭系统为例作介绍。

该装置是通过连杆机构将气缸活塞杆的直线运动转换成拉门的开闭运动，利用超低压气动阀来检测行人的踏板动作。在拉门内、外装踏板 6 和 11，踏板下方装有一端完全密封的橡胶管，管的另一端与超低压气动阀 7 和 12 的控制口连接。当人站在踏板上时，橡胶管里的压力上升，超低压气动阀动作。其气压传动的工作原理如图 6-3 所示。

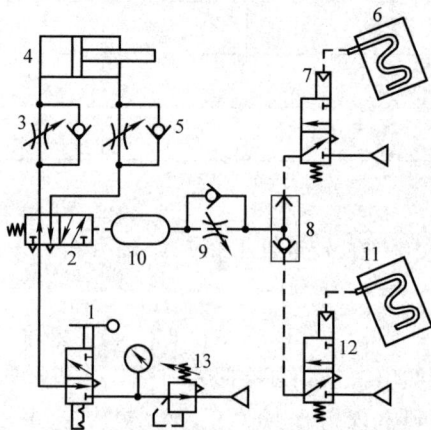

图 6-3　拉门自动开闭系统工作原理

首先使手动阀 1 上位接入工作状态，压缩空气通过气控换向阀 2、单向节流阀 3 进入气缸 4 的无杆腔，将活塞杆推出（门关闭）。当人站在踏板 6 上后，超低压气动阀 7 动作，压缩空气通过梭阀8、单向节流阀9和气容10使气控换向阀2换向,压缩空气进入气缸4的有杆腔,活塞杆退回(门打开)。

当行人经过门后踏上踏板11时,超低压气动阀12动作,使梭阀8上面的通口关闭、下面的通口接通(此时由于人已离开踏板6,阀7已复位),气容10中的空气经单向节流阀9、梭阀8和阀12放气(人离开踏板11后,阀12已复位),经过延时(由节流阀控制)后,阀2复位,气缸4的无杆腔进气,活塞杆伸出(关闭拉门)。

该回路利用逻辑"或"的功能,回路比较简单,工作可靠。行人无论从门的哪一边进出均可。减压阀13可使关门的力自由调节,十分方便。如将手动阀复位,则可变为手动门。

> **想一想**
>
> 如何调节开门或关门的速度以及关门延时时间?

任务三 数控加工中心气动换刀系统

> **学习目标**
> 1. 了解气压传动在数控机床上的应用。
> 2. 读懂数控加工中心换刀系统的气动控制原理图。

图6-4所示为某数控加工中心气动换刀系统工作原理图,该系统在换刀过程中实现主轴定位、主轴松刀、拔刀、向主轴锥孔吹气和插刀动作。该系统的电磁铁动作顺序见表6-2。

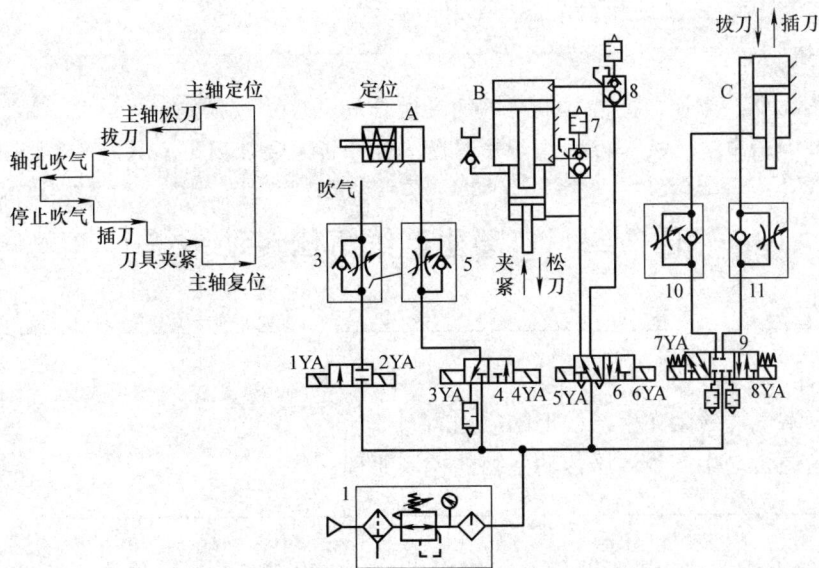

图6-4 数控加工中心气动换刀系统工作原理

表 6-2　电磁铁动作顺序表

电磁铁 工况	1YA	2YA	3YA	4YA	5YA	6YA	7YA	8YA
主轴定位				+				
主轴松刀				+		+		
拔刀				+		+		+
主轴锥孔吹气	+			+		+		+
吹气停	−	+		+		+		+
插刀				+		+	+	−
刀具夹紧				+	+			
主轴复位			+	−				

　　其工作原理如下：当数控系统发出换刀指令时，主轴停止旋转，同时 4YA 通电，压缩空气经气源处理装置 1→换向阀 4→单向节流阀 5→主轴定位缸 A 右腔→缸 A 活塞左移，使主轴自动定位。定位后压下无触点开关，使 6YA 通电，压缩空气经换向阀 6→快速排气阀 8→气液增压缸 B 上腔→增压腔的高压油使活塞伸出，实现主轴松刀，同时使 8YA 通电，压缩空气经换向阀 9→单向节流阀 11→缸 C 上腔，缸 C 下腔排气，活塞下移实现拔刀。由回转刀库交换刀具，同时 1YA 通电，压缩空气经换向阀 2→单向节流阀 3 向主轴锥孔吹气。稍后 1YA 断电，2YA 通电，停止吹气。8YA 断电、7YA 通电，压缩空气经换向阀 9→单向节流阀 10→缸 C 下腔→活塞上移，实现插刀动作。6YA 断电、5YA 通电，压缩空气经换向阀 6→气液增压缸 B 下腔→活塞退回，主轴的机械机构使刀具夹紧。4YA 断电、3YA 通电，缸 A 活塞在弹簧力作用下复位，恢复到开始状态，换刀结束。

■ 想一想

　　（1）系统中，为什么夹紧缸采用了气液增压缸？
　　（2）若加工中心主轴松刀时，动作缓慢，试分析主要原因。

任务四　自动生产线气压传动系统

学习目标
　　1. 了解气压传动在生产线上的应用。
　　2. 读懂自动生产线气压传动系统的控制原理。

　　生产过程中的产品传送与分拣经常用到的自动生产线，它可以根据各种产品加工的需要，按照预定的控制程序动作，实现对不同产品的分类。采用气压传动方式的此类系统，具有动作准确迅速、结构简单、安装方便、可靠性高等特点，在各行各业中得到广泛的应用。

图 6-5 所示为传送与分拣自动生产线的结构示意图，其结构可分为两个部分。

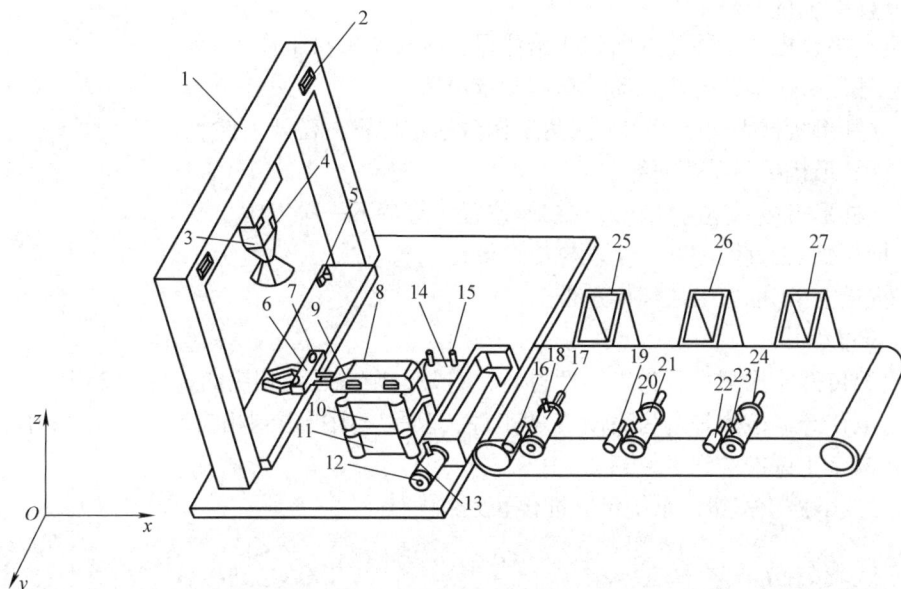

图 6-5　传动与分拣自动生产线的结构示意图

1—无杆气缸　2、4、7、9、13、15、18、20、23—限位开关　3—吸盘升降缸
5、16、19、22—光电传感器　6—夹紧缸　8—手臂缸　10—摆动马达
11—手臂升降缸　12、14、17、21、24—推送缸　25、26、27—工件箱

第一部分完成工件的搬运，由两个机械手构成。其中一个是门架形气动机械手，由直线驱动模块（作 z 轴方向提升/放下手臂动作）、两个基础部件（作门架的立柱）与一个无杆气缸（作 y 轴方向移动动作）构成，它采用真空吸盘，靠吸力吸持被搬运的工件；另一个是立柱形气动机械手，由两个直线驱动模块（作 x 轴前伸/退回动作，作 z 轴提升/放下动作）、基础部件、摆动马达（作回转动作）及手指气缸（作夹紧/松开动作）组成了一次提升→前伸→夹紧→旋转→放下→松开→退回→回转的循环动作。

第二部分完成工件的分拣，通过电容传感器，检查工件是否为铁磁性材料，两个光电传感器将工件按高矮进行分类，并通过三个气缸分别推送到不同的工件箱中，以实现对工件的分类。系统传送带由电动机拖动，由继电器控制回路进行控制。

一、系统的控制要求

1. 搬运过程

1）按下起动按钮，系统进入工作状态。由光电传感器 5 检测到有工件，门架形机械手向下运动，达到预定位置停止。

2）真空吸盘开始吸持工件，经一定时间吸牢。

3）门架形机械手向上运动，到达顶端。

4）门架形机械手向前运动，到达最前端。

5）立柱形机械手向上运动，到达与被吸持工件同样的高度。

6）立柱形机械手向前伸出手臂，准备夹工件。

7）立柱形机械手夹紧工件。

8）真空吸盘松开工件并退回到初始位置，等待下一次工作。

9）立柱形机械手顺时针转动，直到预定位置。

10）立柱形机械手向下运动，到达工作台指定位置，松开工件。

11）立柱形机械手手臂回缩。

12）立柱形机械手逆时针转回到初始位置，等待下一次工作。

13）推送缸 12 直推工件，使之与传送带在一条直线上。

14）推送缸 14 推送工件到传送带上。

2. 分捡过程

1）电容传感器检测是否为铁磁性材料，若是，则推送到相应的工件箱 25 中。

2）光电传感器检测是否为高度 H 的工件，若是，则推送到相应的工件箱 26 中。

3）将其余工件推送到工件箱 27 中。

若随时按下停止按钮，系统可立即停止运行。

二、系统分析

本系统采用的五个气缸分别作为门形机械手的升降缸、前后移动缸、立柱形机械手升降缸、手臂伸缩缸和夹紧缸，它们由双电控电磁阀控制；还有五个气缸作为推送缸，它们由单电控电磁阀控制。摆动气马达控制选用双电控电磁阀。真空吸盘选用波纹吸盘，其控制阀选用双电控电磁阀，要求采用弹性密封结构，能用于真空系统。一般电磁阀可选用紧凑型的阀岛。

系统的动作循环为

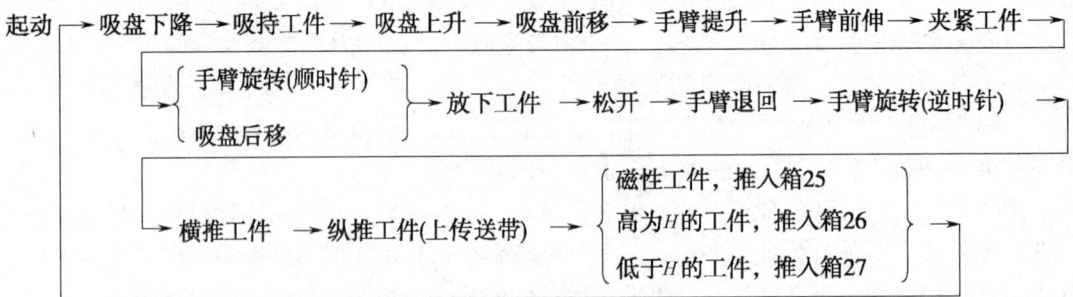

起动 → 吸盘下降 → 吸持工件 → 吸盘上升 → 吸盘前移 → 手臂提升 → 手臂前伸 → 夹紧工件 →

{ 手臂旋转(顺时针) / 吸盘后移 } → 放下工件 → 松开 → 手臂退回 → 手臂旋转(逆时针) →

横推工件 → 纵推工件(上传送带) → { 磁性工件，推入箱25 / 高为H的工件，推入箱26 / 低于H的工件，推入箱27 } →

气压传动系统如图 6-6 所示，所有行程开关和传感器信号接入可编程序控制器 PLC 的输入端，其输出端分别接到各主控阀的控制端。系统按照系统工作顺序，由可编程序控制器 PLC 完成工作控制。

◆ 想 一 想

系统中采用了吸盘吸持工件，是如何工作的呢？

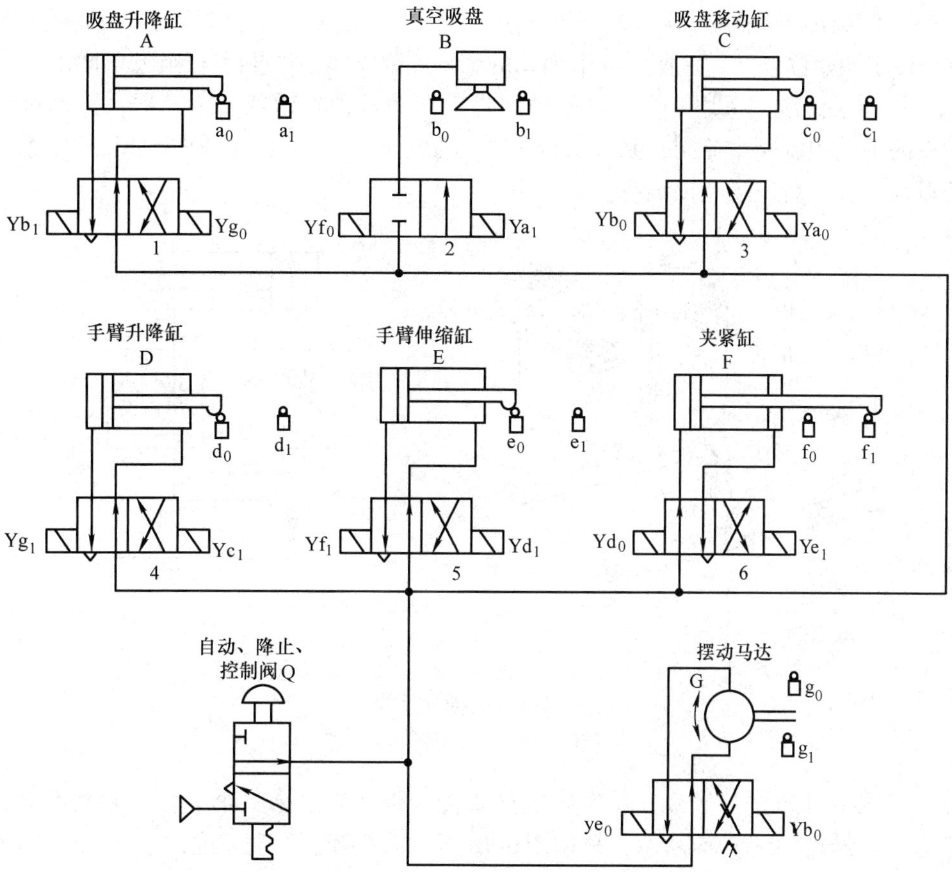

图 6-6　自动生产线气压传动系统图

活动　气压传动系统安装实训

1. 图 6-7 所示为一传送带系统。其结构如图 6-7a 所示，采用一个步进机构和一个传输气

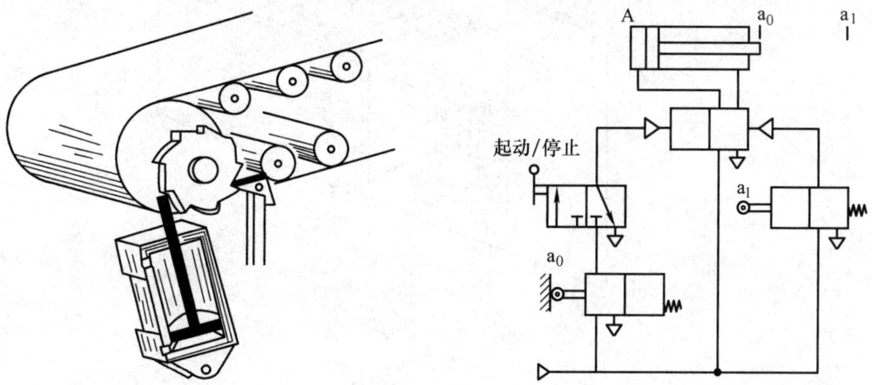

图 6-7　传送带系统

a）结构示意图　b）系统控制原理

缸来驱动一条传送带，通过一个起动开关起动系统后，应使传送带连续运行，设备关断后，传输气缸应位于初始位置上。完成图 6-7b 所示的系统控制原理，并进行连接调试训练。

2. 一个罐装系统，采用一个气缸驱动和一个摆动机构来罐装一个容器，摆动过程通过一个相应的手动控制阀来控制，系统结构示意图如图 6-8a 所示，完成图 6-8b 所示系统控制原理的设计，并进行连接调试训练。

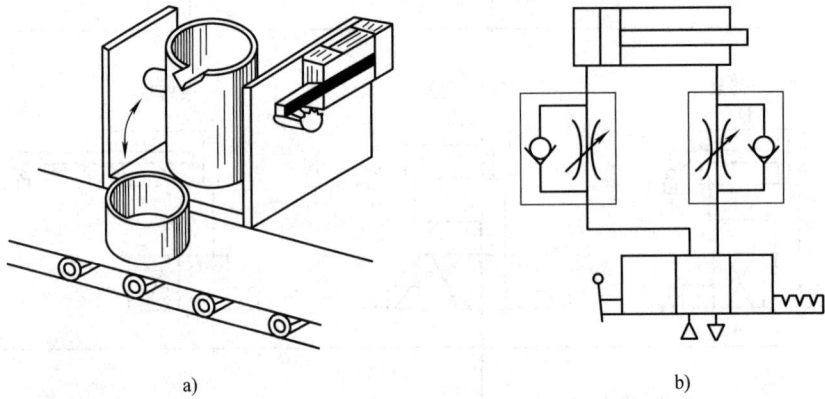

图 6-8 罐装系统

a）结构示意图 b）系统控制原理

3. 一个传送工件的传送带，从右侧辊柱式传送带上送过来一个工件，并被举升，送往一个新方向，结构如图 6-9a 所示，根据图 6-9b 所示系统控制原理，通过连接气压传动回路，调试运行，说明该系统工作过程。气源压力为 0.6MPa。

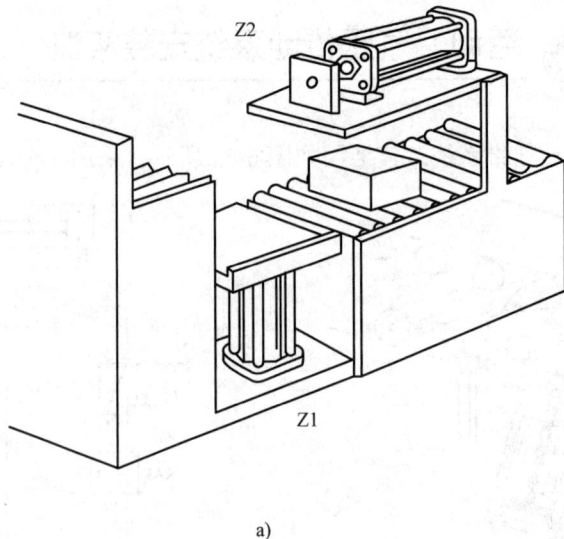

图 6-9 传送工件的传送带系统

a）结构示意图

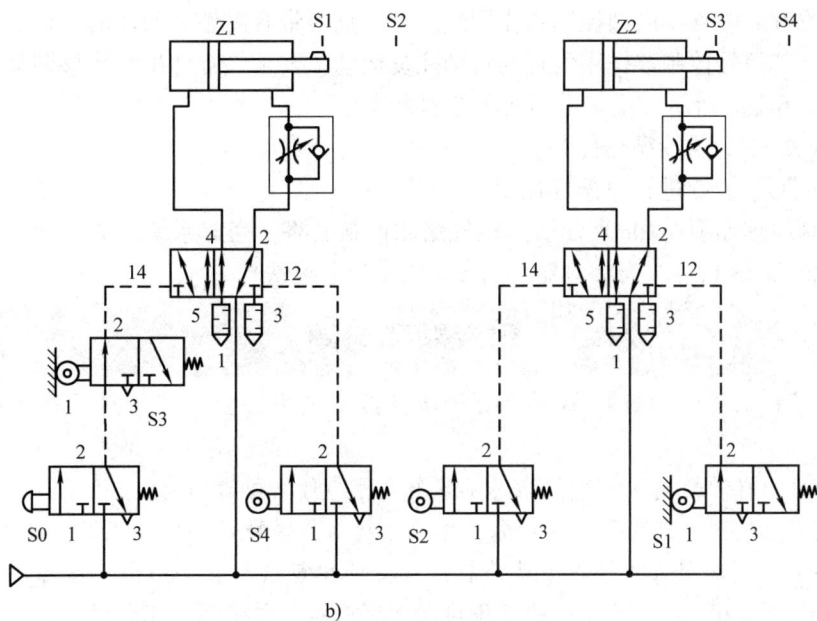

图 6-9 传送工件的传送带系统（续）

b）系统控制原理

4. 某一沙发的使用寿命测试设备如图 6-10 所示，设备结构示意图如图 6-10a 所示，使

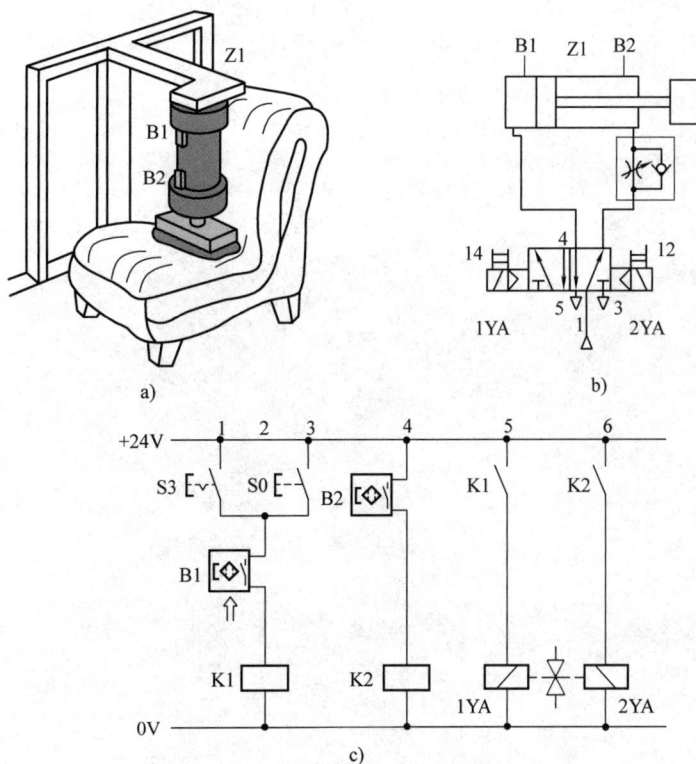

图 6-10 沙发寿命测试

a）结构示意图 b）气压传动原理 c）电气控制原理

用双电控二位五通电磁换向阀控制双作用气缸，气缸为带有磁性活塞环的气缸，气缸外装有磁感应开关，其信号控制双作用气缸的自动往复运动。要求气缸伸出时能够调节速度，气压传动原理如图 6-10b 所示，系统采用两种控制方式：

1）一开关 S3 为连续循环控制。

2）一点动开关 S0 进行单循环控制。

电气控制原理如图 6-10c 所示。连接气路和控制电路，完成系统安装与调试。（B1、B2 为磁感应传感器，K1、K2 为继电器，1YA、2YA 为电磁铁）

思考题和习题

6-1　在图 6-4 所示的数控加工中心气动换刀系统中，夹紧缸采用了气液增压缸，为什么？

6-2　在拉门自动开闭系统中，利用了哪个元件的什么逻辑功能？

6-3　试依照气动生产线气压传动系统图及系统动作循环，分析系统工作过程。

6-4　公共汽车车门采用气压传动控制，驾驶员和售票员各有一个气压传动开关，控制汽车门的打开和关闭。试设计车门的气压传动控制回路，并说明其工作过程。

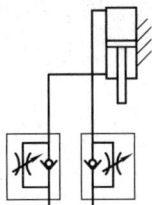

项 目 七

气压传动系统安装调试和故障分析

任务一 气压传动系统安装与调试

学习目标

1. 了解气动系统安装、调试的一般规范、步骤和方法。
2. 逐步学会气动系统的安装、调试。

一、气动元件的选择与安装调试

1. 气缸的选择

首先，根据气缸的工作要求，选定气缸的规格、缸径和行程。按气缸工作行程加上适当余量，选取相近的标准行程作为预选行程，依次进行轴向负载检验（压杆稳定性）、径向载荷及缓冲性能校核。其次，还应考虑环境条件（温度、粉尘、腐蚀性等）、安装方式、活塞杆的连接方式（内外螺纹、球铰等）及行程发信号方法。

（1）缸径 气缸的缸筒内径尺寸见表 7-1，摘自 GB/T 2348—1993（ISO 3320）液压气动系统及元件 缸内径及活塞杆外径系列。

表 7-1 气缸缸内径尺寸系列 （单位：mm）

8	10	12	16	20	25	32	40	50	63	80	(90)	100
(110)	125	(140)	160	(180)	200	(220)	250	(280)	320	(360)	400	(450)	500

注：括号内数据为非优先选用者。

（2）行程 气缸行程与使用场合和机构的行程比有关，一般按计算所需行程多加 10 ~ 20mm 的行程余量，选择生产厂商提供的标准行程。

2. 气缸的使用

（1）气缸的安装方式 采用脚架式、法兰式安装时，应尽量避免安装螺栓本身直接受推力或拉力负载；同时要求安装底座有足够的刚性。若安装底座刚性不足，受力后将发生变形，这对活塞运动会产生不良影响。采用尾部悬挂中间摆动（耳环中间轴销型）安装时，活塞杆顶端联接销位置与安装件轴的位置处于同一方向。采用中间轴销摆动式安装时，除注意活塞杆顶端联接销的位置外，还应注意气缸轴线与轴支架的垂直度。气缸的中心应尽量靠近轴销的支点，以减小弯矩，使气缸活塞杆的导向套不至承受过大的横向载荷。缸体的中心高度比较大时，可将安装螺栓加粗或将螺栓的间距加大。

（2）气缸的安全规范　气缸使用的工作压力超过 1.0 MPa 或容积超过 450L 时，应作为压力容器处理，遵守压力容器的有关规定。气缸使用前，应检查各安装连接点有无松动。操纵上应考虑安全互锁。

进行顺序控制时，应检查气缸的工作位置。当发生故障时，应有紧急停止装置。工作结束后，气缸内部的压缩空气应予排放。

（3）气缸的工作环境

1）环境温度。通常规定气缸的工作温度为 5~60℃。气缸在 5℃ 以下使用时，会因压缩空气中所含的水分凝结给气缸动作带来不利影响。此时，要求空气的露点温度低于环境温度 5℃ 以下，以防止空气中的水蒸气凝结；同时要考虑在低温下使用的密封件和润滑油。另外，在低温环境中的空气会在活塞杆上冻结。若气缸动作频率较低时，可在活塞杆上涂上润滑脂，防止活塞杆上结冰。

在高温使用时，可选用耐用气缸；同时应注意高温空气对行程开关、管件及换向阀的影响。

2）润滑。气缸通常用油雾润滑，应选用推荐的润滑油，使密封圈不产生膨胀、收缩的影响，且与空气中的水分混合不产生乳化现象。

3）接管。气缸接入管道前，必须清除管道内的脏物，防止杂物进入气缸。

3. 控制阀的使用

1）安装前应查看阀的铭牌，注意型号、规格与使用条件是否相符，包括电源、工作压力、通径、螺纹接口等。随后，应进行通电、通气试验，检查阀的换向动作是否正常；用手动装置操作，阀是否换向；手动切换后，手动装置应复原。

2）安装前应彻底清除管道内的粉尘、铁锈等污物。接管时应防止密封带碎片进入阀内。

3）应注意阀的安装方向，大多数电磁阀对安装位置和方向无特殊要求，对指定要求的应予以注意。

4）对于双电控电磁阀，应在电气回路中设互锁回路，防止两端电磁铁同时通电而烧毁线圈。

5）使用小功率电磁阀时，应注意继电器节电保护电路 RC 元件的漏电流造成的电磁铁误动作。因为此漏电流在电磁线圈两端产生漏电压，若漏电压过大时，就会使电磁铁一直通电而不能关断，此时可接入漏电阻。

6）应注意采用节流的方式和场合。对于截止式阀或有单向密封的阀，不宜采用排气节流阀，否则将引起误动作。对于内部先导式电磁阀，其入口不得节流。所有阀的进气孔或排气孔不得阻塞。

二、气压传动系统的使用和维护

1. 气压传动系统的使用

1）系统使用中应定期检查各部件有无异常现象，各连接部位有无松动；气缸和各种阀的活动部位应定期加润滑油。

2）气缸检修重新装配时，零件必须清洗干净，特别注意防止密封圈剪切、损坏，注意唇形密封圈的安装方向。

3）阀的密封元件通常用丁腈橡胶制成，故应选择对橡胶无腐蚀作用的油作为润滑油（ISO VG32）。对于无油润滑的阀，一旦用了含油雾润滑的空气后，便不能中断使用。因为润滑油已将原有的油脂洗去，中断后会造成润滑不良。

4）气缸拆下长时间不使用时，所有加工表面应涂防锈油，进排气口加装防尘塞。

5）应严格管理所用空气的质量，注意空压机等设备的管理，除去冷凝水等有害杂质。

2. 气压传动系统的维护

为了使气压传动系统能够长期稳定地运行，应采取下述定期维护措施：

1）每天应将过滤器中的水排放掉。有大的气罐时，应加装油水分离器。检查油雾器的油面高度及油雾器调节情况。

2）每周应检查信号发生器上是否有灰尘或切屑沉积。查看调压阀上的压力表。检查油雾器的工作是否正常。

3）每三个月检查管道连接处的密封，以免泄漏。更换连接到移动部件上的管道。检查阀口有无泄漏。用肥皂水清洗过滤器内部，并用压缩空气从反方向将其吹干。

4）每六个月检查气缸内活塞杆的支承点是否磨损，必要时可更换。同时应更换刮板和密封圈。

活动 1　气压传动系统的安装、调试和性能测试综合实训

【实训目的】

1）气压传动元件的选择以及使用方法。

2）分析气压传动系统控制原理图，了解控制过程和方法。

3）进一步掌握系统安装和调试。

【实训设备及实训要求】

1. 气动实训台（略）

2. 气动元件

双作用气缸 2 个；双气控二位五通换向阀 2 个；单向节流阀 2 个；按钮式二位三通换向阀 1 个；滚轮式二位三通换向阀 2 个；带可通过式滚轮二位三通换向阀 2 个；气源处理装置、分配器、气管等元件。

3. 压缩空气预处理单元（略）

【实训内容】

1. 钻孔设备及过程

钻孔机设备如图 7-1 所示，该设备完成工件钻孔和工件夹紧的功能，工作过程如下：用手将要钻孔的工件放到夹具中。按动启动按钮 S0（图中未注）后，双作用气缸 Z1 的活塞杆将工件夹紧。当工件被夹紧后，钻孔

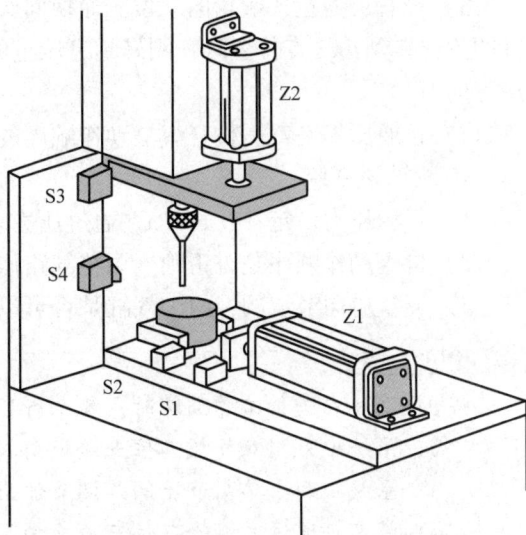

图 7-1　钻孔机设备

气缸 Z2 的活塞杆伸出，在工件上钻孔并自动返回到后端终点位置（在完成钻孔的过程后）。当气缸 Z2 活塞杆返回到上端的终点位置时，气缸 Z1 活塞杆也返回并松开工件。根据系统要求初步设计气动控制系统图。

2. 工作原理

钻孔机气动系统原理如图 7-2 所示，分析其控制过程。

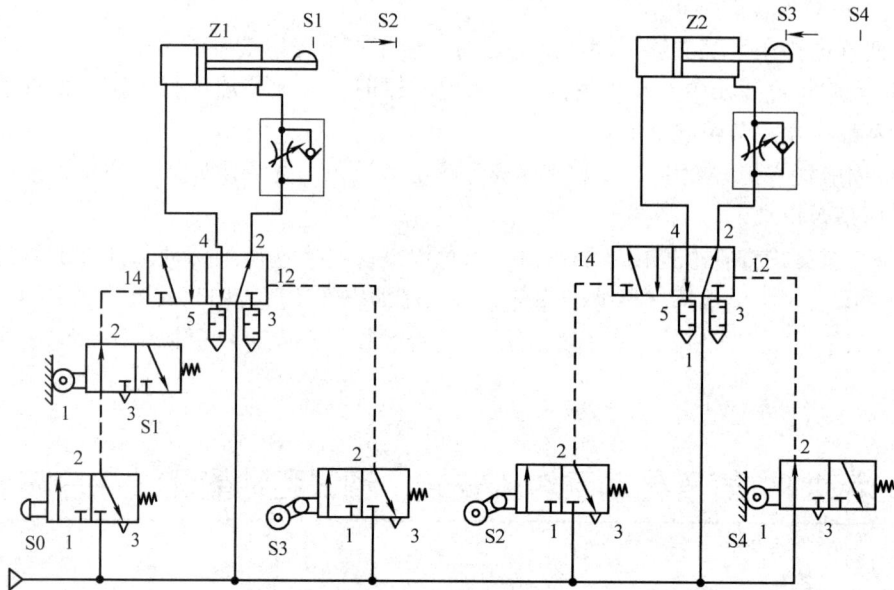

图 7-2　钻孔机气动系统原理

3. 搭接气路

1）选择元件，并检查有无损坏，是否清洁等，并将其安装到实验底板的适当位置上。

2）根据系统图，用软管和附件将元件连接起来。

3）带有可通过式滚轮的二位三通换向阀应该被安装在接近终点的位置，为的是让活塞杆的头部在到达终点位置时，刚好越过压过的滚轮。在安装这种滚轮阀时，应注意正确的作用方向。

4）接通压缩空气，检查气缸动作顺序的正确性。

4. 调试该系统

1）气源压力设定在 0.6MPa，通过压力表测量。

2）检查动作顺序是否正确。调整气路连接及安装位置，使之达到控制要求。

3）调整单向节流阀，两个气缸是否可以调速。

想一想

（1）系统在进行工作循环时，各个行程开关应处于什么状态？

（2）系统中采用双气控二位五通换向阀，是如何保证系统工作循环的？

（3）系统中两个单向节流阀是调节伸出速度还是缩回速度的？

（4）带有可通过式滚轮二位三通换向阀有何特点？解释其在系统中的作用。

任务二 气压传动系统故障分析与排除

学习目标

1. 学会分析气压传动系统的故障以及故障的排除方法。
2. 通过实训逐步学会排除气压传动系统的一般故障。

一、气压传动系统故障

通常，一个新设计安装的气压传动系统被调整好以后，在一段时间内较少出现故障。几周或几个月内都不会出现过早磨损的情况，正常磨损要在使用几年后才会出现。气压传动系统若出现故障，根据发生的时期不同，故障的内容和原因也不同，故气压传动系统故障可分为初期故障、突发故障和老化故障。

1. 初期故障

在调试阶段和开始运转的 2~3 个月内发生的故障称为初期故障。其产生的原因如下：

（1）元件加工、装配不良 如元件内孔的研磨不符合要求，零件毛刺未清除干净，不清洁安装，零件装错、装反，装配时对中不良，紧固螺钉拧紧力矩不恰当，零件材质不符合要求，外购零件（如密封圈、弹簧）质量差等。

（2）元件设计失误 对零件的材料选用不当，加工工艺要求不合理等；对元件的特点、性能和功能了解不够，造成回路设计时元件选用不当；设计的空气处理系统不能满足气压传动元件和系统的要求，回路设计出现错误。

（3）安装不符合要求 安装时，元件及管道内吹洗不干净，使灰尘、密封材料碎片等杂质混入，造成气压传动系统故障，安装气缸时存在偏载；管道没有采取防松、防振动等有效措施。

（4）维护管理不善 如未及时排放冷凝水，未及时给油雾器补油等。

2. 突发故障

系统在稳定运行时期内突然发生的故障称为突发故障。例如，空气或管路中，残留的杂质混入元件内口，突然使相对运动件卡死；弹簧突然折断、软管突然爆裂、电磁线圈突然烧毁；突然停电造成回路误动作等。

有些突发故障是有先兆的，如压缩空气中出现杂质和水分，表明过滤器已失效，应及时查明原因，予以排除，不要酿成突发故障。但有些突发故障是无法预测的，只能采取安全保护措施加以防范，定期保养或准备一些易损备件，以便及时更换失效的元件。

3. 老化故障

个别或少数元件达到使用寿命后发生的故障称为老化故障。根据经验，参照系统中各元件的生产日期、开始使用日期、使用的频繁程度以及已经出现的某些征兆，如声音反常、泄漏越来越严重、气缸运动不平稳等，大致预测老化故障的发生期限是可能的。

二、故障诊断方法

气压传动系统产生的故障是很难判断的，下面主要介绍两种常用的故障诊断方法。

1. 经验法

主要依靠实践经验，并借助简单的仪表，诊断故障发生的部位，找出故障原因的方法，称为经验法。

1）观察执行元件的运动速度有无异常变化，各测压点的压力表显示的压力是否正常，有无大的波动；润滑油的质量和滴油量是否符合要求；冷凝水能否正常排出；换向阀排气口排出空气是否干净；电磁阀的指示灯显示是否正常；紧固螺钉及管接头有无松动；管道有无扭曲和压扁，有无明显振动存在；加工产品质量有无变化等。

2）气缸及换向阀换向有无异常声音；系统停止工作但尚未泄压时，各处有无漏气，漏气声音大小及其每天的变化情况；电磁线圈和密封圈有无因过热而发出的特殊气味等。

3）查阅气压传动系统的技术档案，了解系统的工作程序、运行要求及主要技术参数；查阅产品样本，了解每个元件的作用、结构、功能和性能；查阅维护检查记录，了解日常维护保养工作情况；访问现场操作人员，了解设备运行情况，了解故障发生前的征兆及故障发生时的状况，了解曾经出现过的故障及其排除方法。

4）触摸相对运动件外部的手感和温度，电磁线圈处的温升等，触摸感到烫手，则应查明原因；气缸、管道等处有无振动感，气缸有无爬行感，各接头处及元件处手感有无漏气等。

经验法简单易行，但由于每个人的感觉、实际经验和判断能力的差异，诊断故障会存在一定的局限性。

2. 推理分析法

利用逻辑推理，逐渐逼近，找出故障的真实原因，该方法称为推理分析法。

（1）推理步骤　从故障的症状找出故障发生的真实原因，可按下面三步进行：

1）从故障的症状中，推理出故障的本质原因。

2）从故障的本质原因中，推理出可能导致故障的常见原因。

3）从各种可能的常见原因中，推理出故障的真实原因。.

（2）推理方法　推理的原则是由简到繁、由易到难、由表及里地逐一进行分析，排除掉不可能的和非主要的故障原因；先检查故障发生前曾调整或更换过的元件；优先检查故障概率高的常见原因。

1）仪表分析法。即利用检测仪器仪表，如压力计、差压计、电压表、温度计、电秒表及其他电子仪器等，检查系统或元件的技术参数是否合乎要求。

2）部分停止法。即暂时停止气压传动系统某部分的工作，观察对故障征兆的影响。

3）试探反证法。即试探性地改变气压传动系统中部分工作条件，观察对故障征兆的影响。例如阀控气缸不动作时，除去气缸的外负载，察看气缸能否正常动作，便可反证是否是由于负载过大造成气缸不动作。

4）比较法。即用标准的或合格的元件代替系统中相同的元件，通过工作状况的对比，来判断被更换的元件是否失效。

为了从各种可能的常见故障原因中推理出故障的真实原因，可根据上述推理原则和推理方法，画出故障诊断逻辑推理框图，以便快速、准确地找到故障的真实原因。

三、气压传动系统故障实例分析

以某一加工中心的气压传动控制系统为例，分析气压传动系统故障和排除方法。

该系统可完成机床防护门的自动开关、主轴锥孔的清洁、自动吹屑清理定位基准面、机械手动作、主轴松刀、主轴分段变速等工作。气压传动控制系统原理如图7-3所示。

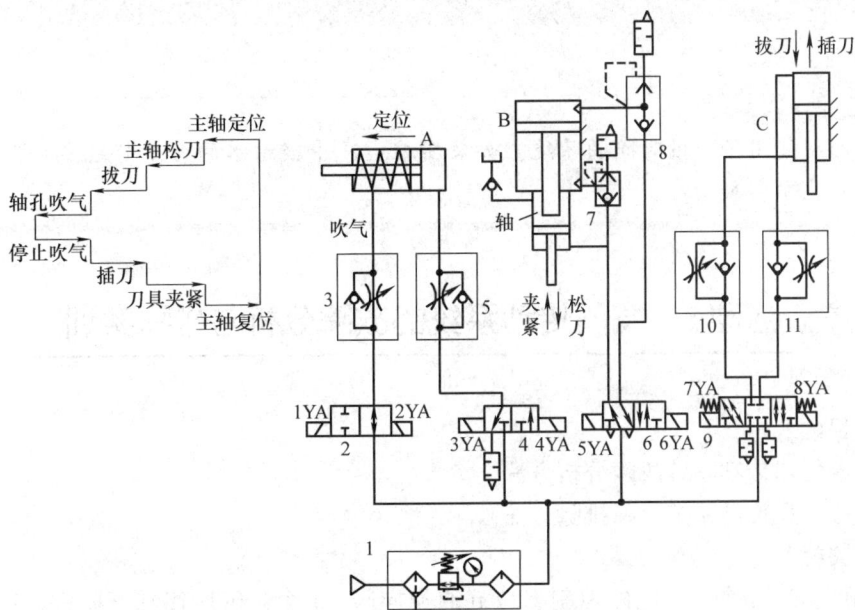

图7-3　加工中心气压传动控制系统图

1. 刀柄和主轴的故障维修

故障现象： 该立式加工中心换刀时，主轴锥孔吹气，把含有铁锈的水分吹出，并附着在主轴锥孔和刀柄上。造成刀柄和主轴接触不良。

分析及处理过程： 故障产生的原因是压缩空气中含有水分。如采用空气干燥机，使用干燥后的压缩空气问题即可解决。若受条件限制，没有空气干燥机，也可在主轴锥孔吹气的管路上进行两次分水过滤，设置自动放水装置，并对气路中相关零件进行防锈处理，故障即可排除。

2. 松刀动作缓慢的故障维修

故障现象： 该立式加工中心换刀时，主轴松刀动作缓慢。

分析及处理过程： 主轴松刀动作缓慢的原因有：气压系统压力太低或流量不足；机床主轴拉刀系统有故障，如碟形弹簧破损等；主轴松刀气缸有故障。根据分析，首先检查气压系统的压力，压力计显示气压为0.6MPa，压力正常；将机床操作转为手动，手动控制主轴松刀，发现系统压力下降明显，气缸的活塞杆缓慢伸出，故判定气缸内部漏气。拆下气缸，打开端盖，压出活塞和活塞环，发现密封环破损，气缸内壁拉毛。更换新的气缸后，故障排除。

3. 变速无法实现的故障维修

故障现象： 该立式加工中心换挡变速时，变速气缸不动作，无法变速。

分析及处理过程：该系统未画出变速气缸，变速气缸不动作的原因有：气压系统压力太低或流量不足；气动换向阀未通电或换向阀有故障；变速气缸有故障。根据分析，首先检查气压系统的压力，压力计显示气压为 0.6MPa，压力正常；检查换向阀电磁铁已带电，用手动换向阀，变速气缸动作，故判定气动换向阀有故障。拆下气动换向阀，检查发现有污物卡住阀芯。进行清洗后，重新装好，故障排除。

四、气压系统和气动元件常见故障与排除方法

参见表 I-1。

想一想

对于已经使用了一段时间的系统，如果压缩空气中凝结水的含量超过允许范围，将会对系统产生哪些影响？

活动 2 气压传动系统的故障分析与排除实训

【实训目的】

1）理解气压传动系统故障分析方法。

2）掌握气压传动系统故障排除方法。

【实训器材】

双作用气缸，1 个；双电磁控制二位五通换向阀，1 个；气压传动三联件，1 套；压缩空气预处理单元；软管和附件。

【实训内容】

1）完成一个双电磁控制二位五通换向阀对一个双作用气缸伸出与缩回的控制。控制原理如图 7-4 所示，完成气压传动回路的连接。

2）故障排除。双作用气缸不动作，试分析故障原因，并排除故障。故障查找可以参考下面说明进行。

① 查看气缸和电磁阀的漏气状况，这是很容易判断的。气缸漏气大，应查明气缸漏气的故障原因。电磁阀漏气，包括不应排气的排气口漏气。若排气口漏气大，应查明是气缸漏气还是电磁阀漏气。漏气排除后，气缸动作正常，则故障真实原因即是漏气所致。若漏气排除后，气缸动作仍不正常，则漏气不是故障的主要原因，应进一步诊断。

② 若缸和阀都不漏气或漏气很小，应先判断电磁阀能否换向。可根据阀芯换向时的声音或电磁阀的换向指示灯来判断。若电磁阀不能换向，可使用试探反证法，操作电磁先导阀

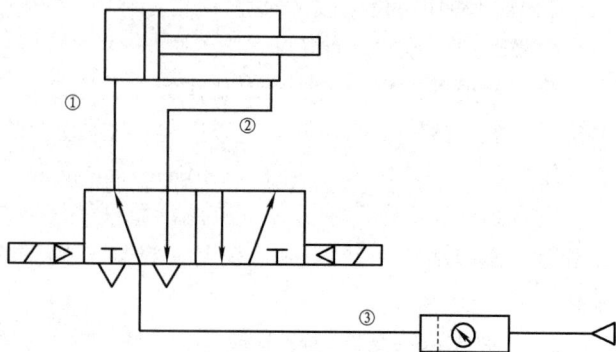

图 7-4 气缸控制原理

的手动按钮来判断是电磁先导阀故障还是主阀故障。若主阀能切换，即气缸能动作，则必是电磁先导阀故障；若主阀仍不能切换，便是主阀故障。然后进一步查明电磁先导阀或主阀的故障原因。

③ 若电磁阀能切换，但气缸不动作，则应查明有压输出口是否没有气压或气压不足。可使用试探反证法，当电磁阀换向时活塞杆不能伸出，可卸下图 7-4 中的连接管①。若阀的输出口排气充分，则必为气缸故障；若排气不足或不排气，可初步排除是气缸故障，进一步查明气路是否堵塞或供压不足。可检查减压阀上的压力表，看压力是否正常。若压力正常，再检查管路③各处有无严重泄漏或管道被扭曲、压扁等现象。若不存在上述问题，则必是主阀阀芯被卡死。若查明是气路堵塞或供压不足，即减压阀无输出压力或输出压力太低，则进一步查明原因。

④ 电磁阀输出压力正常，气缸却不动作，可使用部分停止法，卸去气缸外负载。若气缸动作恢复正常，则应查明负载过大的原因。若气缸仍不动作或动作不正常，则可进一步查明是否是摩擦力过大。

3）写出该气动系统故障原因和排除方法，并运行系统，使之正常工作。

◇ 想 一 想

　　若双电磁控制二位五通换向阀有故障，导致气缸不能正常工作，试分析其所有故障。

思考题和习题

7-1　气缸在使用中应该注意哪些问题？

7-2　各种控制阀在安装、使用中应该注意哪些问题？

7-3　为了使气压系统能够长期稳定运行，应采取哪些定期维护措施？

7-4　气动系统中若系统压力上不去，达不到设定压力，试查找故障原因。

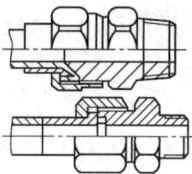

项目八

阅读及选学内容

单元一 其他液压控制阀及其应用

任务一 电液比例控制阀

电液比例控制阀是介于普通液压阀开关式控制和电液伺服控制之间的控制阀。它能实现对液流压力和流量连续地、按比例地跟随控制信号而变化，其控制性能优于开关式控制阀。与电液伺服控制阀相比，其控制精度和响应速度较低，但成本低，抗污染能力强，近年来在国内外得到重视，发展较快。

电液比例控制阀由普通液压阀加上电-机械比例转换装置构成。比例阀一般都有压力补偿性能，其输出压力和流量不受负载变化的影响，故广泛应用于对液压参数进行连续、远距离控制或程序控制。

一、电液比例压力阀

图8-1a、b所示为电液比例压力阀的结构和实物。由压力阀1和移动式力马达2两部分

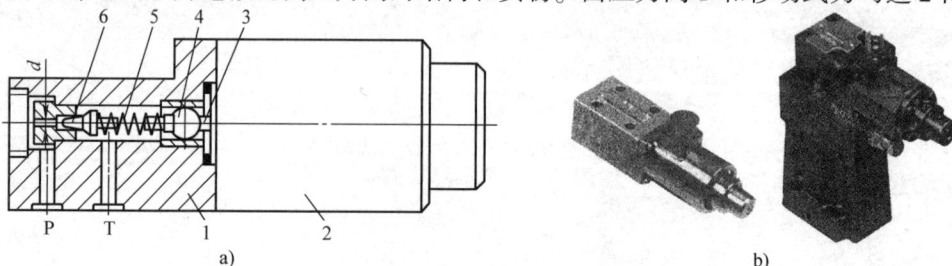

图 8-1　电液比例压力阀

a）结构　b）实物

1—压力阀　2—力马达　3—推杆　4—钢球　5—弹簧　6—锥阀

组成。当力马达的线圈通入电流时，推杆 3 通过钢球 4、弹簧 5 把电磁推力传给锥阀 6。推力大小与电流成比例，当进口 P 处压力油作用在锥阀上的力超过弹簧力时，锥阀打开，油液通过 T 口排出。只要连续地按比例调节输入电流，就能连续地按比例控制锥阀的开启压力。这种阀可作为直动式压力阀使用，也可作为压力先导阀与普通溢流阀、减压阀、顺序阀的主阀组合，可构成电液比例溢流阀、电液比例减压阀和电液比例顺序阀。

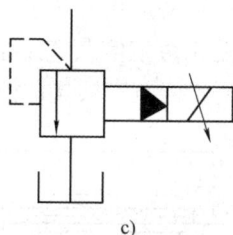

图 8-1　电液比例压力阀（续）

c）图形符号

二、电液比例流量阀

图 8-2 所示为电液比例调速阀，它是利用比例电磁铁改变节流阀的开度的。将此阀和定差减压阀组合在一起就成为比例调速阀。当无信号输入时，节流阀在弹簧作用下阀口关闭，无流量输出。当有信号输入时，电磁铁产生与电流大小成比例的电磁力，通过推杆 4 推动节流阀芯左移，使其开口 K 随电流大小而变化，得到与信号电流成比例的流量。若输入电流是连续地按比例变化，则比例调速阀的流量也连续地按同样比例的规律变化。

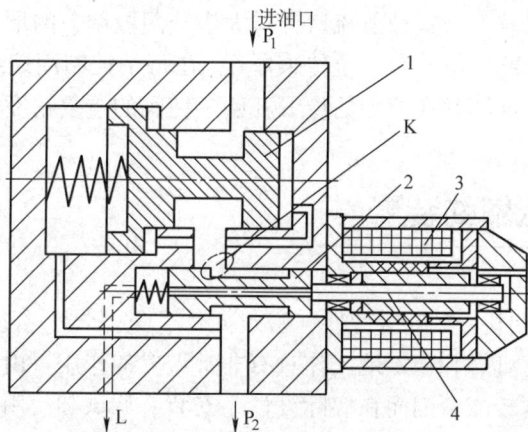

图 8-2　比例调速阀

1—减压阀　2—节流阀　3—比例电磁铁　4—推杆

任务二　电液数字阀

学习目标

了解电液数字阀的基本原理和应用。

用计算机对电液系统进行控制是今后技术发展的必然趋势。但电液比例阀或伺服阀能接受的信号是连续变化的电压或电流，而计算机的指令是"开"或"关"的数字信息，要用计算机控制必须进行数模转换，结果使设备复杂、成本高、可靠性降低。数字阀的出现为计算机在液压领域的应用开拓了一个新的途径。

数字阀是用数字信息直接控制阀口的启闭，从而控制液流压力、流量、方向的液压控制阀。图 8-3 所示为数字式流量控制阀。

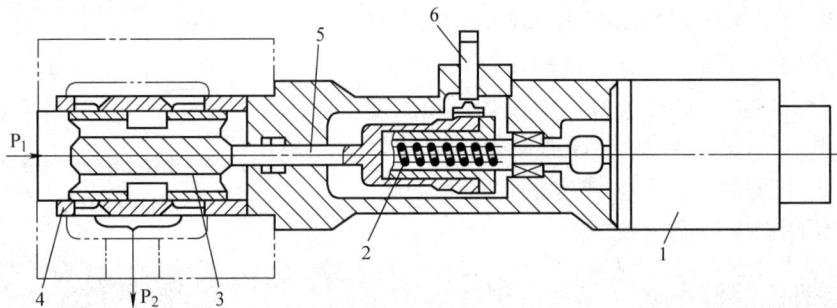

图 8-3　数字式流量控制阀
1—步进电动机　2—滚珠丝杠　3—阀芯　4—阀套　5—连杆　6—传感器

计算机发出信号后，步进电动机 1 转动，通过滚珠丝杠 2 转化为轴向位移，带动节流阀阀芯 3 移动，开启阀口。步进电动机转过一定步数，可控制阀口的一定开度，从而实现流量控制。如图 8-3 所示，该阀有两个节流口，其中，右节流口为非圆周通流，阀口较小；左节流口为全圆周通流，阀口较大。这种节流口开口大小分两段调节的形式，可改善小流量时的调节性能。该阀无反馈功能，但装有零位传感器 6，在每个控制周期终了，阀芯可在它控制下回到零位，以保证每个周期都在相同的位置开始，使阀的重复精度比较高。

单元二　液压辅助装置

液压系统中的辅助元件主要包括管件、密封元件、过滤器、蓄能器、测量仪表和油箱等。它们对保证液压系统可靠和稳定地工作具有非常重要的作用。由于液压传动系统的标准化、系列化和通用化程度较高，因而在实际设计、安装、调试和使用中，连接和密封等辅助性工作所占的比重越来越大，也较易出现问题。这些元件如果选择或使用不当，会严重影响整个液压系统的工作性能，甚至使液压系统无法正常工作。因此，必须给予足够的重视。

任务一　管　　件

学习目标
了解常用管件类型及使用特点。

一、油管

油管是用于连接液压元件和输送液压油的。选用管道时，应尽可能使输油过程中的能量损失为最小,即应有足够的通流截面、最短的路程、光滑的管壁、尽可能避免急转弯和截面突变。

液压系统中使用的油管有钢管、铜管、尼龙管、塑料管、橡胶软管等。钢管能承受高压,价格低廉,刚性好,但配管不便。铜管在装配时方便弯曲成各种需要的形状。尼龙管是一种乳白色半透明的新型管材,一般用于低压系统。橡胶软管用于两个相对运动件之间的连接,安装方便,还能吸收部分液压冲击。

二、管接头

管接头是油管与油管,油管与液压元件间的可拆卸的联接件,应满足连接牢固、密封可靠、液阻小、结构紧凑、拆装方便等要求。

管接头的种类很多,按接头的通路方向分为直通管接头、直角管接头、三通管接头、四通管接头、铰接管接头等;按其与油管的联接方式分,有管端扩口式管接头、卡套式管接头、焊接式管接头、扣压式管接头等。管接头与机体的联接常用圆锥螺纹和普通细牙螺纹。用圆锥螺纹连接时,应外加防漏填料;用普通细牙螺纹联接时,应采用组合密封垫(熟铝合金与耐油橡胶组合),且应在被连接件上加工出一个小平面。常用的管接头类型及特点见表 8-1。

表 8-1　常用的管接头类型及特点

类型	结构图	特点
扩口式管接头		利用管子端部扩口进行密封,不需其他密封件,适用于薄壁管件和压力较低的场合
焊接式管接头		把接头与钢管焊接在一起,端部用 O 形密封圈密封。对管子尺寸精度要求不高,工作压力可达 32MPa
卡套式管接头		利用卡套的变形卡住管子并进行密封。轴向尺寸控制不严格,易于安装。工作压力可达 32MPa,但对管子外径及卡套制作精度要求较高
球形管接头		利用球面进行密封,不需要其他密封件,但对球面和锥面加工精度有一定要求
扣压式管接头(软管)		管接头由接头外套和接头芯组成,软管装好后再用模具扣压,使软管得到一定的压缩量。这种结构具有较好的抗拔脱和密封性能

（续）

类型	结　构　图	特　　点
可拆式管接头（软管）		在外套和接头芯上做成六角形，便于经常拆装软管，适于维修和小批量生产。这种结构装配比较费力，只用于小管径联接
伸缩管接头		接头由内管和外管组成，内管可在外管内自由滑动，并用密封圈密封。内管外径必须进行精加工。它适于联接两元件有相对直线运动时的管道
快接头		管子拆开后可自行密封，管道内的油液不会流失，因此适于经常拆卸的场合。其结构比较复杂，局部压力损失较大

任务二　密封装置

学习目标
　　了解密封装置的机理及合理选用。

一、密封装置的功用

　　液压装置的内、外泄漏直接影响着系统的性能和效率，甚至会使系统压力无法提高，严重时可使整个系统无法工作；泄漏还使工作环境受到污染，浪费油料。因此，合理选用密封件非常重要。常见的密封形式有间隙密封和密封元件密封。

二、密封装置的种类和特点

　　1. 间隙密封
　　间隙密封是靠相对运动零件配合表面之间的微小间隙来进行密封的，常用于柱塞、活塞或阀的圆柱配合副中。在图8-4所示的间隙密封中，活塞或阀芯的外圆表面上开有几个宽0.3～0.5mm的环形沟槽，称为压力平衡槽。压力平衡槽的作用是增加油液流经此间隙时的阻力，有助于增加密封效果；有利于活塞或阀芯上的各向油压趋于平衡，自动对中，减少移动时的摩擦力（液压卡紧力），并以减小间隙的方法来减少泄漏。一般活塞的间隙 δ 为 $0.02 \sim 0.05$mm。间隙密封属于非接触式密封，结构简单、摩擦力小、寿命长，但对配合表面的加工精度和表面粗糙度要求较高，且不能完全消除泄漏，密封性能也不能随压力的升高而提高，故只应用于低压、小直径、快速液压缸的动密封中。此外，它在各种液压阀、泵和液压马达的动密封中也广泛应用。

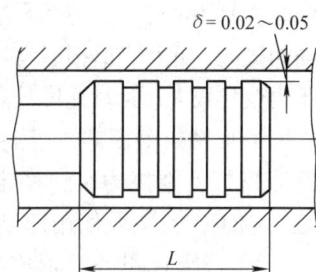

图 8-4　间隙密封

2. 密封元件密封

（1）O 形密封圈　O 形密封圈的截面为圆形，如图 8-5a 所示，一般用耐油橡胶制成。O 形密封圈安装时要有合理的预压缩量 δ_1 和 δ_2，如图 8-5b 所示，它在沟槽中受到油压作用变形，会紧贴槽侧及配合偶件的壁，所以其密封性能可随压力的增加而提高。但其预压缩量必须合适，过小不能密封，过大则会增大摩擦力，易损坏。因此，安装密封圈的沟槽尺寸和表面质量必须按有关手册给出的数据严格保证。在动密封中，当压力大于 10MPa 时，为防止压力油将密封圈挤入间隙而损坏，如图 8-5c 所示，需在 O 形密封圈的低压侧设置聚氟乙烯或尼龙制成的挡圈，如图 8-5d 所示，其厚度为 $1.25 \sim 2.5$mm。双向受高压时，两侧都要加挡圈，如图 8-5e 所示。

O 形密封圈的结构简单、密封性能好、安装尺寸小、摩擦因数小、制造容易、安装方便、成本低，但寿命

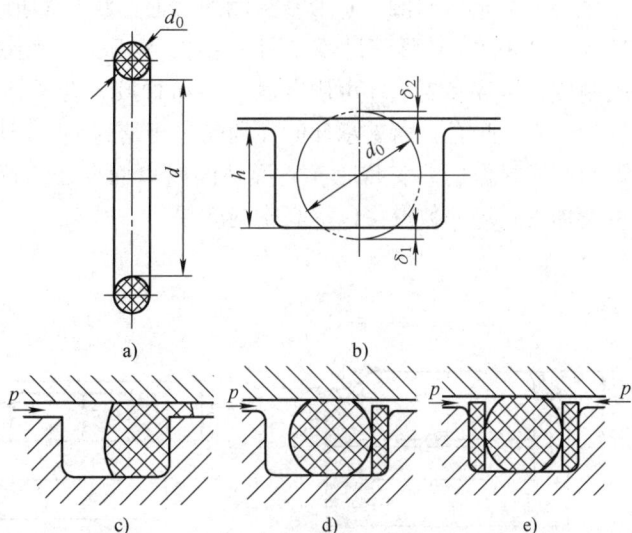

图 8-5　O 形密封圈

较短、密封处的精度要求高、动密封时启动阻力大。它适于在 $-40 \sim +120$℃ 的温度范围内工作，其使用速度范围为 $0.005 \sim 0.3$m/s。

（2）Y 形密封圈　Y 形密封圈的截面形状为 Y 形，如图 8-6a 所示，用耐油橡胶制成。工

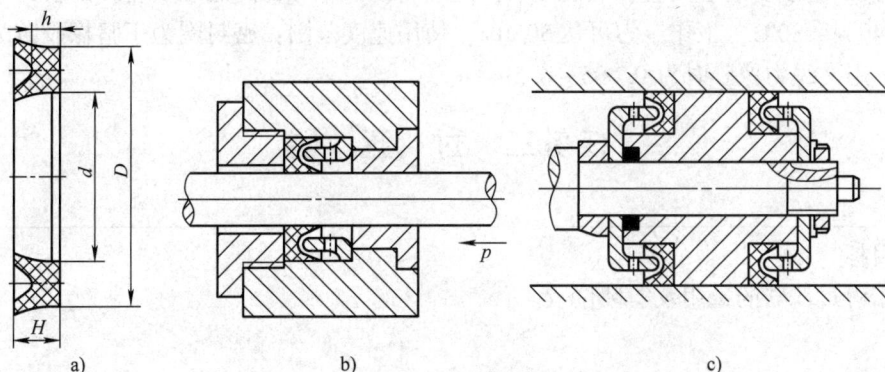

图 8-6　Y 形密封圈

作时, 利用油的压力使两唇边紧压在配合偶件的两结合面上实现密封。其密封能力可随压力的升高而提高, 并且在磨损后有一定的自动补偿能力。因此, 装配时其唇边应对着有压力的油腔。当压力变化较大、运动速度较高时, 要采用支承环来定位, 以防发生翻转现象, 如图8-6b、c所示。

Y形密封圈因内、外唇边对称, 因此既可用于轴用密封, 也可用于孔用密封。它的密封性能良好, 摩擦力小, 稳定性好, 适用于工作压力≤20MPa, 适于在 -30 ~ +100℃的温度范围内工作, 以及使用速度≤0.5m/s的场合。

Yx形密封圈是Y形密封圈的改进型, 如图8-7所示。它的截面增加了底部支承宽度, 稳定性好, 所以不用支承环也不会在沟槽中翻转和扭曲。它的内、外唇边不等, 分孔用 (图8-7a) 和轴用 (图8-7b) 两种。其特点是固定边长 (以增大支承)、滑动唇边短 (能减少摩擦)。它用聚氨酯橡胶制成, 强度高、耐磨性好、摩擦因数小、寿命长, 适用于工作压力≤31.5MPa, 适于在 -30 ~ 100℃的温度范围内工作, 应用较为广泛。

(3) V形密封圈　V形密封圈的截面形状为V形, 其结构形式如图8-8所示。它由支承环 (图8-8a)、V形密封环 (图8-8b)、和压环 (图8-8c) 组成。密封环用橡胶或夹织物橡胶制成, 压环和支承环可用金属、夹布橡胶、合成树脂等材料制成。压环的V形槽角度和密封环完全吻合, 而支承环的夹角略大于密封环。当压环压紧密封环时, 支承环使密封环变形而起密封作用。安装时, V形环的唇口面向压力高的一侧。当工作压力高于10MPa时, 可增加密封环的数量, 以提高密封效果。

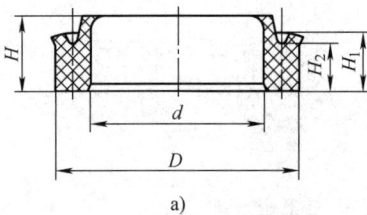

图8-7　Yx形密封圈
a) 孔用　b) 轴用

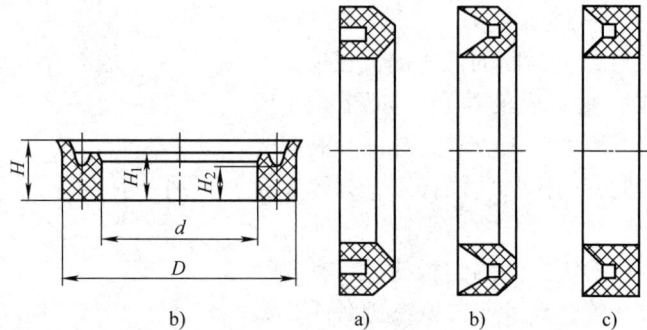

图8-8　V形密封圈
a) 支承环　b) 密封环　c) 压环

V形密封圈耐高压、密封性能良好、寿命长, 但密封装置的摩擦力和结构尺寸较大、检修拆换不便。它主要用于大直径、高压、高速柱塞或活塞和低速运动活塞杆的密封。其工作温度为 -40 ~ +80℃, 工作压力可达50MPa。使用速度范围: 密封圈为丁腈橡胶时为0.02 ~ 0.3m/s ; 用夹织物橡胶时为 0.005 ~ 0.5m/s。

任务三　过　滤　器

学习目标
了解过滤器的选用及安装位置。

一、过滤器的功用

过滤器的作用是清除油液中的各种杂质，以免划伤、磨损、甚至卡死相对运动的零件，或者堵塞节流孔，影响系统的正常工作，降低液压元件的寿命，甚至造成液压系统的故障。不同的液压系统对油液的过滤精度要求不同，过滤器的过滤精度指过滤器对各种不同尺寸粒子的滤除能力，常用绝对过滤精度和过滤比这两个指标来衡量过滤精度。目前，过滤比已被国际标准化组织（ISO）作为评定过滤器精度的性能指标。但我国目前仍按绝对过滤精度将过滤器分为粗、普通、精、特精四种。

二、过滤器的类型

根据系统的使用要求，常用的过滤器可分为以下几种类型。

1. 网式过滤器

网式过滤器的结构如图8-9a所示，由上盖1、下盖4连接开有若干孔的筒形骨架组成，筒形骨架2上包一层或两层钢丝滤网3。其特点是结构简单，通油能力大，清洗方便，但过滤精度较低，常用于泵的吸油管路，对油液进行粗过滤。其所用滤芯如图8-9b所示。

2. 线隙式过滤器

线隙式过滤器的结构如图8-10a所示。它是由铜线或铝线密绕在筒形芯架1的外部而成的滤芯2和壳体3构成。利用线间的缝隙过滤。其特点是结构简单，通油能力大，过滤精度比网式滤油器高，但不易清洗，滤芯（图8-10b）强度较低。

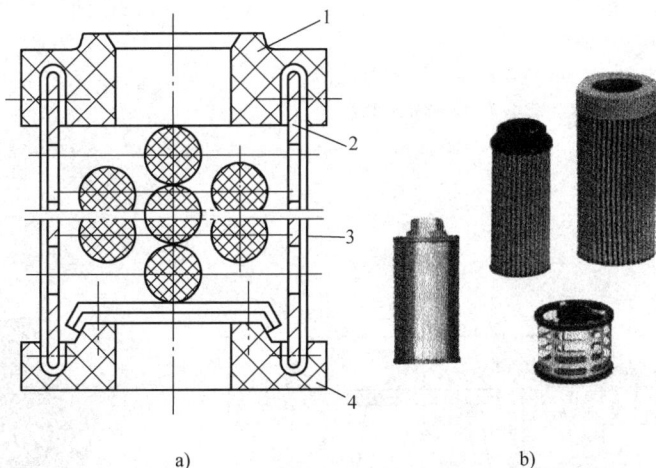

a)　　　　　　b)

图8-9　网式过滤器

a）结构　b）滤芯

1—上盖　2—筒形骨架　3—钢丝网　4—下盖

3. 纸芯式过滤器

纸芯式过滤器的结构如图8-11a所示。纸芯式过滤器的滤芯为滤纸。为增大滤芯强度，一般滤芯由三层组成：滤芯外层2为粗眼钢丝网，滤芯中层3为折叠成W形的滤纸，滤芯里层4由金属丝网与滤纸一并折叠而成。滤芯中央装有支承弹簧5。其特点是过滤精度高、压力损失小、质量轻、成本低，但不能清洗，需定期更换滤芯（图8-11b）。纸芯式过滤器一般用于精过滤。

4. 烧结式过滤器

烧结式过滤器的结构如图8-12a所示。烧结式过滤器的滤芯3（图8-12b）通常由青铜等颗粒状金属烧结而成，它装在壳体2中，并由上盖1固定。油液从A孔进入，经滤芯3过滤从油口B流出。烧结式过滤器利用颗粒间的微孔进行过滤，过滤精度高，耐蚀性好，能在较高油温下工作。其缺点是易堵塞，难清洗，烧结的颗粒易脱落。

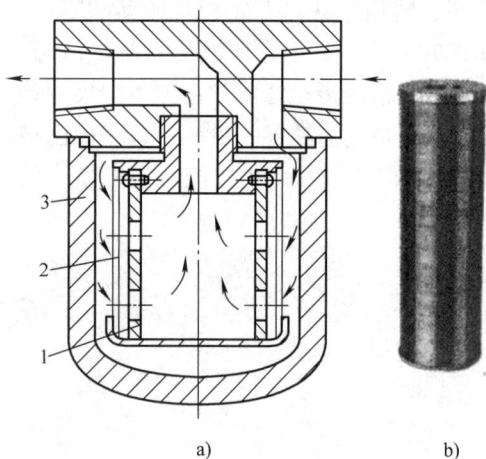

图 8-10　线隙式过滤器
a）结构　b）滤芯
1—芯架　2—滤芯　3—壳体

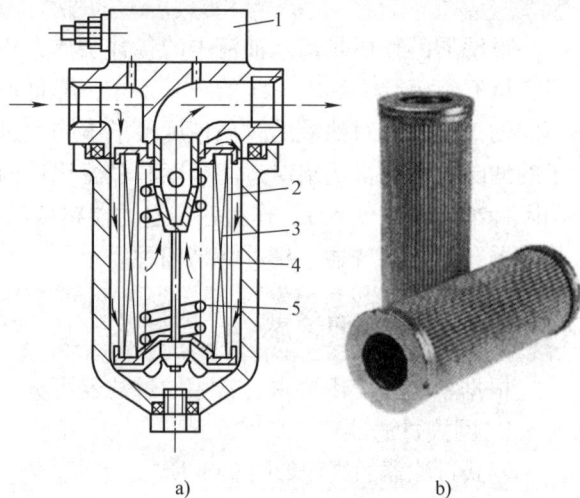

图 8-11　纸芯式过滤器
a）结构　b）滤芯
1—堵塞状态报警装置　2—滤芯外层　3—滤芯中层
4—滤芯里层　5—支承弹簧

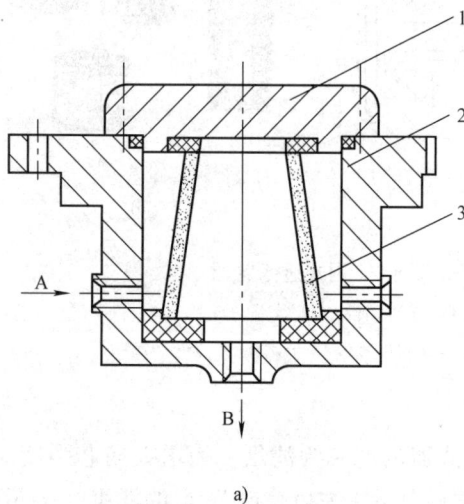

图 8-12　烧结式过滤器
a）结构　b）滤芯
1—上盖　2—壳体　3—滤芯

　　液压系统中除吸油管口装有粗过滤器外，在压油或回油等管道上也装有普通过滤器。另外，在重要元件如调速阀等前还装有精过滤器。安装时，应使油液从滤芯的外部流入，从内部流出，使杂质积存在滤芯的外表面，以便于清洗。

任务四 蓄 能 器

学习目标

了解蓄能器的工作原理及应用。

一、蓄能器的功用

1. 作辅助动力源

当液压系统工作循环中所需的流量变化较大时，可采用一个蓄能器与一个较小流量（整个工作循环的平均流量）的液压泵配合使用。在短期需要较大流量时，由蓄能器与泵同时供油；所需流量较小时，泵将多余的油液向蓄能器充油。这样，可节省能源，降低温升。另外，在有些特殊的场合，如停电或驱动液压泵的原动力发生故障，蓄能器可作为应急能源短期使用。

2. 保压和补充泄漏

当液压系统要求较长时间内保压时，可采用蓄能器补偿系统泄漏，使系统压力保持在一定范围内。

3. 缓和冲击、吸收压力脉动

当阀门突然关闭或换向时，系统中产生的冲击压力可由安装在易产生冲击处的蓄能器来吸收，使液压冲击的峰值降低。若将蓄能器安装在液压泵的出口处，则可降低液压泵压力脉动的峰值。

二、蓄能器的类型

蓄能器主要有重锤式蓄能器、弹簧式蓄能器和充气式蓄能器三种。常用的是充气式，它又分为活塞式蓄能器、囊式蓄能器和隔膜式蓄能器三种。下面主要介绍充气式中的活塞式蓄能器和囊式蓄能器两种。

1. 活塞式蓄能器

图 8-13a 所示为活塞式蓄能器，它是利用在缸筒 2 中浮动的活塞 1 把缸中的气体与油液隔开。活塞上装有密封圈，活塞的凹部面向气体，以增加气室的容积。这种蓄能器结构简单、工作可靠、安装容易、维修方便、寿命长，但由于活塞惯性和摩擦阻力的影响，反应不灵敏、容量较小。它的最高工作压力为 17MPa，总容量为 1~39L，温度适应范围为 -4~+80℃。

2. 囊式蓄能器

图 8-13b 所示为 NXQ 型皮囊折合式蓄能器，它由壳体 4、皮囊 5、充气阀 3 和限位阀 6 等构成。工作压力为 3.5~35MPa，容量范围为 0.6~200L，温度适用范围为 -10~+65℃。工作前，从充气阀向皮囊内充进一定压力的气体，然后将充气阀关闭，使气体封闭在皮囊内。要储存的油液从壳体底部限位阀处引到皮囊外腔，使皮囊受压缩而储存液压能。为安全起见，所充气体一般为惰性气体或氮气。其优点是惯性小、反应灵敏、结构紧凑、重量轻，

充气后能长时间保存气体、充气方便，所以被广泛应用于液压系统中。图 8-13c 所示为囊式蓄能器的实物，其图形符号如图 8-13d 所示。

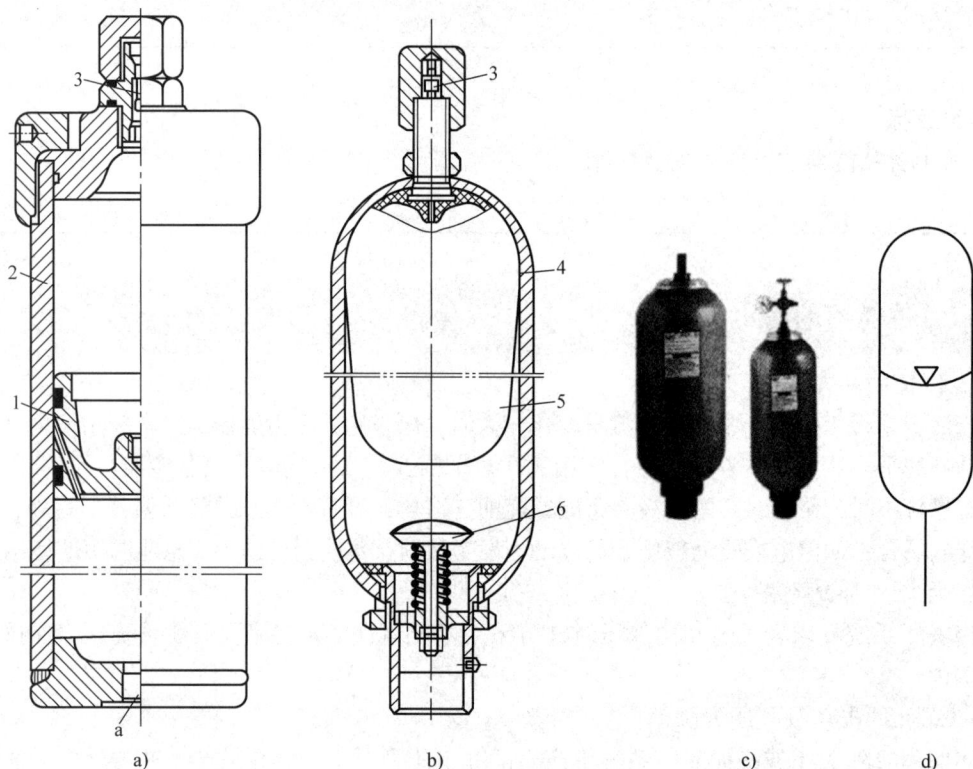

图 8-13　蓄能器
a）活塞式　b）囊式　c）实物　d）囊式蓄能器图形符号
1—活塞　2—缸筒　3—充气阀　4—壳体　5—皮囊　6—限位阀

三、蓄能器的安装

蓄能器在液压系统中的安装位置随其功用而定，主要应注意以下几点：

1）囊式蓄能器应油口向下，垂直安装。

2）用于吸收液压冲击和压力脉动的蓄能器应尽可能地安装在振源附近。

3）装在管路上的蓄能器须用支板或支架固定。

4）蓄能器与液压泵之间应安装单向阀，防止液压泵停止时蓄能器储存的压力油倒流而使泵反转。蓄能器与管路之间也应安装截止阀，供充气和检修之用。

任务五　油箱、热交换器及压力表附件

学习目标

　　了解油箱、热交换器及压力表附件的工作原理及应用。

一、油箱

1. 油箱的功用和结构

油箱的主要功用是储存油液，另外还有散热、分离油中的空气和沉淀油中的杂质等作用。液压系统中的油箱有总体式油箱和分离式油箱两种。总体式油箱是利用机器设备机身内腔作为油箱（如注塑机、压铸机等），其结构紧凑、漏油易回收，但不便于维修和散热。分离式油箱是设置一个单独的油箱，与主机分开，减少了油箱发热和液压源振动对主机工作精度的影响，因此得到了广泛的应用，特别是在组合机床、自动化生产线和精密机械设备上被广泛采用。

油箱通常用钢板焊接而成，可采用不锈钢板、镀锌钢板或普通钢板内涂防锈的耐油涂料。图 8-14 所示为油箱简图，图中件 1 为吸油管，件 4 为回油管，中间有两个隔板 7 和 9，其中隔板 7 用于阻挡沉淀物进入吸油管，隔板 9 用于阻挡泡沫进入吸油管，脏物可从放油阀 8 放出，空气过滤器 3 设在回油管一侧的上部，兼有加油和通气的作用，件 6 是油标，上盖 5 在彻底清洗油箱时可卸开。

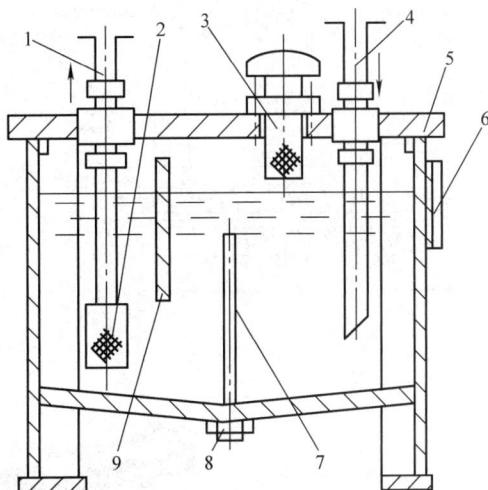

图 8-14　油箱简图

1—吸油管　2—过滤器　3—空气过滤器　4—回油管
5—上盖　6—油标　7、9—隔板　8—放油阀

如果将压力为 0.05MPa 左右的压缩空气引入油箱中，使油箱内部压力大于外部压力，这时外部空气和灰尘不可能被吸入，提高了液压系统的抗污染能力，改善了吸入条件，这就是所谓压力油箱。

2. 油箱容量的确定

油箱的有效容积 V（油面高度为油箱高度 80% 时的容积），一般可按液压泵的额定流量 q_n 估算，一般低压系统取 $V = (2 \sim 4)q_n$，中压系统取 $V = (5 \sim 7)q_n$，高压系统取 $V = (10 \sim 12)q_n$。

二、热交换器

油箱中油液的温度一般推荐为 30~50℃，最高不大于 65℃，最低不小于 15℃。对于高压系统，为了避免漏油，油温不应超过 50℃。温度过高使油液易变质，同时会使液压泵的容积效率下降；温度过低使油液黏度增大，系统不能正常起动。为了有效地控制油温，在油箱中常配有冷却器和加热器。冷却器和加热器统称为热交换器。

1. 冷却器

常用的冷却器有水冷式冷却器和风冷式冷却器两种。

最简单的水冷式冷却器是蛇形管式水冷却器，如图 8-15a 所示。它直接装在油箱内，冷却水从蛇形管内流过。这种冷却器结构简单，但冷却效率低、耗水量大、费用高。

现在的液压系统中采用较多的是多管式水冷却器，如图 8-15b 所示。油液从外壳右上端油口 a 进入冷却器，经左端油口 b 流出。冷却水从右端盖 4 的中心孔 d 进入，经过多根铜管 3 的内孔，经左端盖 1 上的孔 c 流出。油液在水管外部流过，三块隔板 2 用来增加油液循环路线的长度，以改善热交换的效果。这种冷却器散热效率较高，但冷却器的体积和重量较大。

图 8-15c 所示为水冷式冷却器实物。

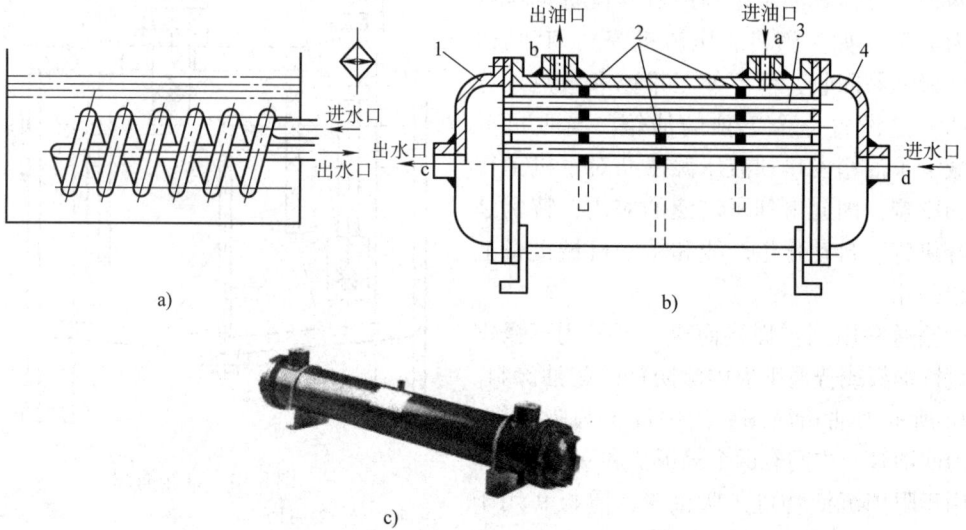

图 8-15 冷却器

a）蛇形管式　b）多管式　c）实物

1—左端盖　2—隔板　3—铜管　4—右端盖

近年来生产了一种翅片式冷却器，每根管子有内外两层，内管中通水，外管中通油，而外管上还有许多翅片，以增加散热面积。这种冷却器相对重量较轻。

风冷式冷却器由风扇和许多带散热片的管子组成。油液从管内流过，风扇迫使空气穿过管子和散热片表面，使油液冷却。它的冷却效率比水冷式冷却器低，但使用时不需水源，比较方便，特别适用于行走机械的液压系统。

注意

冷却器一般安装在回油路上，以免承受高压。

2. 加热器

液压系统中油液的加热一般都采用电加热器，其安装方式如图 8-16 所示。由于直接和加热器接触的油液温度可能很高，会加速油液老化，所以这种电加热器应慎用。如有必要，可在油箱内多装几个加热器，使加热均匀。

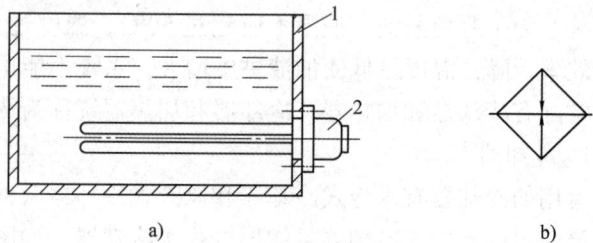

图 8-16 加热器

a）安装　b）图形符号

1—油箱　2—加热器

三、压力表附件

1. 压力表

液压系统各工作点的压力可通过压力表观测，以便调整和控制。压力表的种类很多，最常用的是弹簧弯管式压力表，其结构原理如图 8-17a 所示。压力油进入弹簧弯管 1 时，管端产生变形，通过杠杆 4 使扇形齿轮 5 摆动，扇形齿轮 5 与小齿轮 6 啮合，小齿轮 6 带动指针 2 旋转，从刻度盘 3 上读出压力值。压力表的精度等级以其误差占量程的百分数表示。选用压力表时系统最高压力约为其量程的 3/4 比较合理。压力表必须直立安装，并在压力表与压力管道间设置阻尼器，以防被测压力突然升高而将表损坏。

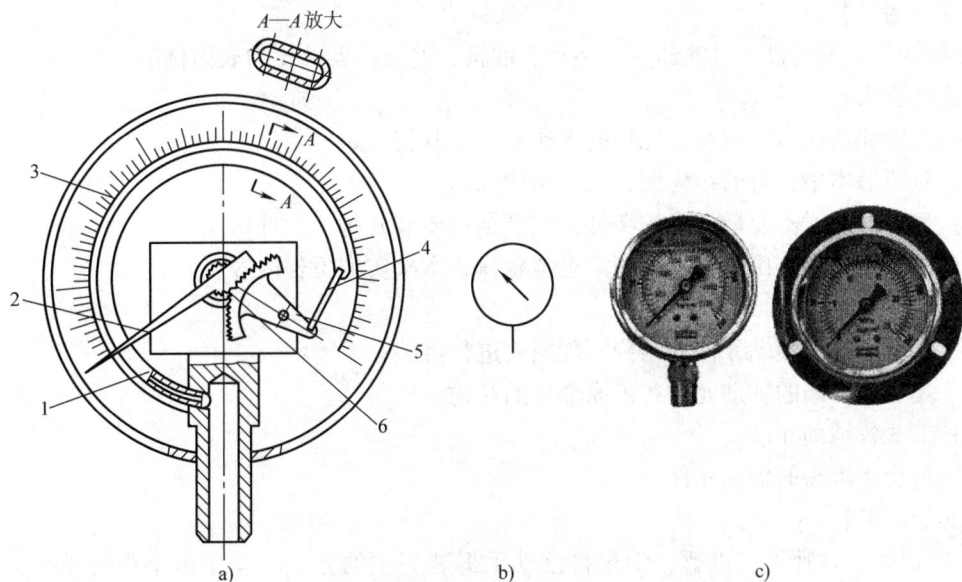

图 8-17　弹簧弯管式压力表
a) 结构　b) 图形符号　c) 实物
1—弹簧弯管　2—指针　3—刻度盘　4—杠杆　5—扇形齿轮　6—小齿轮

2. 压力表开关

压力油路与压力表之间往往装有一压力表开关，结构如图 8-18a 所示。实际上，它是一个小型截止阀，用于切断和接通压力表和油路的通道，其实物如图 8-18b 所示。压力表开关有一点、

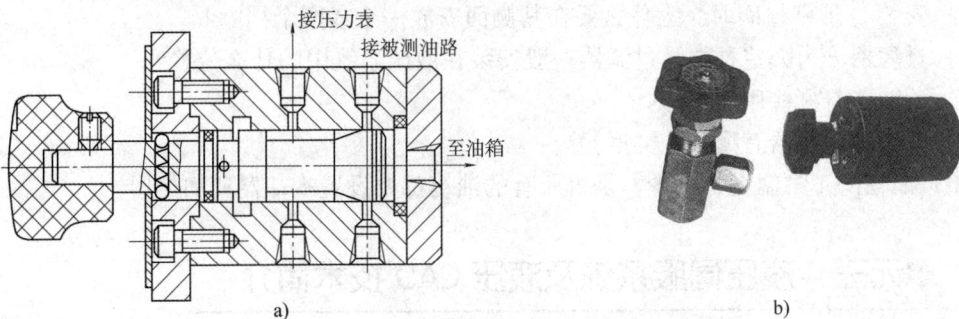

图 8-18　压力表开关
a) 结构　b) 实物

三点、六点等。多点压力表开关可与几个被测油路相通，用一个压力表即可检测多点压力。

🕐 活动　液压辅助装置认识实训

【实训目的】

1）通过液压辅助装置的拆装，学生能够熟悉液压辅助装置的结构，理解液压辅助装置工作原理，会正确选用液压辅助装置。

2）培养学生的动手能力。

【实训器材】

各种管件、密封件、过滤器、蓄能器、油箱、热交换器及压力表附件。

【实训要求】

1）实训前要认真复习有关元件的工作原理及其特性。

2）对照书本中已有的结构图，预习结构知识。

3）拆装时注意不要散失小的零件，实训结束要装好每个元件。

4）每次实训后，由指导教师指定思考题作为本次实训报告内容。

【实训方法】

1）参照所选的辅助元件的结构原理图，进行拆装。

2）观察所拆卸的辅助元件各组成部分的结构。

3）清洗各辅助元件。

4）组装所拆卸的辅助元件。

【实训思考】

本实训采用教师重点讲解，学生自己动手拆装为主的方法。学生以小组为单位，边拆装，边讨论并分析结构原理及特点。观察液压辅助装置并思考以下问题：

1）液压系统中常见的辅助装置有哪些？各起什么作用？

2）常用的油管有哪几种？各有何特点？它们的适用范围有何不同？

3）常用的管接头有哪几种？它们各适用于什么场合？

4）密封件应满足哪些基本要求？

5）安装 Y 形密封圈时应注意什么问题？

6）安装 O 形密封圈时，为什么要在其侧面安放一个或两个挡圈？

7）过滤器分为哪些种类？过滤器一般安装在液压系统中的什么位置？

8）蓄能器有哪些用途？

9）常用的蓄能器有哪几种类型？

10）油箱的正常温度是多少？是否所有的油箱都要设置冷却器和加热器？

🕐 单元三　液压伺服系统及液压 CAD 技术简介

液压伺服系统是以液压为动力，控制位移、速度和力等机械量的自动控制系统。在这个系统中，执行机构以一定的精度自动地按照输入信号的变化规律而动作，因而也称液压随动系统或跟踪系统。液压伺服系统除了具有液压传动的各种优点外，还有响应快、惯性小、系统刚度大、伺服精度高等特点，因此得到广泛应用。

任务一　液压仿形刀架工作原理

学习目标
1. 了解液压仿形刀架的工作原理。
2. 了解液压伺服系统的特点。

一、液压仿形刀架的工作原理

图 8-19 所示为车床液压仿形刀架工作原理。液压仿形刀架是机液伺服位置控制系统的典型实例，广泛应用于自动仿形机床中。

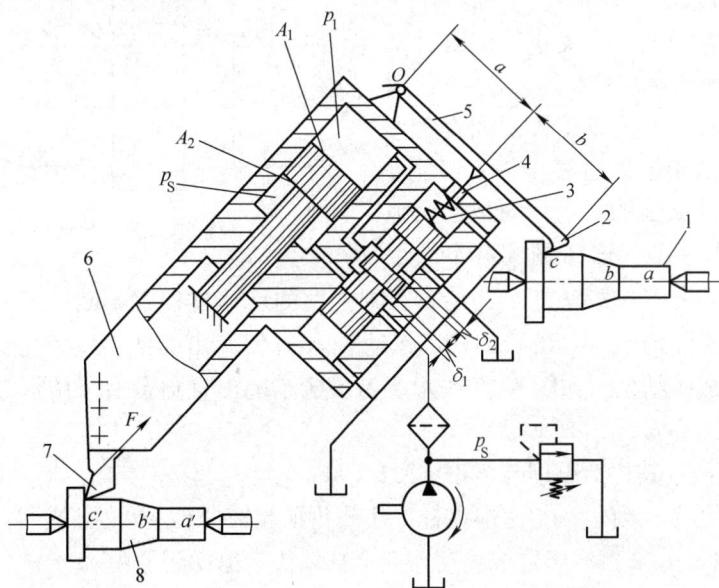

图 8-19　液压仿形刀架工作原理
1—样件　2—触头　3—弹簧　4—阀杆　5—杠杆　6—刀架　7—车刀　8—工件

液压仿形刀架安装在车床横溜板后方，可以保留原来的方刀架，不影响车床原有的性能。样件支承在床身后侧面，液压仿形刀架在工作过程中随纵溜板作纵向进给运动。利用液压仿形刀架可以仿照样件的形状自动加工出多台肩的轴类零件或曲线轮廓的旋转表面，从而大大提高劳动生产率，减轻劳动强度。

液压仿形刀架主要由伺服阀、液压缸和反馈机构三部分构成。阀体和缸体刚性连接，与杠杆构成反馈机构。活塞杆固定在刀架的底座上，缸体带动车刀可在刀架底座的导轨上移动。伺服阀一端因有弹簧 3 的作用，使杠杆 5 上的触头压紧在样件 1 上。此刀架采用差动液压缸，且 $A_1 = 2A_2$。液压泵供油直接进入有杆腔，其油压始终等于液压泵的供油压力 p_S，p_S 由溢流阀调定。而无杆腔一方面通过阀口 δ_1 与进油相通，另一方面通过阀口 δ_2 与油箱相通。因此，无杆腔内的压力受双边控制阀的开口 δ_1 和 δ_2 的控制。当阀芯处于中间位置时，即 $\delta_1 = \delta_2$ 时，缸无杆腔压力 p_1 为进油压力的一半，即 $p_1 = p_S/2$ 时，液压缸处于相对平衡状态，缸静止不动。

（1）引刀 拉下操纵杆，使凸轮（图中未示出）离开杠杆 5，于是触头 2 及阀芯在弹簧 3 作用下一起下移，使阀口 δ_1 关小，δ_2 开大，则缸无杆腔的油压 p_1 减小，$p_1A_1 < p_SA_2$，使触头 2 及车刀 7 分别向样件 1 和工件 8 快速趋近。当触头碰到样件后，阀芯停止下移，但阀体继续下移，结果使 δ_1 逐渐开大，δ_2 逐渐关小，于是使缸无杆腔的压力 p_1 升高，直至 $p_1A_1 = p_SA_2$ 时，缸体停止运动。

（2）车圆柱面 当触头 2 沿样件 1 上的圆柱面滑动时，无输入信号，阀芯不动，但缸体在切削力 F 作用下要产生一个位移，使阀口 δ_1 关小，δ_2 开大，造成缸无杆腔压力 p_1 减小。其值由 δ_1 和 δ_2 的比例关系决定，以便与切削力相平衡，有 $p_1A_1 + F = p_SA_2$，此时刀架又重新处于平衡状态。由溜板带动仿形刀架纵向进给，车出圆柱面，如图 8-20 中的 a 点到 b 点。

（3）车正锥和台肩 当触头 2 碰到样件 b 处和 c 处时，就绕支点 O 抬起，并经阀杆 4 拉动阀芯上移，δ_1 开大，δ_2 关小，使压力 p_1 升高，系统平衡被破坏，$p_1A_1 > p_SA_2 + F$，则缸体带着车刀后移，开始车正锥面或直角台肩。在此期间，由于缸体后移又使 δ_1 关小，δ_2 开大，系统又建立新的平衡。溜板连续地以速度 v_z 作纵向移动，这样触头就不断上

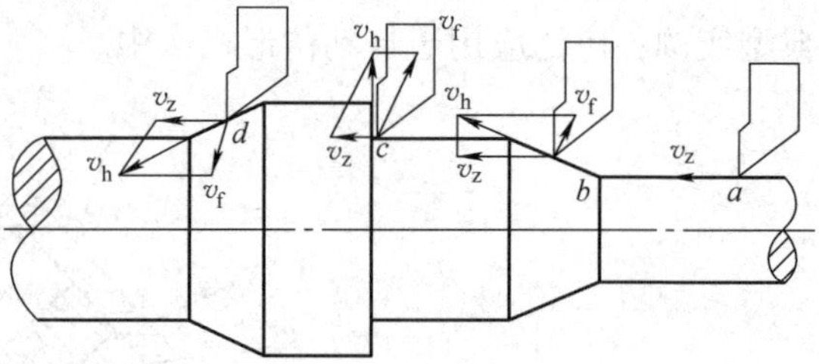

图 8-20 进给运动合成示意图

移，缸体带着车刀就不停地以速度 v_f 后移，则上面的反馈过程就不断地发生，液压缸的运动将完全跟随触头而运动。v_z 和 v_f 的合成运动 v_h 使车刀车出圆锥面或直角台肩，或其他曲面也都是这样合成的结果，如图 8-20 所示。为了能车削出直角台肩，仿形刀架的液压缸轴线与主轴中心线斜置安装。

（4）车反锥面 其仿形原理与车正锥面相似。

（5）快退 仿形结束后，抬起操纵杆，使凸轮顶起杠杆 5，阀芯被提起，使 δ_1 开大，δ_2 关闭。这时，$p_1A_1 > p_SA_2$，液压缸成差动连接，缸体快速退回到原位。

仿形刀架与主轴线的斜置安装角度 α，对零件的表面加工质量及生产率均有一定的影响。工件外形角 β 是工件的外形切线和轴线的夹角。α 与 β 之间有以下关系：

1）加工正锥面和直角台肩，一般 $\alpha = 55°$。

2）加工 $\beta = -15° \sim 90°$ 的工件时，$\alpha = 45°$。

3）加工 $\beta = -60° \sim 60°$ 的工件时，$\alpha = 90°$。

二、液压伺服系统的特点

1）液压伺服系统是一个位置跟踪系统。车刀（液压缸）的位置（输出）完全跟随触头的位置（输入）而运动。

2）液压伺服系统是一个力的放大系统。样件推动触头的力很小，而液压缸产生的力则很大，输出力比输入力大几百倍甚至数千倍。

3）液压伺服系统是一个反馈系统。触头位移使阀口变化，刀架移动，同时阀口保持原有的比例关系，使输入信号变小甚至消除。该系统具有一种刚性负反馈，没有这个反馈，伺服系统就无法工作。

4）液压伺服系统是一个误差系统。要使液压缸克服阻力以一定的速度运动，伺服阀必须有一定的开口，所以车刀的移动落后于触头的移动，即输出和输入之间必须有误差。在工作过程中，这种误差不断地出现，通过反馈作用，又不断地消除误差。如果没有误差存在，伺服系统就不能工作。

液压仿形刀架液压伺服系统工作过程可用图 8-21 所示的框图来表示。在该图中，控制环节相当于图 8-19 中的滑阀。当样件推动触头给控制滑阀一个输入信号 y 时，滑阀和液压缸之间就出现误差，破坏了系统原来的平衡状态，使阀口大小改变，误差信号使执行元件液压缸仿形运动。其输出量为 x，它又通过反馈装置返回输入端滑阀上来，使误差减小或消除。

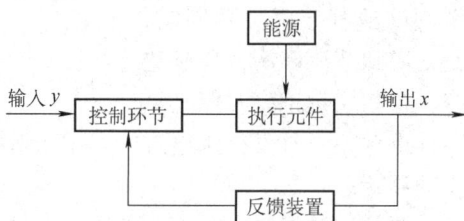

图 8-21　液压仿形刀架工作原理框图

任务二　液压伺服系统基本类型

学习目标

　　了解液压伺服系统的基本类型。

一、滑阀式液压伺服系统

滑阀式液压伺服阀结构与液压换向滑阀很相似，但其加工精度比换向阀要高得多。

根据滑阀上的控制边数（起控制作用的阀口数）的不同，这种系统又分为单边滑阀控制式系统、双边滑阀控制式系统和四边滑阀控制式系统三种，如图 8-22 所示。

图 8-22a 所示为单边滑阀控制式系统，它只有一个边起控制液流的作用。当控制边的开口量 δ 改变时，进入液压缸的油液压力和流量都发生变化（受到控制），从而改变液压缸运动的速度和方向。

图 8-22b 所示为双边滑阀控制式系统，它有两个控制边。压力油一路进入液压缸左腔，另一路的一部分经滑阀控制边的开口 δ_1 进入液压缸右腔，另一部分经控制边的开口 δ_2 流回油箱。当阀芯移动时，δ_1 与 δ_2 的开口量此增彼减，使液压缸右腔回油阻力发生变化（受到控制），从而改变液压缸的移动速度和方向。

图 8-22c 所示为四边滑阀控制式系统，滑阀有四个控制边。δ_1 与 δ_2 是控制压力油进入

液压缸左、右油腔的开口，δ_3 与 δ_4 是控制左、右油腔通向油箱的开口。当阀芯移动时，δ_1 和 δ_3、δ_2 和 δ_4 两两此增彼减，使进入液压缸左、右油腔的油液压力和流量都发生变化（受到控制），从而控制了液压缸的运动速度和方向。

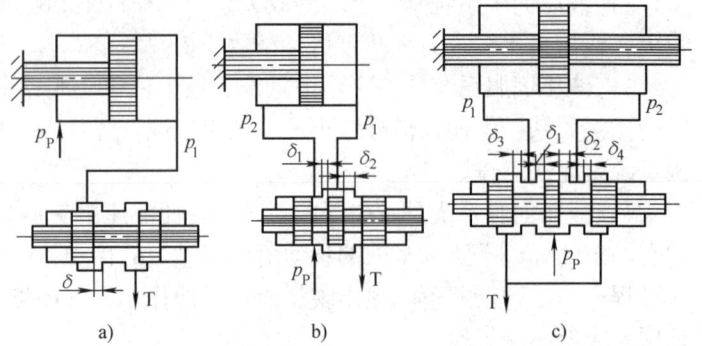

图 8-22　滑阀式伺服系统

a）单边滑阀控制式系统　b）双边滑阀控制式系统
c）四边滑阀控制式系统

　　由上述可知，单边、双边和四边滑阀的控制作用是相同的，均起到换向和节流作用，控制边数越多，控制质量越好，但其结构工艺性也越差。所以，四边滑阀多用于精度要求较高的系统；单边和双边滑阀用于一般精度要求的系统。

　　根据滑阀在平衡状态时阀口初始开口量的不同，可分为正开口、零开口和负开口三种形式，如图 8-23 所示。图 8-23a 所示为正开口，阀芯台肩的宽度 b 小于阀体沉槽的宽度 B。当阀芯处于中间位置时，存在较大泄漏，压力油产生无功损耗，所以一般不适用于大功率控制的场合。图 8-23b 所示为零开口，即 $b = B$。当阀芯处于中间位置时，没有压力油泄漏回油箱，因此无功率损耗，不存在死区。其工作精度最高，所以常用于高精度伺服系统中。但完全的零开口在工艺上是难以达到的，故实际的零开口允许微小的开口量偏差。图 8-23c 所示为负开口，即 $b > B$。负开口有较大的不灵敏区，且位移-流量特性不好，故很少采用。

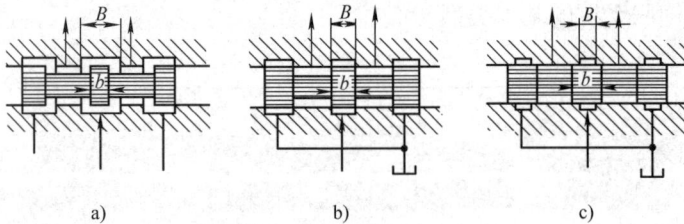

图 8-23　滑阀的开口形式

a）正开口　b）零开口　c）负开口

二、射流管式液压伺服系统

　　图 8-24 所示为射流管式液压伺服系统，该系统由射流管 3、接受板 2 和液压缸 1 构成。射流管 3 在输入信号的作用下，可绕中心轴左右摆动不大的角度；接受板 2 上有两个并列的接受孔 a 和 b，把射流管端部锥形喷嘴中射出的压力油分别通向液压缸左、右两腔。当射流管处于两个接受孔道的中间对称位置时，两个接受孔道内的油压相等，液压缸不动。如有输入信号作用在射流管上使它偏转（如逆时针偏转一个很小的角度）时，a 孔和 b 孔内的压力

则不相等，这时液压缸左腔的压力会大于右腔，液压缸便向射流管偏转的同方向（向左）移动，直至跟着液压缸移动的接受板到达射流孔又处于两孔道中间对称位置时为止。由此可见，在这种伺服系统中，液压缸的运动方向取决于输入信号的方向，运动速度取决于输入信号的大小。

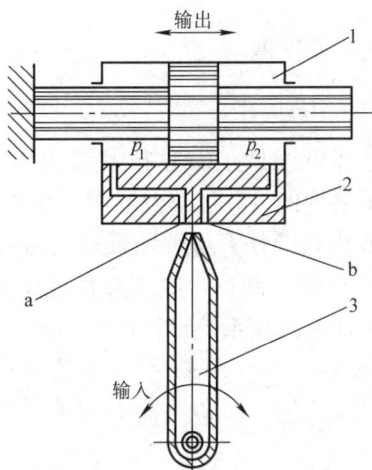

图 8-24 射流管式伺服系统

1—液压缸 2—接受板 3—射流管

这种伺服系统的优点是结构简单、元件加工精度的要求低、能在恶劣的工作条件下工作，缺点是射流管运动部件的惯量较大、工作性能较差、无功损耗大、效率较低、供油压力高时易引起振动。故该系统只适用于低压和功率较小的场合，如某些液压仿形机床的伺服系统。

三、喷嘴挡板式伺服系统

喷嘴挡板阀分为单喷嘴挡板阀和双喷嘴挡板阀两种，它们的工作原理基本相同。图 8-25 所示为双喷嘴挡板阀的工作原理。该阀主要由挡板 1、喷嘴 2 和 3、固定节流小孔 4 和 5 等元件构成。挡板和两个喷嘴之间形成两个可变截面的节流缝隙 δ_1 和 δ_2。当挡板处于中间位置时，δ_1 和 δ_2 所形成的节流阻力相等，两喷嘴腔内的油液压力相等，即 $p_1 = p_2$，液压缸不动；压力油经孔 4 和 5、缝隙 δ_1 和 δ_2 流回油箱。当输入信号使挡板向左偏摆时，δ_1 关小，δ_2 开大，p_1 上升，p_2 下降，液压缸体向左移动。因负反馈作用，当喷嘴跟随缸体移动到挡板两边对称位置时，液压缸停止运动。

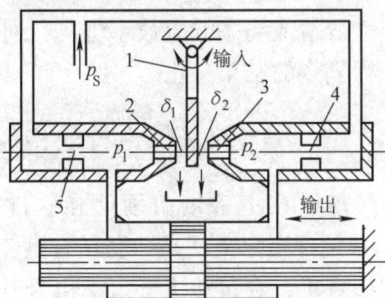

图 8-25 双喷嘴挡板阀工作原理

1—挡板 2、3—喷嘴 4、5—节流小孔

喷嘴挡板阀的优点是结构简单、加工要求低、运动部件惯性小、反应快、精度和灵敏度高，缺点是无功损耗大、抗污染能力较差、输出功率小。故该阀常用作多级放大伺服控制元件中的前置级。

任务三　液压 CAD 技术简介

学习目标

　　了解液压 CAD 技术的内容及发展。

　　随着计算机和计算机绘图技术的发展，CAD 技术在各个领域的应用越来越普遍，从而使设计人员从繁重的、甚至是重复性的设计计算及绘图工作中解脱出来，提高设计效率，保证设计质量，缩短设计周期。液压系统计算机辅助设计（液压 CAD）在液压技术领域的应用正在日益发展，从液压产品的设计、制造、测试和性能仿真，到液压设备的计算机控制等，所应用的范围越来越广。下面对液压系统计算机辅助设计（液压 CAD）作一简单介绍。

一、液压 CAD 的内容

　　液压 CAD 主要应用于以下几方面：

　　（1）设计液压系统图　根据原始设计要求设计液压系统，计算和选择元件，得出液压系统图和元件明细表及相关数据。

　　（2）设计专用液压元件　如液压缸、液压阀、集成块、油箱等元件和装置的设计计算、工作图的绘制。

　　（3）设计液压系统管路安装图　根据液压系统图和元件明细表，绘制二维或三维的液压系统管路安装图。

　　（4）分析液压系统静态特性　根据设计参数对系统负载特性、系统效率、发热温升等技术特性进行分析，并可反复修改设计参数，进行优化设计。

　　（5）分析或预测液压系统的动态特性　根据设计好的液压系统建立数学模型，进行稳定性分析或动态响应数字仿真，通过数据或图形曲线显示其结果，反复修改系统参数，直至获得满意的结果为止。

二、液压 CAD 系统的构成

　　液压 CAD 系统由硬件和软件构成，图 8-26 所示为液压 CAD 系统构成示意图。液压 CAD 硬件实际上就是一套具有足够的存储空间和较强的图形处理与显示输出能力的普通微型计算机。它包括执行运算和图形处理的中央处理器（CPU）、存储器、软盘驱动器、彩色显示器、绘图机等。软件包括除计算机系统软件（操作系统等）外还应用专用的液压系统设计软件包（液压 CAD），它是在通用绘图工具软件包二次应用开发的基础上构成的。目前国内一般的液压 CAD 软件主要由以下几部分组成。

　　1. 图形库

　　图形库是参考国家标准和国内主要液压元件生产厂家的标准，通过对液压原理图、装配图的结构分析，在液压 CAD 软件系统中建立的一套完整的支撑软件，以解决液压 CAD 系统中对图形输入输出的要求。

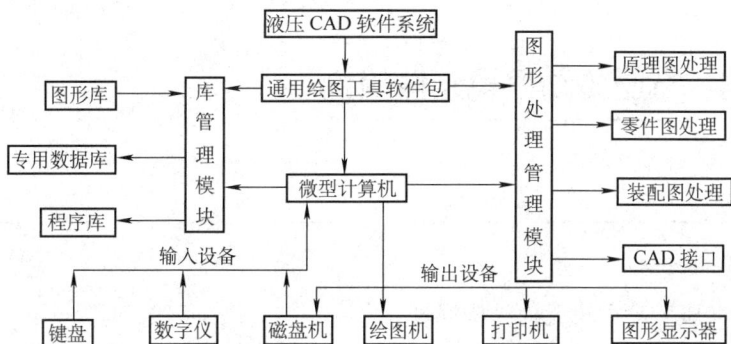

图 8-26　液压 CAD 系统构成示意图

图形库中包括各种液压元件的图形符号、常用的液压回路块、各种通用液压集成块符号、各种通用叠加阀符号、各种通用液压元件外形图和通用油箱外形图等。

2. 数据库

进行液压系统的计算机辅助设计，需要利用数据库技术，将设计时所需要的各种数据、标准以及其他设计资料、信息和中间设计结果等存入数据库中，以供设计人员使用。数据库包含各种图形的有关数据，如基准点及所占位置尺寸、各类通用元件的结构和性能参数、设计计算所需的各种数据等。

3. 程序库

程序库包含各类设计计算公式和完成液压系统 CAD 各项功能的程序等。

近年来，我国液压 CAD/CAM 的研究与开发迅速深入。例如用来进行板式元件集成式液压系统设计的软件包 YCADJ 系统《集成式液压系统 CAD-YCADJ 用户手册》，借助它可从事从绘制液压集成式系统原理图到自行设计、绘制块体零件图和阀组装图工作。软件操作简便，还具有良好的开放性，可开发、扩充、修改和重建，为集成式液压系统的设计提供了一种先进的辅助设计手段。MBCADAM 软件包是面向液压集成块从产品零件图设计到工艺设计，数控编程，到加工制造全过程的集成化软件包，实现了液压集成块 CAD/CAPP/CAM 一体化。随着计算机技术的发展，液压 CAD 技术已成为专业技术人员强有力的工具，在生产设计中发挥着越来越大的作用。软件系统的不断开发和完善，必将使得 CAD 在液压技术中的应用越来越广泛和深入。

思考题和习题

8-1　液压伺服系统的特点是什么？

8-2　液压伺服系统与液压传动系统有什么区别？使用场合有何不同？

8-3　在液压仿形刀架上，若将控制阀和液压缸分成两部分，仿形刀架能工作吗？为什么？

8-4　为什么仿形刀架液压缸的轴线与主轴中心线之间安装成一定角度？

8-5　双喷嘴挡板式液压伺服系统中，若一个喷嘴被堵塞，会发生什么现象？

8-6　滑阀式伺服阀在初始平衡状态下有几种开口形式？各有何特点？

8-7　液压系统计算机辅助设计（液压 CAD）主要包括哪几个方面的内容？

单元四　气压传动逻辑元件简介

气压传动逻辑元件是用压缩空气为介质，在气控信号作用下动作，通过元件内部的可动部分来改变气流方向，以实现一定逻辑功能的气体控制元件。实际上方向控制阀也具有逻辑元件的各种功能，所不同的是它的输出功率较大，尺寸大。而气压传动逻辑元件的尺寸较小，因此在气压传动控制系统中广泛采用各种形式的气压传动逻辑元件。

气压传动逻辑元件的种类很多，一般可按下列方式来分：

（1）按工作压力分类　可分为高压元件（工作压力为 0.2 ~ 0.8MPa）、低压元件（工作压力为 0.02 ~ 0.2MPa）及微压元件（工作压力为 0.02MPa 以下）三种。

（2）按逻辑功能分类　可分为"是门"（$S = A$）元件、"或门"（$S = A + B$）元件、"与门"（$S = AB$）元件、"非门"（$S = \overline{A}$）元件和双稳元件等。

（3）按结构形式分类　可分为截止式逻辑元件、膜片式逻辑元件和滑阀式逻辑元件等。

任务一　高压截止式逻辑元件

高压截止式逻辑元件是依靠控制气压信号推动阀芯或通过膜片的变形，推动阀芯动作，改变气流的流动方向，以实现一定逻辑功能的逻辑元件。这类元件的特点是行程小，流量大，工作压力高，对气源净化要求低，便于实现集成安装和集中控制，其拆卸也很方便。

一、是门和与门元件

图 8-27 所示为是门和与门元件，图中 A 为信号输入口，S 为信号输出口，中间口接气源 P 时为是门元件。也就是说，在 A 输入口无信号时，阀芯 2 在弹簧及气源压力 p 作用下处于图示位置，封住 P、S 间的通道，使输出口 S 与排气口相通，S 无输出；反之，当 A 有输入信号时，膜片 1 在输入信号作用下将阀芯 2 推动下移，封住输出 S 与排气口间通道，P 与 S 相通，S 有输出。即无输入信号时无输出，有输入信号时就有输出，元件的输入和输出信号之间始终保持相同的状态，即 $S = A$。若将中间口不接气源而换接另一输入信号 B，则成为与门元件，也就是只当 A、B 同时有输入信号时，S 才有输出，即 $S = AB$。

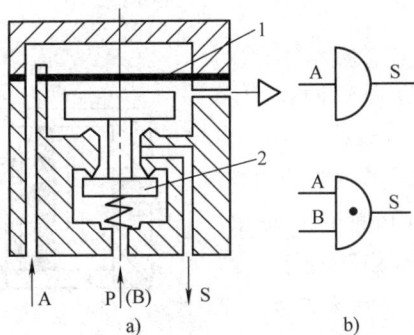

图 8-27　是门和与门元件结构与符号

a) 工作原理　b) 图形符号

1—膜片　2—阀芯

二、或门

截止式逻辑元件中的或门，大多由硬芯膜片及阀体所构成，膜片可水平安装，也可垂直安装。图 8-28 所示为或门元件，图中 A、B 为信号输入口，S 为输出口。当只有 A 信号输入时，阀芯 a 在信号气压作用下向下移动，封住信号口 B，气流经 S 输出；当只有 B 输入信号时，阀芯 a 在此信号作用下上移，封住 A 信号口通道，S 也有输出；当 A、B 均有输入信号时，阀芯 a 在两个信号作用下或上移、或下移、或保持在中位，S 均会有输出。即或有 A、或有 B、或者 A、B 二者都有，均有输出 S，即 $S = A + B$。

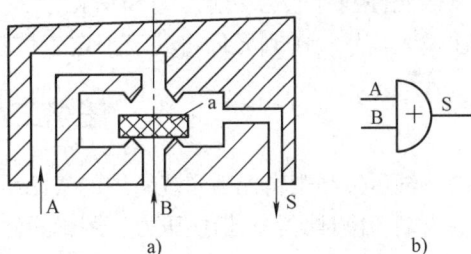

图 8-28　或门元件结构与符号

a) 工作原理　b) 图形符号

三、非门和禁门元件

图 8-29 所示为非门元件，当元件的输入端 A 没有信号输入时，阀芯 3 在气源压力 p 作用下紧压在上阀座上，输出端 S 有输出信号；反之，当输入端 A 有输入信号时，作用在膜片 2 上的气源压力经阀杆使阀芯 3 向下移动，关闭气源通路，S 没有输出。也就是说，当有信号 A 输入时，S 就没有输出；当没有信号 A 输入时，S 就有输出，即 $S = \overline{A}$。活塞 1 用来显示输出的有无。

若把中间孔改作另一输入信号口 B，该元件即为禁门元件。也就是说，当 A、B 均

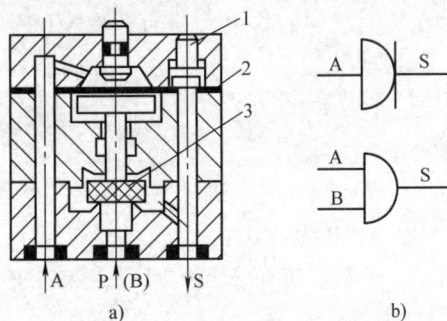

图 8-29　非门和禁门元件结构与符号

a) 结构　b) 图形符号

1—活塞　2—膜片　3—阀芯

有输入信号时，阀杆及阀芯 3 在 A 输入信号作用下封住 B 口，S 无输出；在 A 无输入信号而 B 有输入信号时，S 就有输出。A 的输入信号对 B 的输入信号起"禁止"作用，即 $S = \overline{A}B$。

四、双稳元件

双稳元件属记忆元件，在逻辑回路中起着重要的作用。图 8-30 所示为双稳元件，当 A 有输入信号时，阀芯 a 被推向图中所示的右端位置，气源的压缩空气便由 P 通至 S_1 输出，而 S_2 与排气口相通，此时"双稳"处于"1"状态；在控制端 B 的输入信号到来之前，A 的信号虽然消失，但阀芯 a 仍保持在右端位置，S_1 总是有输出；当 B 有输入信号时，阀芯 a 被推向左端，此时压缩空气由 P 至 S_2 输出，而 S_1 与排气口相通，于是"双稳"处于

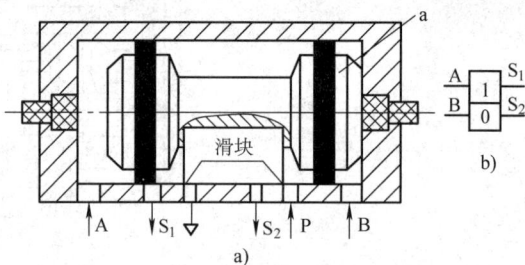

图 8-30 双稳元件结构与图形符号
a) 结构 b) 图形符号

"0"状态，在 B 信号消失后，A 信号输入之前，阀芯 a 仍处于左端位置，S_2 总有输出。所以该元件具有记忆功能，即 $S_1 = K_B^A$，$S_2 = K_A^B$。在使用中不能在双稳元件的两个输入端同时加输入信号，否则元件将处于不定工作状态。

任务二 逻辑元件选用

气压传动逻辑控制系统所用的气源压力变化必须保障逻辑元件正常工作需要的气压范围和输出端切换时所需的切换压力，逻辑元件的输出流量和响应时间等，在设计系统时可根据系统要求参照有关资料选取。无论采用截止式或膜片式高压逻辑元件，都要尽量将元件集中布置。

由于信号的传输有一定的延时，信号的发出点与接收点不能相距太远。一般说来，最好不要超过几十米。当逻辑元件要相互串联时，一定要有足够的流量，否则可能推不动下一级元件。另外，尽管高压逻辑元件对气源过滤要求不高，但最好使用过滤后的气源，一定不要让混有油雾的压缩空气进入逻辑元件。

想一想

在气动控制回路中，如两个输入信号同时接通则应采用什么元件？

思考题和习题

8-8 设计一个气动逻辑回路控制一个单作用气缸，要求被控气缸实现如下逻辑功能：S = AB + AB，A、B 为输入信号。

8-9 某工厂有许多气动阀门，若其中 A、B、C 三个阀门同时打开时就要发生危险，试设计报警线路。

附　　录

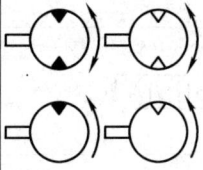

附录 A　常用液压与气动元件图形符号

名　称	符　号	名　称	符　号
定量泵		单作用增压器	
变量泵		单向阀	
双向流动，带外泄油路单向旋转的变量泵		双向定量摆动气马达	
单向定量马达		单作用半摆动气缸或摆动马达	
双向变量马达		双向摆动缸，限制摆动角度	
双向变量泵或马达单元，双向流动，带外泄油路，双向旋转		单作用单杆缸，靠弹簧力复位	
先导控制，带压力补偿单向变量泵，带外泄漏油路		双作用单杆缸	
		双作用双杆缸	
气马达		单作用柱塞缸	
空气压缩机		单作用伸缩缸	

（续）

名　称	符　号	名　称	符　号
双作用伸缩缸		二位四通电磁方向阀	
单作用气液转换器		二位五通气动方向阀，单电磁铁，外部先导供气，手动操纵，弹簧复位	
液控单向阀		三位五通直动式气动方向阀，弹簧对中	
双向单向阀（液压锁）		二位四通双电磁铁，定位销式方向阀	
梭阀（或门）		二位四通液控方向阀	
双压阀（与门）		二位五通踏板控制方向阀	
快速排气阀		三位四通液控方向阀	
二位二通推压方向阀		二位四通方向阀，电磁铁操纵，液压先导控制	
二位二通电磁方向阀		二位三通液压电磁换向座阀	
二位三通机动方向阀		三位四通电磁方向阀	
二位三通电磁方向阀		三位五通手动方向阀，定位销定位	
二位三通电磁方向阀，手动定位		三位四通电液方向阀	

（续）

名　称	符　号	名　称	符　号
三位五通气动方向阀，电磁铁与先导控制和手动控制		可调节流阀	
二位三通气动方向阀，差动先导控制		压力继电器	
延时控制气动阀		直动式比例溢流阀	
直动式比例方向阀		直动式比例溢流阀，电磁力直接作用在阀芯上，集成电子器件	
先导式伺服阀，带主级和先导级的闭环位置控制，集成电子器件，外部先导供油和回油		直动式比例溢流阀，带电磁铁位置闭环控制，集成电子器件	
直动式溢流阀		先导式比例溢流阀，带电磁铁位置反馈	
先导式溢流阀		溢流调压阀	
直动式减压阀		气动内部流向可逆调压阀	
先导式减压阀		气动外部控制顺序阀	
直动式顺序阀		电磁溢流阀	
单向顺序阀		可调单向节流阀	

（续）

名　　称	符　　号	名　　称	符　　号
调速阀		隔膜式蓄能器	
单向调速阀		囊式蓄能器	
三通流量阀，可调节，将输入流量分成固定流量和剩余流量		活塞式蓄能器	
流量阀滚轮柱塞操纵，弹簧复位		气瓶	
分流阀		气罐	
集流阀		带光学阻塞指示器的过滤器	
压力表		带压力表的过滤器	
温度计		吸附式过滤器	
流量计		离心式分离器	
过滤器		手动排水流体分离器	

（续）

名 称	符 号	名 称	符 号
自动排水流体分离器	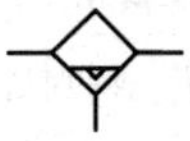	气压源	 4M
油箱通气过滤器		带手动排水分离器的过滤器	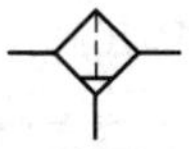
油雾器		带双单向阀的快换接头，断开状态	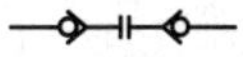
手动排水油雾器	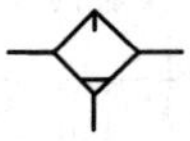	不带单向阀的快换接头，断开状态	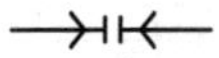
不带冷却液流道指示的冷却器		输出开关信号、可电子调节的压力传感器	 P
液体冷却的冷却器	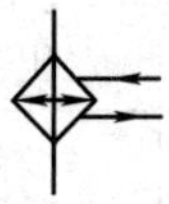	模拟信号输出压力传感器	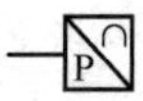 P
电动风扇冷却的冷却器	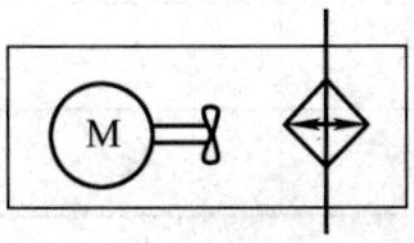 M	加热器	
气源处理装置 上图为详细示意图，下图为简化图		空气干燥器	
		不带压力表的过滤调压阀	
		液压源	 4M

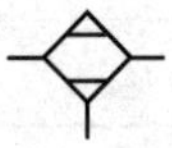

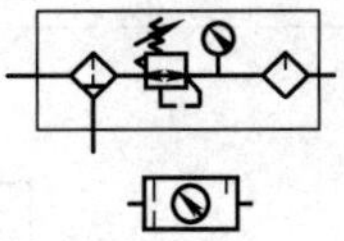

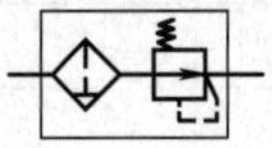

附录 B 常用工作介质的密度 （单位：kg/m³）

种 类	ρ_{20}	种 类	ρ_{20}
石油基液压油	850~900	增黏高水基液	1003
水包油乳化液	998	水-乙二醇液	1060
油包水乳化液	932	磷酸酯液	1150

附录 C　常用石油型液压油的种类及使用范围

名　称	代　号	主　要　用　途
普通液压油	L—HL	适用于 7~14MPa 的液压系统及精密机床液压系统（环境温度为 0℃以上）
抗磨液压油	L—HM	适用于低、中、高液压系统，特别适用于有防磨要求并带叶片泵的液压系统
低温液压油	L—HV	适用于 -25℃ 以上的高压、高速工程机械、农业机械和车辆的液压系统（加降凝剂等，可在 -20 ~ -40℃ 下工作）
高黏度指数液压油	L—HR	用于数控精密机床的液压系统和伺服系统
其他液压油		加入多种添加剂，用于高品质的专用液压系统

附录 D　各类液压泵的性能比较及应用

性能 ＼ 类型	外啮合齿轮泵	双作用叶片泵	限压式变量叶片泵	轴向柱塞泵	径向柱塞泵	螺杆泵
工作压力/MPa	<20	6.3~21	≤7	20~35	10~20	<10
转速范围/ (r/min)	300~7000	500~4000	500~2000	600~6000	700~1800	1000~18000
容积效率	0.70~0.95	0.80~0.95	0.80~0.90	0.90~0.98	0.85~0.95	0.75~0.95
总效率	0.60~0.85	0.75~0.85	0.70~0.85	0.85~0.95	0.75~0.92	0.70~0.85
功率质量比	中等	中等	小	大	小	中等
流量脉动率	大	小	中等	中等	中等	很小
自吸特性	好	较差	较差	较差	差	好
对油的污染敏感性	不敏感	敏感	敏感	敏感	敏感	不敏感
噪声	大	小	较大	大	大	很小
寿命	较短	较长	较短	长	长	很长

附录 E　常用换向阀的结构原理及图形符号

类　型	结构原理图	图形符号
二位二通		
二位三通		

（续）

类　　型	结构原理图	图形符号
二位四通	 B P A T	A B P T
二位五通	 T₁ A P B T₂	A B T₁ P T₂
三位四通	 A P B T	A B P T
三位五通	 T₁ A P B T₂	A B T₁ P T₂

附录 F　三位换向阀的中位机能

机能代号	结构原理	中间位置的图形符号		机能特点和作用
		三位四通	三位五通	
O	 T(T₁) A P B T(T₂)	A B P T	A B T₁ P T₂	各油口全部封闭，液压缸两腔闭锁，液压泵不卸荷，液压缸充满油，从静止到起动平稳；在换向过程中，由于运动惯性引起的冲击较大；换向位置精度高；可用于多个换向阀并联工作
H	 T(T₁) A P B T(T₂)	A B P T	A B T₁ P T₂	各油口互通，液压泵卸荷，缸成浮动状态，液压缸两腔接油箱，从静止到起动有冲击，在换向过程中，由于油口互通，故换向较 O 形平稳；但换向位置变动大
Y	 T(T₁) A P B T(T₂)	A B P T	A B T₁ P T₂	液压泵不卸荷，缸两腔通回油，缸成浮动状态，从静止到起动有冲击，制动性能介于 O 形与 H 形之间
P	 T(T₁) A P B T(T₂)	A B P T	A B T₁ P T₂	回油口关闭，压力油与缸两腔连通，可实现液压缸差动回路，从静止到起动较平稳；制动时缸两腔均通压力油，故制动平稳；换向位置变动比 H 形的小

（续）

机能代号	结构原理	中间位置的图形符号		机能特点和作用
		三位四通	三位五通	
K	 T(T₁) A P B T(T₂)	A B P T	A B T₁ P T₂	液压泵卸荷，液压缸一腔封闭，一腔接回油，两个方向换向时性能不同；不能用于多个换向阀并联工作
M	 T(T₁) A P B T(T₂)	A B P T	A B T₁ P T₂	液压泵卸荷，缸两腔封闭，从静止到起动较平稳；换向时与 O 形相同，可用于泵卸荷液压缸锁紧的液压回路中
J	 T(T₁) A P B T(T₂)	A B P T	A B T₁ P T₂	液压泵不卸荷，从静止到起动有冲击，换向过程也有冲击，可以和其他换向阀并联使用
X	 T(T₁) A P B T(T₂)	A B P T	A B T₁ P T₂	各油口半开启接通，P 口保持一定的压力；换向性能介于 O 形和 H 形之间

附录 G　液压系统常见故障及排除方法

故障	原　　　因	排　除　方　法
无压力或压力提不高	1. 液压泵	
	（1）液压泵转向错误	改变转向
	（2）泵体或配流盘缺陷，吸压油腔互通	更换零件
	（3）零件磨损，间隙过大，泄漏严重	修复或更换零件
	（4）油面太低，液压泵吸空	补加油液
	（5）吸油管路不严，造成吸空，进油吸气	拧紧接头，检查管路，加强密封
	（6）压油管路密封不严，造成泄漏	拧紧接头，检查管路，加强密封
	2. 溢流阀	
	（1）弹簧疲劳变形或折断	更换弹簧
	（2）滑阀在开口位置卡住，无法建立压力	修研滑阀，使其移动灵活
	（3）锥阀或钢球与阀座密封不严	更换锥阀或钢球，配研阀座
	（4）阻尼孔堵塞	清洗阻尼孔
	（5）遥控口误接回油箱	截断通油箱的油路
	3. 液压缸高低压腔相通	修配活塞，更换密封件
	4. 系统中某些阀卸荷	查明卸荷原因，采取相应措施
	5. 系统严重泄漏	加强密封，防止泄漏
	6. 压力表损坏失灵，造成无压现象	更换压力表
	7. 油液黏度过低，加剧系统泄漏	提高油液黏度
	8. 温度过高，降低了油液黏度	查明发热原因，采取相应措施或散热

（续）

故障	原　　因	排　除　方　法
爬行	1. 系统负载刚度太低	改进回路设计
	2. 节流阀或调速阀流量不稳定	选用流量稳定性好的流量控制阀
	3. 液压缸	
	（1）液压缸零件加工装配精度超差，摩擦力大	更换不合精度要求的零件，重新装配
	（2）液压缸内外泄漏严重	修研缸内孔，重配活塞，更换密封圈
	（3）液压缸刚度低	提高刚度
	（4）液压缸安装不当，精度超差，与导轨轴线不平行	重新安装，调平行度
	4. 混入空气	
	（1）油面过低，吸油不畅	补加油液
	（2）过滤器堵塞	清洗过滤器
	（3）吸、排油管相距太近	将吸、排油管远离设置
	（4）回油管没插入油面以下	将回油管插入油液中
	（5）密封不严、混入空气	加强密封
	（6）运动部件停止运动时，液压缸油液流失	增设背压阀或单向阀，防止停机时油液流失
	5. 油液不洁	
	（1）污物卡住执行元件，增加摩擦阻力	清洗执行元件，更换油液或加强滤油
	（2）污物堵塞节流，引起流量变化	清洗节流阀，更换油液或加强滤油
	6. 油液黏度不适当	换用指定黏度的液压油
	7. 外部摩擦力	
	（1）拖板楔铁或压板调得过紧	重新调整
	（2）导轨等导向机构精度不高，接触不良	按规定刮研导轨，保证接触精度
	（3）润滑不良，油膜破坏	改善润滑条件
液压冲击	1. 液压缸	
	（1）运动速度过快，没设置缓冲装置	设置缓冲装置
	（2）缓冲装置中单向阀失灵	检修单向阀
	（3）液压缸与运动部件联接不牢固	紧固连接螺栓
	（4）液压缸缓冲柱塞锥度太小，间隙太小	按要求修理缓冲柱塞
	（5）缓冲柱塞严重磨损，间隙过大	配制缓冲柱塞或活塞
	2. 节流阀开口过大	调整节流阀
	3. 换向阀	
	（1）电液换向阀中的节流螺钉松动	调整节流螺钉
	（2）电液换向阀中的单向阀卡住或密封不良	修研单向阀
	（3）滑阀运动不灵活	修配滑阀
	4. 压力阀	
	（1）工作压力调得太高	调整压力阀，适当降低工作压力
	（2）溢流阀发生故障，压力突然升高	排除溢流阀故障

（续）

故障	原　因	排　除　方　法
液压冲击	（3）背压阀压力过低	适当提高背压力
	5. 没有设置背压阀	设置背压阀或节流阀，使回油产生背压
	6. 垂直运动的液压缸下腔没采取平衡措施	设置平衡阀，平衡重力作用产生的冲击
	7. 混入空气	
	（1）系统密封不严，吸入空气	加强密封
	（2）停机时执行元件油液流失	回油管路设置单向阀或背压阀，防止元件油液流失
	（3）液压泵吸空	加强吸油管路密封，补足油液
	8. 运动部件惯性力引起换向冲击	设置制动阀
	9. 油液黏度太低	更换油液
振动和噪声	1. 液压泵	
	（1）油液不足，造成吸空	补足油液
	（2）液压泵位置太高	调整液压泵吸油高度
	（3）吸油管道密封不严，吸入空气	加强吸油管道的密封
	（4）油液黏度太大，吸油困难	更换液压油
	（5）工作温度太低	提高工作温度，油箱加热
	（6）吸油管截面太小	增大吸油管直径或将吸油管口斜切45°，以增加吸油面积
	（7）过滤器堵塞，吸油不畅	清洗过滤器
	（8）吸油管浸入油面太浅	将吸油管浸入油箱2/3处
	（9）液压泵转速太高	选择适当的转速
	（10）泵轴与电动机轴不同轴	重新安装调整或更换弹性联轴器
	（11）联轴器松动	拧紧联轴器
	（12）液压泵制造装配精度太低	更换精度差的零件，重新安装
	（13）液压泵零件磨损	更换磨损件
	（14）液压泵脉动太大	更换脉动小的液压泵
	2. 溢流阀	
	（1）阀座磨损	修复阀座
	（2）阻尼孔堵塞	清洗阻尼孔
	（3）阀芯与阀体间隙过大	更换阀芯，重配间隙
	（4）弹簧疲劳或损坏，使阀移动不灵活	更换弹簧
	（5）阀体拉毛或污物卡住阀芯	去除毛刺，清洗污物，使阀芯移动灵活
	（6）实际流量超过额定值	选用流量较大的溢流阀
	（7）与其他元件发生共振	调整压力，避免共振，或改变振动系统的固有振动频率
	3. 换向阀	
	（1）电磁铁吸不紧	修理电磁铁
	（2）阀芯卡住	清洗或修整阀体和阀芯

（续）

故障	原　因	排除方法
振动和噪声	（3）电磁铁焊接不良	重新焊接
	（4）弹簧损坏或过硬	更换弹簧
	4. 管路	
	（1）管路直径太小	加大管路直径
	（2）管路过长或弯曲过多	改变管路布局
	（3）管路与阀产生共振	改变管路长度
	5. 由冲击引起振动和噪声	见故障"液压冲击"一栏
	6. 由外界振动引起液压系统的振动	采取隔振措施
	7. 电动机、液压泵转动引起振动和噪声	采取缓振措施
	8. 液压缸密封过紧或加工装配误差运动阻力大	适当调整密封松紧，更换不合格零件，重新装配
油温过高	1. 液压系统设计不合理，压力损失大，效率低	改进设计，采用变量泵或卸荷措施
	2. 压力调整不当，压力偏高	合理调整系统压力
	3. 泄漏严重，造成容积损失	加强密封
	4. 管路细长且弯曲，造成压力损失	加粗管径，缩短管路，使油液流动通畅
	5. 相对运动零件的摩擦力过大	提高零件加工装配精度，减小摩擦力
	6. 油液黏度大	选用黏度低的液压油
	7. 油箱容积小，散热条件差	增大油箱容积，改善散热条件
	8. 由外界热源引起温升	隔绝热源
泄漏	1. 密封件损坏或装反	更换密封件，改正安装方向
	2. 管接头松动	拧紧管接头
	3. 单向阀钢球不圆，阀座损坏	更换钢球，配研阀座
	4. 相互运动表面间隙过大	更换某些零件，减小配合间隙
	5. 某些零件磨损	更换磨损的零件
	6. 某些铸件有气孔、砂眼等缺陷	更换铸件或修补缺陷
	7. 压力调整过高	降低工作压力
	8. 油液黏度太低	选用黏度较高的油液
	9. 工作温度太高	降低工作温度或采取冷却措施

附录 H　常用气马达的特点及应用

类型	转矩	速度	功率	每千瓦耗气量 Q/（m²/min）	特点及应用范围
活塞式	中、高转矩	低速和中速	由零点几到17kW	小型：1.9~2.3 大型：1~1.4	在低速时，有较大的输出功率和较好的转矩特性。起动准确 适用载荷较大和要求低速转矩较高的机械，如手提工具、起重机、拉管机等
叶片式	低转矩	高速度	由零点几到13kW	小型：1.8~2.3 大型：1~1.4	制造简单、结构紧凑，低速起动转矩小，低速性能不好 适用于要求低或中功率的机械，如手提工具、升降机、泵、复合工具传送带等
薄膜式	高转矩	低速度	小于1kW	1.2~1.4	适用于控制要求很精确，起动转矩极高和速度低的机械

附录 I　常见故障及排除方法

表 I-1　气压系统常见故障及排除方法

故　障	原　因	排 除 方 法
元件和管道阻塞	压缩空气质量不好，水汽、油雾含量过高	检查过滤器、干燥器，调节油雾器的滴油量
元件失压或产生误动作	安装和管道连接不符合要求（信号线太长）	合理安装元件与管道，尽量缩短信号元件与主控阀的距离
气缸出现短时输出力下降	供气系统压力下降	检查管道是否泄漏、管道连接处是否松动
滑阀动作失灵或流量控制阀的排气口阻塞	管道内的铁锈、杂质使阀座被黏连或堵塞	清除管道内的杂质或更换管道
元件表面有锈蚀或阀门元件严重阻塞	压缩空气中凝结水含量过高	检查、清洗过滤器、干燥器
活塞杆速度有时不正常	由于辅助元件的动作而引起的系统压力下降	提高压缩机供气量或检查管道是否泄漏、阻塞
活塞杆伸缩不灵活	压缩空气中含水量过高，使气缸内润滑不好	检查冷却器、干燥器、油雾器工作是否正常
气缸的密封件磨损过快	气缸安装时轴向配合不好，使缸体和活塞杆上产生支承应力	调整气缸安装位置或加装可调支承架
系统停用几天后，重新起动时，润滑部件动作不畅	润滑油结胶	检查、清洗油水分离器或调小油雾器的滴油量

表 I-2　减压阀常见故障及排除方法

故　障	原　因	排 除 方 法
二次压力升高	阀弹簧损伤 阀座有伤痕或阀座橡胶剥离 阀体中混入灰尘，阀导向部分黏附异物 阀芯导向部分和阀体的 O 形密封圈收缩、膨胀	更换阀弹簧 更换阀座 更换阀体 更换 O 形密封圈
压力降很大（流量不足）	阀通径小 阀下部积存冷凝水，阀内混入异物	使用通径大的减压阀 清洗、检查过滤器
向外漏气（阀的溢流孔处泄漏）	溢流阀座有伤痕（溢流式） 膜片破裂 二次侧背压增加	更换溢流阀座 更换膜片 检查二次侧的装置、回路
阀体泄漏	密封件损伤 弹簧松弛	更换密封件 张紧弹簧
异常振动	弹簧的弹力减弱或弹簧错位 阀体的中心，阀杆的中心错位 因空气消耗量周期变化使阀不断开启、关闭，与减压阀引起共振	把弹簧调整到正常位置，更换弹力减弱的弹簧 检查并调整位置偏差 和制造厂协商，更换元件
虽已松开手柄，二次侧空气也不溢流	溢流阀座孔堵塞 使用非溢流式调压阀	清洗并检查过滤器 非溢流式调压阀松开手柄也不溢流。因此需要在二次侧安装高压溢流阀

表 I-3　溢流阀常见故障及排除方法

故　障	原　因	排 除 方 法
压力虽已上升，但不溢流	阀内部的孔堵塞 阀芯导向部分进入异物	清洗
压力虽没有超过设定值，但在二次侧却溢出空气	阀内进入异物 阀座损伤 调压弹簧损坏	清洗 更换阀座 更换调压弹簧
溢流时发生振动（主要发生在膜片式阀，其启闭压力差较小）	压力上升速度很慢，溢流阀放出流量多，引起阀振动 因从压力上升源到溢流阀之间被节流，阀前部压力上升慢而引起振动	二次侧安装针阀，微调溢流量，使其与压力上升量匹配 增大压力上升源到溢流阀的管道直径
从阀体和阀盖向外漏气	膜片破裂（膜片式） 密封件损伤	更换膜片 更换密封件

表 I-4　方向阀常见故障及排除方法

故　障	原　因	排 除 方 法
不能换向	阀的滑动阻力大，润滑不良 O 形密封圈变形 灰尘卡住滑动部分 弹簧损坏 阀操纵力小 活塞密封圈磨损 膜片破裂	进行润滑 更换密封圈 清除灰尘 更换弹簧 检查阀操纵部分 更换密封圈 更换膜片
阀产生振动	空气压力低（先导式） 电源电压低（电磁阀）	提高操纵压力，采用直动式 提高电源电压，使用低电压线圈
交流电磁铁有蜂鸣声	I 形活动铁心密封不良 灰尘进入 I、T 形铁心的滑动部分，使动铁心不能密切接触 T 形活动铁心的铆钉脱落，铁心叠层分开不能吸合 短路环损坏 电源电压低 外部导线拉得太紧	检查铁心接触和密封性，必要时更换铁心组件 清除灰尘 更换活动铁心 更换固定铁心 提高电源电压 引线应宽裕
电磁铁动作时间偏差大或有时不能动作	活动铁心锈蚀，不能移动；在湿度高的环境中使用气动元件时，由于密封不完善而向磁铁部分泄漏空气 电源电压低 灰尘等进入活动铁心的滑动部分，使运动状况恶化	铁心除锈，修理好对外部的密封，更换坏的密封件 提高电源电压或使用符合电压的线圈 清除灰尘
线圈烧毁	环境温度高 快速循环使用 因为吸引时电流大，单位时间耗电多，温度升高，使绝缘损坏而短路 灰尘夹在阀和铁心之间，不能吸引活动铁心 铁心线圈上有残余电压	按产品规定温度范围使用 使用高级电磁阀 使用气动逻辑回路 清除灰尘 使用正常电源电压，使用符合电压的线圈

（续）

故　障	原　因	排　除　方　法
切断电源，活动铁心不能退回	灰尘夹入活动铁心滑动部分	清除灰尘

表 I-5　空气过滤器常见故障及排除方法

故　障	原　因	排　除　方　法
压力降过大	使用过细的滤芯 过滤器的流量范围太小 流量超过过滤器的容量 过滤器滤芯网眼堵塞	更换适当的滤芯 换流量范围大的过滤器 换大容量的过滤器 用净化液清洗（必要时更换）滤芯
从输出端溢出冷凝水	未及时排除冷凝水 自动排水器发生故障 超过过滤器的流量范围	养成定期排水习惯或安装自动排水器 修理（必要时更换） 在适当流量范围内使用或者更换容量大的过滤器
输出端出现异物	过滤器滤芯破坏 滤芯密封不严 用有机溶剂清洗塑料件	更换滤芯 更换滤芯的密封，紧固滤芯 用清洁的热水或煤油清洗
塑料杯破损	在有有机溶剂的环境中使用 空气压缩机输出某种焦油 压缩机从空气中吸入对塑料有害的物质	使用不受有机溶剂侵蚀的材料（如使用金属杯） 更换空气压缩机的润滑油，使用无油压缩机使用金属杯
漏气	密封不良 因物理（冲击）、化学原因使塑料杯产生裂痕 泄水阀，自动排水器失灵	更换密封圈 参看塑料杯破损栏 修理，必要时更换

表 I-6　油雾器常见故障及排除方法

故　障	原　因	排　除　方　法
油不能滴下	没有产生油滴下落所需的压差 油雾器方向安装错误 油道堵塞 油杯未加压	加上文氏管或换成小的油雾器 改变安装方向 拆卸，进行修理 因通往油杯的空气通道堵塞，需拆卸修理
油杯未加压	通往油杯的空气通道堵塞 油杯大、油雾器使用频繁	拆卸修理 加大通往油杯空气通孔或使用快速循环式油雾器
油滴数不能减少	油量调整螺钉失效	检修油量调整螺钉
空气向外泄漏	油杯破损 密封不良 观察玻璃破损	更换油杯 检修密封 更换观察玻璃
油杯破损	用有机溶剂清洗 周围存在有机溶剂	使用金属杯或耐有机溶剂杯 与有机溶剂隔离

参考文献

[1] 雷天觉. 液压工程手册[M]. 北京：机械工业出版社，1990.

[2] 黎启柏. 液压元件手册[M]. 北京：冶金工业出版社，2000.

[3] 左健民. 液压与气压传动[M]. 北京：机械工业出版社，2000.

[4] 许福玲，陈尧明. 液压与气压传动[M]. 北京：机械工业出版社，2000.

[5] 袁承训. 液压与气压传动[M]. 北京：机械工业出版社，2000.

[6] 姚新，刘民钢. 液压与气动[M]. 北京：中国人民大学出版社，2000.

[7] 俞启荣. 机床液压传动[M]. 北京：机械工业出版社，1989.

[8] 薛祖德. 液压传动[M]. 北京：中央广播电视大学出版社，1995.

[9] 贾培起. 液压传动[M]. 天津：天津科学技术出版社，1982.

[10] 张磊，等. 实用液压技术300题[M]. 北京：机械工业出版社，2000.

[11] 黄谊，章宏甲. 机床液压传动习题集[M]. 北京：机械工业出版社，2000.

[12] 阎祥安，焦秀稳. 液压传动与控制习题集[M]. 天津：天津大学出版社，1999.

[13] 李芝. 液压传动[M]. 北京：机械工业出版社，1996.

[14] 郑洪生. 气压传动[M]. 北京：机械工业出版社，1981.

[15] 徐永生. 气压传动[M]. 北京：机械工业出版社，1999.

[16] 机械工业部. 液压传动[M]. 北京：机械工业出版社，2006.

[17] 刘建明，何伟利. 液压与气压传动[M]. 3版. 北京：机械工业出版社，2014.